# ちばんやさしい
# マートフォン
# SEOの教本

人気講師が教える
検索に強い
スマホサイトの作り方

インプレス

Profile

## 著者プロフィール

### 江沢真紀(えざわ・まき)

アユダンテ株式会社 SEOコンサルタント
アユダンテの創業メンバー。SEOは2001年から、Jeff Rootに師事。大手通販サイトを中心に、手がけたSEOプロジェクトは100サイト以上。

### コガン・ポリーナ(Polina Kogan)

アユダンテ株式会社 SEOコンサルタント
ロシア出身。SEOだけでなく、Googleアナリティクスや広告の知識も生かしたコンサルティングを中心にECサイト、ポータルサイトを得意とする。多言語対応などグローバル案件も数多く担当。

### 井上達也(いのうえ・たつや)

アユダンテ株式会社 デジタルマーケティングエンジニア
SEOコンサルティングのシステム要件サポート、Googleタグマネージャ、BigQueryやTableauなど、デジタルマーケティングのテクニカル支援を幅広く担当。

### アユダンテ株式会社

2006年2月設立。SEOのコンサルティング、運用型広告の代理店事業、アナリティクスなどのデジタルマーケティング支援、インターネット新規事業の企画・開発に取り組む。国内ローンチ当初からのGoogleアナリティクス認定パートナーであり、Googleアナリティクス360リセラーとしての実績も多数。またソフトウェア開発事業として、電気自動車向け充電スポット検索アプリ「EVsmart」や、Twitterクライアント「つぶやきデスク」、DMP構築サービス「Quick DMP」の企画・開発・運用を行う。

○ Webサイト：https://ayudante.jp/

本書は、2020年8月時点の情報を掲載しています。
本文内の製品名およびサービス名は、一般に各開発メーカーおよびサービス提供元の登録商標または商標です。
なお、本文中にはTMおよび®マークは明記していません。

# はじめに

「いちばんやさしい教本」シリーズ初のSEOの書籍『いちばんやさしい新しいSEOの教本 人気講師が教える検索に強いサイトの作り方』は2014年に発売されました。そのときはPC版サイトを前提とした解説で、2018年にはモバイルの章を追加した第2版を出版しました。それからわずか2年でまた新たな本を一から作ることになるとは思ってもいませんでした。当初の企画は、スマートフォンのエッセンスを加えた改訂本を作ろうかというものでした。ところが企画を進めるうちに、新しいトピックが驚くほど多くあり、結果的に「スマートフォンSEO」をテーマとした1冊が生まれることになったのです。
本書ではスマートフォンを前提とした画面の最適化や、スマートフォンのSEOで重要な技術を取り上げ、簡単にモバイル版サイトが構築できるCMS、WordPressについても1章設けることにしました。
書き終えてみると、2014年から6年でここまでSEOのトレンドや方向性が変わってきたのかと私自身も驚いています。いつの間にか人々の検索の中心はPCからスマートフォンにシフトし、私たちがSEO対策をするメインはモバイル版サイトになったのです。
一方で、SEOの本質は変わらないことも再認識しました。検索エンジンではなく、ユーザーと向き合ってサイトを最適化していくこと。そして今後は検索体験、ユーザー体験、ページ体験といった、体験の最適化も重要になるでしょう。
なお、本書はスマートフォンで重要な対策を中心に扱っているため、SEO対策全般を網羅的に解説した内容にはなっていません。2018年刊の『いちばんやさしい新しいSEOの教本 第2版 人気講師が教える検索に強いサイトの作り方 [MFI対応]』はPC版の画面やSEOの技術全般の解説、外部対策の話なども盛り込まれているので、あわせて読んでいただければより理解が深まると思います。
この本を通して、スマートフォンでの検索や“今”必要なSEO対策についての理解が少しでも深まれば幸いです。

2020年8月
著者陣を代表して　江沢真紀

いちばんやさしい
# スマートフォンSEOの教本
人気講師が教える
検索に強いスマホサイトの作り方

# Contents
目次



## Chapter 1 スマートフォン時代の検索エンジン page 11

Chapter 2 いま必要なSEO施策を考える page 27

## Chapter 7 WordPressのSEOを攻略する page 213

## Chapter 8 モバイル版サイトの分析と検証 page 239

Chapter

# 1

# スマートフォン時代の検索エンジン

皆さんは業務でどの程度スマートフォンの検索結果を意識していますか？　まずはユーザーの検索行動やGoogleの変化、スマートフォンの特性について解説します。

Lesson [スマートフォン時代のSEO]

# 01 スマートフォン時代の検索とSEOの状況を知ろう

このレッスンのポイント

**スマートフォンの普及とともにユーザーの検索行動やSEOにも大きな変化が生まれてきています。ここでは「マイクロモーメント」というスマートフォン時代のキーワードとともに、変化の傾向について解説します。**

## いつでもどこでも検索される“マイクロモーメント検索”

2020年現在、世界中でスマートフォンが普及し、いつでもどこでもすぐにインターネット検索ができるようになりました。国内で個人のスマートフォンの保有率は64.7%と多くの人が利用しています（総務省「令和1年版情報通信白書」）。5Gという高速な移動通信システムのサービスも開始され、これまで以上に検索しやすい環境になっていきます。

皆さんは生活の中で、朝起きてから夜寝るまでに何回検索しているでしょうか。通勤中も、仕事中も、食事中も、テレビを見ながらも、買い物中も、入浴中ですら検索しているかもしれません。

かつてはパソコンに向かわなくてはできなかった検索が、スマートフォンではいつでもどこでもすることができます。このちょっとした隙間時間の検索のことをGoogleは「マイクロモーメント検索」と名付けて、すべてをモバイルファーストで考えていくことがとても重要だと提唱しています。サイト運営者は、ユーザーの「マイクロモーメント検索」にどう対応していくべきか、今こそ考える必要があるといえます。

▶ マイクロモーメント検索 図表01-1

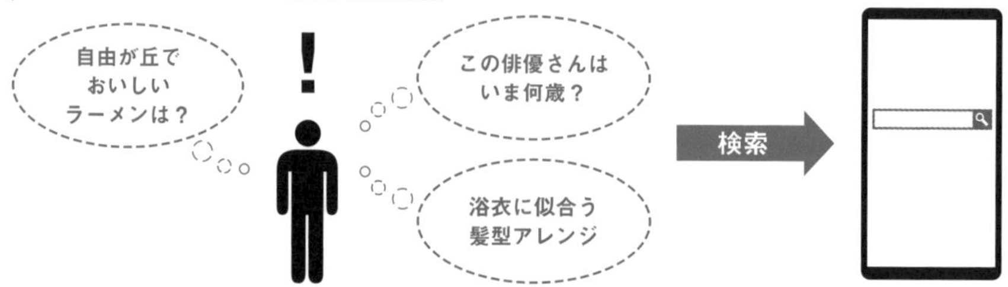


スマートフォン時代は日常の中の隙間時間でいつでもどこでも検索が行われる

## スマートフォン時代の検索行動は多様で刹那的に

スマートフォン時代の検索行動は、図表01-2のようにあらゆるタイミングで検索が発生し、他者と共有して意思決定しつつ、アクションを起こします。パソコン時代は「認知」「興味」「比較検討」「購入意向」「購入」の順番で意思決定してアクションまで進む行動がカスタマージャーニーと呼ばれていましたが、スマートフォンではそのような一連の流れに則って進むわけではなく、アクションまで多くのモーメントが発生するのです。また、スマートフォンのユーザーはWebサイトを見ながらソーシャルメディアもチェックし、仕事のメールに返信し、アプリで何かを行う、つまりマルチタスクの傾向が強いです。そのため、1回の検索は短く刹那的で、時間をかけません。好きなブランドや名前を覚える必要もなくなったのです。知らないもの、忘れた商品はその場で調べればいいからです。つまり、スマートフォンにおいては自身のサイトを覚えてもらい、気に入ってもらい、アクションしてもらうプロセスがPC版とは異なります。端的に言うとユーザーとのタッチポイントを増やして、目的を達成しやすいモバイル版サイトを作ることがとても重要なのです。

▶ タッチポイントとアクションの変化 図表01-2

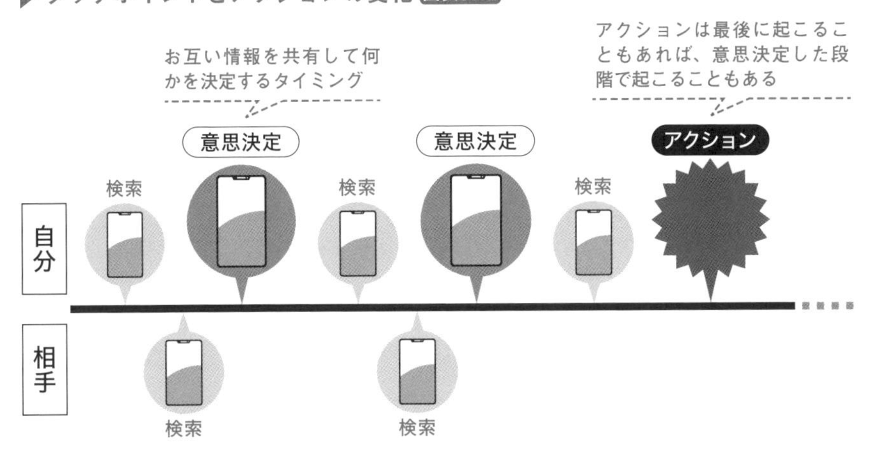


皆さんも普段タブブラウザをたくさん開いて検索しつつ、誰かに共有し、他のタスクを同時並行していませんか？

Lesson [Googleの変化]

# 02 スマートフォンに対応するGoogleの変化を知ろう

このレッスンのポイント

**スマートフォン時代のSEOも、対象となる検索エンジンは引き続きGoogleです。そしてGoogleはモバイル版サイトを積極的に評価するようになりました。サイト運営者はまずはスマートフォンを意識する癖をつけましょう。**

## スマートフォン時代もGoogle対策が中心

日本でよく利用されている検索エンジンはGoogle、Yahoo! JAPAN、Bingと3つあります。他にも多数の検索エンジンがありますが、大半はGoogleの検索データを使っています。また、Yahoo! JAPANも以前から、PC版、モバイル版ともにGoogleの検索データを利用しているため、検索結果はGoogleとほとんど同じです。日本での2020年2月時点で、検索エンジンシェアの大半はGoogleとなり、日本でのスマートフォンSEO対策はGoogleが対象となります。

iPhoneのブラウザアプリ、Safariの検索エンジンはGoogleに初期設定されています。Androidの初期設定ももちろんGoogleですので、スマートフォン検索はやはりGoogleになります。

## SEOの中心がスマートフォンにシフトしてきた

Google検索は、スマートフォンの普及にともなって、主要デバイスをパソコンからスマートフォンへとシフトしてきました。特に2016年後半にアナウンスされた「モバイルファーストインデックス（MFI）」以降、Googleは積極的にモバイル版サイトを評価するようになってきています。ユーザーの利用端末がスマートフォンである以上、目にするサイトの多くはモバイル版サイトだからです。サイト運営者は業務用パソコンのPC版でWebサイトを見がちですが、ユーザーが見ているものはもはやパソコンではなく、検索結果もPC版とは異なっています。

## PC版とモバイル版の検索結果は違う

そして、Googleが返す検索結果もPC版とモバイル版では差異が出てきています。図表02-1は“電気自動車”というクエリの検索結果画面の比較です。標準的なテキストリンク（1位〜10位のサイト）はほぼ同じですが、スマートフォンの結果にはそれよりも上に動画やナレッジパネルが並んでいます。検索結果の構成はずいぶん違うことがわかります。

また、私たちがモニタリングしているSEOツールの検索結果の集計では、スマートフォンは広告やナレッジパネル、動画など多彩な結果が出ることが特徴です（検索結果についての解説は5章参照）。両者の順位や結果は検索クエリによって差異が出てきているのです 図表02-2。

### ▶「電気自動車」の検索結果 図表02-1

PC版の検索結果画面

モバイル版の検索結果画面

モバイル版の検索結果は、PC版と違う構成で動画などの要素が優先的に表示されている

### ▶ある求人ジャンルの検索結果の構成比率 図表02-2

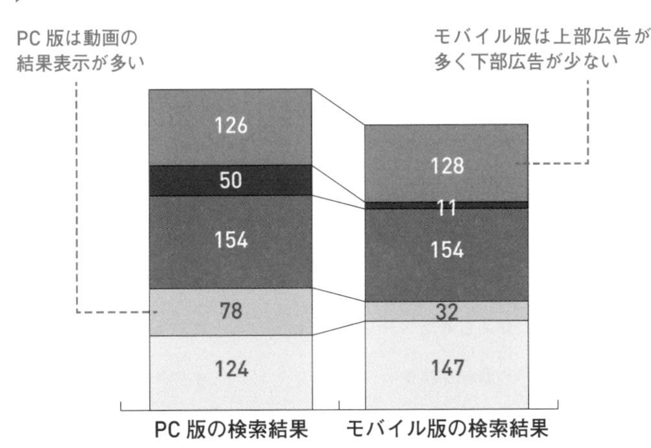


画面上部に広告表示
画面下部に広告表示
画像一覧
動画一覧
Googleしごと検索

PC版とモバイル版の検索結果の構成は、同じ検索クエリでもだいぶ異なる

出典：DemandMetricsの集計から著者作成

Lesson 03 [Googleの仕組み]

# Googleの仕組みと重要なアップデートを知ろう

このレッスンのポイント

**このレッスンではインターネット検索の仕組みをおさらいした上で、Googleが打ち出してきた「モバイルフレンドリーアップデート」と「モバイルファーストインデックス（MFI）」という大きな変更について解説します。**

## Google検索の「インデックス」の仕組みを知りましょう

Googleの検索エンジンはどのように順位を決めて検索結果を表示するのでしょうか 図表03-1 。まず検索エンジンは「クローラー」と呼ばれる仕組みで世界中のサイトを自動的に巡回します。この巡回のことを「クロール」と呼びます。そして集めたページを解析してデータベース化します。この処理を「インデックス」と呼びます。そのデータベースをもとに、ユーザーが何かを検索した際に瞬時にそのニーズに合った最適な「検索結果」を表示するのです。

▶ クロール、インデックス、検索結果までの仕組み 図表03-1

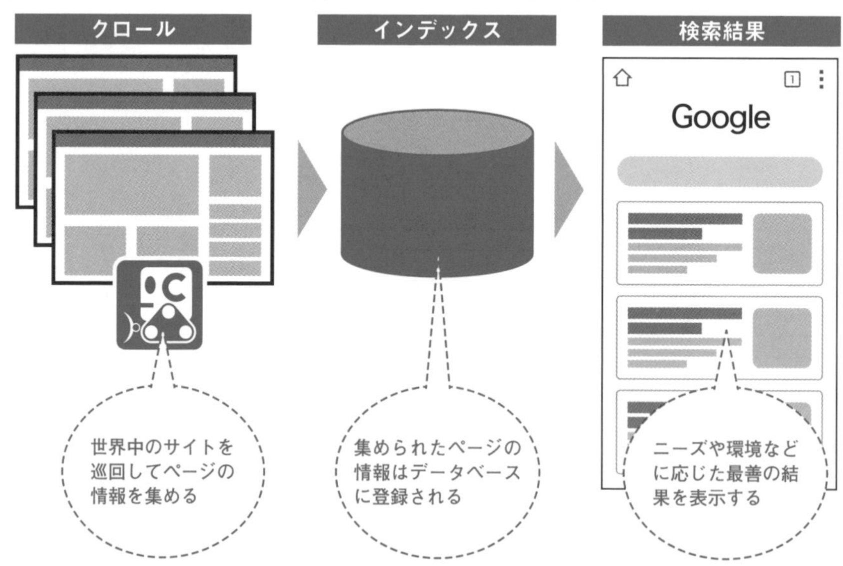

## Googleのアルゴリズムとは

では、ユーザーが目にする検索結果で、順位はどのように決まるのでしょうか。これは“検索アルゴリズム”から構成されています。Googleは、質の高い検索結果を維持するために、独自のアルゴリズムを適用してページの表示順を決めています。このアルゴリズムは最低でも200以上あると言われていますが、その内容は公開されていません。検索クエリ（ユーザーが検索する言葉）やページの関連性、品質、ユーザーの位置情報などさまざまな要因があると推測されます。



## モバイル向けの2つのアップデート

Googleはモバイル時代に合わせた2つの機能を実装しました。1つ目の「モバイルフレンドリーアップデート」は、スマートフォンでの使いやすさ、見やすさが評価される変更です。2015年と2016年にアップデートがありました。これにより、PC版しかない、スマートフォンで使いにくいページは、スマートフォンでの検索結果で順位が落ちるようになりました。詳しくはLesson 26で解説します。
一方、2016年後半にアナウンスされた「モバイルファーストインデックス（MFI）」はクロール方法に関する変更です。今までGoogleはPC版のページを収集してインデックスしていたのが、MFIに移行したサイトはモバイル版のページが収集の対象になるのです。インデックスは1つで、PC版とモバイル版を別々にするわけではありません。つまりMFIに移行したサイトでは、スマートフォンを意識したSEO施策が重要になるということです。詳細はLesson 43で解説します。

そして2020年現在、スマートフォンとPCの順位はほとんど同じ。つまりスマートフォンのSEOがPCに対しても有効なのです。

### ▶ 2つのモバイル向けアップデート 図表03-2

| アップデート名 | ポイント | 影響 | 対策 |
|---|---|---|---|
| モバイルフレンドリーアップデート | スマートフォンでの「使いやすさ、見やすさ」に関する評価 | PC版しかない、モバイル版で使いにくいサイトは順位が落ちた | SEOが重要であればモバイル版を作る、フレンドリーにする |
| モバイルファーストインデックス（MFI） | Googleのクロール方法に関する変更 | 順位には影響がない※ | PC版とモバイル版の差分をなくしてMFIに移行させる |

※MFIは2021年3月に強制移行の予定あり。そこで移行するサイトは、順位に影響がある可能性がある

Lesson 04

[MFI(モバイルファーストインデックス)]

# MFIへの移行と注意点を確認しよう

このレッスンのポイント

Googleは、今後すべてのWebサイトのクロールをMFIへ切り替えると発表しています。多くのサイトではMFIの移行は完了しているでしょう。ここでは、移行前や移行後に気を付けるべきチェックポイントを解説します。

## まずはMFIに移行しているかどうか確認する

2020年3月時点で、約7割のサイトはすでにMFIへ移行済みとGoogleは発表しています。皆さんのサイトはMFIに移行していますか？　また、確認したことはありますか？　"移行"という言葉がイメージしにくいかもしれませんが、これは、あなたのサイトに来ているGoogleのクローラーがPC用なのか、スマートフォン用なのかということです。MFIに"移行"していればクローラーはスマートフォン用になっており、基本的にはスマートフォンのページがクロール、インデックスされるのです。移行しているかどうか、あるいはいつ移行したのかは、Search Consoleに来る通知を見たり、クローラーの種類を見ることで確認できます。

Search Consoleをまだ登録していない場合はLesson 61を参照しながら登録し、Search Consoleのレポート画面で確認してみましょう。

▶Search ConsoleでMFIへの移行を確認する 図表04-1

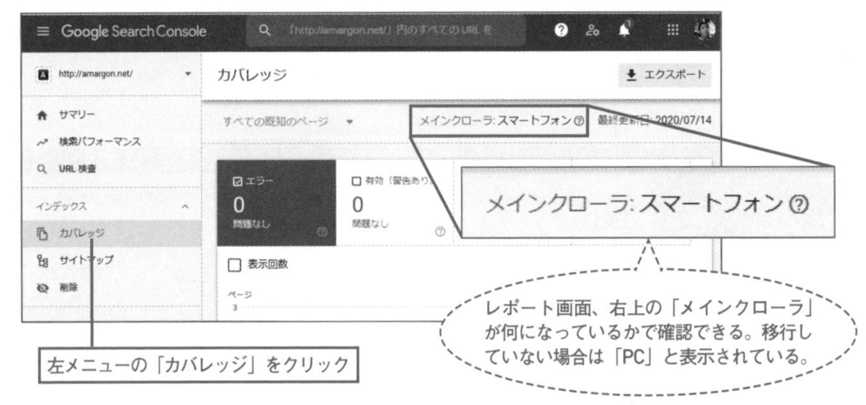

## 移行に関するポイントをチェックする

Googleは順位に影響がないサイトから移行を開始するとアナウンスし、実際「レスポンシブウェブデザイン」や「動的な配信」タイプのサイト（Lesson 05参照）から移行が完了しています。ただし中には移行した後に順位に影響があるサイトも筆者は目にしています。そして2019年7月以降に新規公開されたサイトはデフォルトでMFI適用となっています。

Googleからは2021年3月にはすべてのサイトを強制的に移行開始するとのアナウンスもあり、そのタイミングで移行準備ができていないサイトは順位が下落するかもしれません。まだ移行していないサイト、移行したけれど順位に影響が出ているサイトは、次のポイントをチェックしてみてください 図表04-2 。基本的に、「動的な配信」と「別々のURL」というタイプに関するものになります。ここでは概要を紹介するので詳しくは関連するレッスンも見てください。

### ▶ MFI移行時のチェックリスト 図表04-2

| チェック項目 | 概要 | 参照 |
|---|---|---|
| 構造化データ | モバイル版ページにもPC版にある構造化データが含まれているか | 4章　Lesson 27 |
| 画像関連 | ・モバイル版ページにない画像がないか<br>・モバイル版ページの重要な画像がrobots.txtでブロックされていないか<br>・モバイル版ページの画質が良いか<br>・PC版とモバイル版両方で同じ画像URLを使用しているか | 5章　Lesson 40 |
| 動画関連 | ・動画のURLが固定化されているか<br>・サポートされている動画形式が使われているか<br>・PC版と同じ動画用構造化データが使われているか<br>・モバイル版で見やすい位置に配置されているか | 5章　Lesson 41 |
| レンダリング | クローラー（Googlebot）がモバイル版ページのコンテンツとリソースにアクセスしてレンダリングできるか | 6章　Lesson 45 |
| コンテンツ | ・PC版とモバイル版でコンテンツが一致しているか（PCで表示しているコンテンツをモバイルで割愛しない）<br>・モバイル版でも明確でわかりやすい見出しが使用されているか | 6章　Lesson 43 |
| Titleとmeta descriptionタグ | ・PC版とモバイル版で同等の文言がtitleとmeta descriptionタグに入っているか | 4章　Lesson 25 |
| 別々のURL | PC版とモバイル版それぞれのURLのつながりが、クローラー（Googlebot）に正しく理解できる形になっているか | 6章　Lesson 43 |

参考：モバイルファーストインデックス登録に関するおすすめの方法
https://developers.google.com/search/mobile-sites/mobile-first-indexing

Lesson 05 ［サイト制作のポイント］

# スマートフォン時代に合わせてサイト制作の意識を変えよう

このレッスンのポイント

ユーザーとGoogleがスマートフォンシフトしている昨今、サイト運営側はどうでしょうか？　ここではスマートフォンSEOに対応するための制作者の意識と、関係するサイトの制作について今大切なことを解説します。

## サイト運営者側もスマートフォンを第一に意識しよう

今までのレッスンで、ユーザーの検索行動の変化、Googleのスマートフォン対応、そしてモバイル関連のアップデートについて説明してきました。サイトを運営される皆さんはどうでしょうか。サイトをリニューアルするとき、新規で構築するとき、スマートフォンをどの程度意識していますか？　ページのワイヤーフレームやデザインはまだPC版サイトから作っていますか？　開発はどうでしょう。企業担当者は常にパソコンに向かっていることが多いのでどうしても視点がPC版に向きがちですが、自身のサイトの使い勝手、検索の順位などは、常にスマートフォンを第一に意識することが重要です。

もし圧倒的にパソコンからの利用が多い場合でもモバイル版が必要ないと考えないでください。モバイル版が使いにくいからPC版サイトが使われているのかもしれません。

### ワンポイント　パソコンでも簡単にモバイル版の表示を確認できる

パソコンからモバイル版サイトを閲覧する方法を知っておきましょう。GoogleのChromeのデベロッパーツールを使う方法です。サイト制作やSEOの施策時にいちいちスマートフォンでチェックするのは現実的ではないので、パソコンでしっかり確認しましょう。詳しい方法はLesson 52で解説します。

## サイトの制作方法から考えよう

スマートフォン時代のSEOにおいて、サイト制作は非常に重要です。なぜならSEOの順位を決めるアルゴリズムにはユーザビリティも関係するからです。ブラウザの互換性があるか、表示速度が遅くないか、訪問したユーザーが迷わずアクションできるかなど、それらはサイトの制作に関係しています。そのため、サイトをリニューアルしたり、新規構築する際にはまずスマートフォンをベースに考えるといいでしょう。特に圧倒的にスマートフォンからの利用が多いサイトであれば、モバイル版のワイヤーフレームやデザインを作り、それをもとにPC版を作ってもいいかもしれません。アクセスしてくるユーザーのパソコンとスマートフォンの利用比率はGoogleアナリティクスで確認できます。一度自身のサイトの状況を確認してみてください（Lesson 66参照）。これからは、SEO対策をするなら、どんなサイトでもモバイル版サイトの最適化は必須です。

## モバイル版サイトの3つの制作方法

モバイル版サイトの制作方法には3つのタイプがあります図表05-1。Googleは実装と維持が簡単という理由から「レスポンシブウェブデザイン」を推奨していますが、順位が優遇されるわけではありません。ただし「別々の URL」での運用は推奨されません。実際、PC版とモバイル版を別々のURLにするとさまざまな問題が起こりやすく、しっかり対処していないとMFI移行後に順位に影響が出る可能性があります。

現状でモバイル版サイトを制作するなら、レスポンシブウェブデザインか「動的な配信」を選ぶといいでしょう。例えばWordPressという人気のCMS（コンテンツ管理システム）を使うと簡単にレスポンシブ対応のモバイル版ページを作成することができます。そのため本書では7章にてWordPressのポイントを解説しています。

▶ モバイル版サイトの3つの制作方法 図表05-1

| 制作方法 | 概要 | URL | HTML |
|---|---|---|---|
| レスポンシブウェブデザイン | デバイスの種類（パソコン、タブレット、スマートフォン）に関係なく、1つの URL・同一のHTMLで構成され、画面サイズに応じて表示だけが変わる | 同じ | 同じ |
| 動的な配信 | デバイスの種類に関係なく1つのURLを使い、ユーザーのブラウザに応じてデバイスごとに異なるHTMLを生成する | 同じ | 違う |
| 別々のURL | デバイスごとに異なるURLとHTMLで生成される。ユーザーのブラウザのユーザーエージェントから判別して適切なページにリダイレクトする | 違う | 違う |

Lesson 06 [ソーシャルサービス、Google Discover]

# スマートフォンでは検索以外の流入にも着目しよう

このレッスンのポイント

**スマートフォン時代においては、SNSやGoogle DiscoverなどSEO以外の流入経路にも着目することが重要です。サイト制作者は、ユーザーのニーズに対して幅広い対策が求められるようになっていることを確認しましょう。**

## スマートフォンで重要なソーシャルサービス

スマートフォンは特に他者との共有が容易にできるのでソーシャルネットワークサービス（SNS）の利用者が多くなります。サイトの利用者に若年層が多い場合、SEOよりも、LINEやInstagram、TikTokなどのソーシャルを意識したほうが流入獲得できて有効なケースがあります。
また、ソーシャルサービスで話題になることは、SEOにも間接的に寄与します。最近ではWeb上で話題になったり、言及されることが、サイテーション（「引用」の意味）として、被リンク同様に評価されていると考えられています。サイテーション自体はWeb全体が対象ですが、やはり話題になりやすいのはソーシャルサービス上だと考えます。ですから、必要に応じて、ソーシャルサービスを活用して対策していくことは重要になってきています。

### ▶ソーシャルネットワークサービス一覧 図表06-1

| 名称 | 国内利用者数 | 属性 |
|---|---:|---|
| LINE | 8,400万 | 全世帯 |
| YouTube | 6,200万 | 全世帯 |
| Twitter | 4,500万 | 20〜50代 |
| Instagram | 3,300万 | 20代最多、女性多い |
| Facebook | 2,600万 | 30代〜50代 |
| TikTok | 950万 | 10代 |
| Pinterest | 530万 | 20代〜30代、女性多い |
| LinkedIn | 250万 | 20代〜30代、男性多い |

出典：著者調べ（2020年7月現在）

## Googleの新しい経路、Google Discover

Google Discover 図表06-2 は、スマートフォン特有の新たな流入経路です。SEOのように検索結果に出るのではなく、iPhoneおよびAndroid端末のChrome ブラウザや、Googleアプリに自動的に表示されるニュースフィードです。Googleは自身のアルゴリズムを使って、ユーザーがGoogle サービスで行った操作や検索行動などを参考にし、関心のあるコンテンツを表示しています。
現在流入が増えているのは男性向けサイトが多く、主にニュースや記事が表示されています。また、ECサイトの特集も目にします。今後注目の経路です。

▶ Google Discoverの表示例 図表06-2

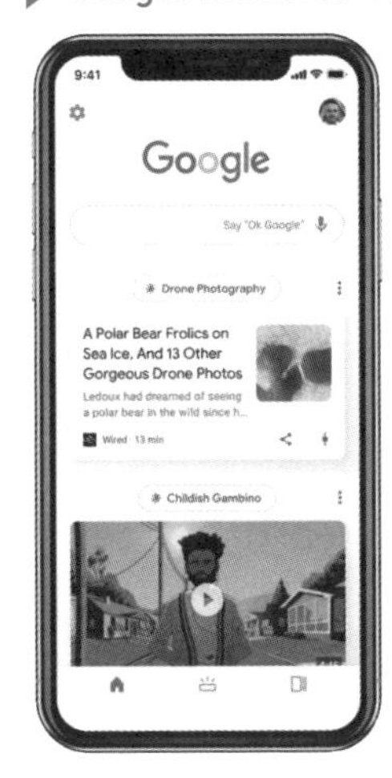


Chromeブラウザのホーム画面など、目立つところに表示される。ユーザーに対するカスタマイズ精度も高い

## ターゲットユーザーに合わせた幅広い対策が重要

SNSやGoogle Discover以外にも集客が見込めるサービスや経路はいろいろあります。サービスによってはアプリが有効な場合もあります。スマートフォンで視聴の増えている動画、これはGoogleではなくYouTubeが主なプラットフォームとなり、そちらの対策が必要となります（Lesson 42参照）。今後は音声検索（スマートスピーカー）や、3D、拡張現実（AR）なども増えていくかもしれません。そして何より、SEOは検索が発生しない「潜在的なサービス」や「ブランド認知フェーズ」に対しては施策を行うことができません。そのようなサイトにはSNSや広告による施策が適任でしょう。スマートフォン時代はユーザーのニーズ自体が多様化しています。サイトが提供しているサービスや、ターゲットとなるユーザー層に応じてSEOだけでなく、さまざまな対策を行っていくことが重要となるでしょう。

ソーシャル以外にもオフライン広告、新聞、TVなどさまざまなサービスを活用して自社のブランドを浸透させ、ユーザーとのタッチポイントを増やしていくことが長期的にはSEOにも効果的です。

Lesson 07 ［SEOの本質］

# SEOの普遍的な要素を正しく理解して取り組もう

このレッスンのポイント

**スマートフォン時代になったといってもSEOの本質や普遍的要素は変わりません。ここでは改めてSEOとは何か、何が重要かおさらいします。最も大切なのは、訪問者の目的を理解して良質なサイトを提供し続けることなのです。**

## SEOの本質は上位表示ではなくてマーケティング手法

「1位になりたい」「1番上に出したい」。これは今でも本当によく聞く要望です。SEOとは検索順位を上げるためだけのものではありません。それはSEOが台頭してきた2000年でも、スマートフォン時代の2020年現在でも変わりません。もし順位がお金で買えるのであれば、たくさんお金を払うことのできる大企業が1位にきますよね？　そこにユーザーの欲しい情報が並ぶとは思えません。順位をお金で買えるのは広告です。SEOとは「検索エンジン最適化」というマーケティング手法であって、広告ではないのです。検索エンジンの向こう側にいるユーザーのニーズを汲み取り、それに応える商品やサービスや情報を用意し、使いやすいサイトにしていくことで効果を上げるマーケティング手法なのです。

## 検索順位の操作や、ガイドライン違反をしてはいけない

SEOの歴史は検索エンジンのガイドライン違反をしながら順位を上げるスパム業者と検索エンジンのいたちごっこでした。例えばユーザーと検索エンジンに違うページを見せるように細工したり、リンクをお金で買って順位を操作したり、過去にはいろいろなスパムが流行りました。現在も依然として、リンクの売買を始め、地図で上位に表示させるとうたうようなスパムまでさまざまなものがあります。Googleは順位を操作するようなことをガイドライン違反として禁止しています。いろいろなSEO施策を提供する会社がありますが、「1位にします」「順位を保証します」とうたっているサービスは利用しないほうがいいでしょう。ガイドライン違反と知らずに利用しGoogleからペナルティを受けてしまうこともあるのです。

## SEOの本質はスマートフォン時代でも変わらない

ユーザーの検索行動がPCからスマートフォンへ変化し、Google検索もモバイルメインにシフトしてきています。クローラーの精度が向上したり、機械学習をアルゴリズムに取り入れるなどして、検索結果は日々進化しています。そんなGoogleに対して、サイトを少し調整して「順位を上げること」を目的とするのは困難です。SEOの本質は「ユーザーのニーズに応える良質なサイトを提供し続けること」です。特にスマートフォン時代においては「ユーザーのニーズ（目的）を迅速に満たすこと」も重要です。それはサイトの制作だけでは実現できません。検索ニーズを調べ、サイトをスマートフォンメインで作成・開発し、自社のブランドに関するサイテーションを得るためのPR活動を行う、つまりマーケティング、制作、開発、広報とさまざまな部署がチームを組んで行う必要があるのです。実際、SEOにおける施策は昔に比べ、かなり多様化しています 図表07-1 。

次の章ではそんな本質を踏まえつつ、2020年現在、どんな施策を行っていけばいいか、サイトのタイプ別に解説していきます。



▶ SEOにおける対策内容の変化 図表07-1

2000年頃

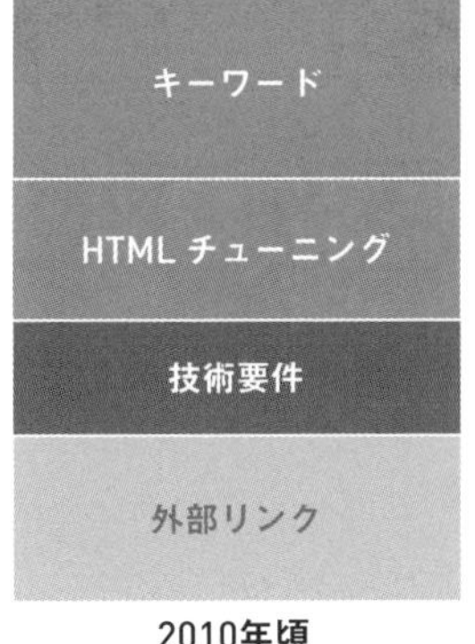


2010年頃

2020年頃

筆者は2001年からSEOを始めましたが、この20年で施策はずいぶん変化しました。キーワードから検索ニーズへ、HTMLからUX（ユーザーエクスペリエンス）へ、そしてモバイルへのフォーカス。SEOの施策は多岐にわたるため、チームでの施策がとても重要です。

# 質疑応答

## Q Googleの検索品質ガイドラインって何ですか？

A

Googleは、品質評価者という外部の人々に検索結果を評価してもらっています。この評価の軸になるのが検索品質ガイドラインです。2019年には464,065件以上のテストを実施し、3,620件を超える改善を加えたそうです。
これらの評価は検索順位に直接影響するものではありませんが、Googleがサイトをどのような基準で評価しようとしているかの参考にはなります。
資料は主に次のような内容で構成されており、その1つに「モバイルユーザーのニーズの理解」という章があります。Googleがいかにモバイルを重視しているかがわかります。

1章：Page Quality 評価のガイドライン
2章：モバイルユーザーのニーズの理解
3章：Needs Met 評価のガイドライン

ガイドラインは英語の原文でも168ページもありますが、有志の日本語訳もあるので、ぜひ目を通してみてください。

▶ Google 検索品質ガイドライン
https://static.googleusercontent.com/media/guidelines.raterhub.com/ja//searchqualityevaluatorguidelines.pdf

▶ 有志による日本語訳
https://www.irep.co.jp/press/pdf/google_general_guidelines_all.pdf

Chapter

# 2

# いま必要な SEO施策を知る

この章では今の時代に必要なSEO施策の種類と、課題を把握する方法、そしてサイトのタイプ別にどんな施策が有効かを解説します。

Lesson 08 [施策の種類]

# まずはSEO施策の種類について理解しよう

このレッスンのポイント

SEOをやりたい、やらなくてはといってもやみくもに始めるのは得策ではありません。今有効な施策の種類は大きく分けて4つ。SEOを始める前にそれぞれの内容を理解し、自分のサイトにどんな施策が必要なのか考えてみましょう。



## SEO施策の種類は4種類

スマートフォン時代になったといっても、SEO施策の種類は以前とさほど変わっていません。ベースとなるのは現在も内部施策と外部施策です。それに加え、2013年頃からコンテンツの優位性が高まったことでコンテンツ施策が増加してきました。また、スマートフォンの普及と共にローカル施策が出てきました。この章ではスマートフォンのSEOを考える上で、PC版サイトとも共通のSEOの本質をおさらいしておきたいと思います。

▶ SEO施策の4種類 図表08-1

1. 内部施策

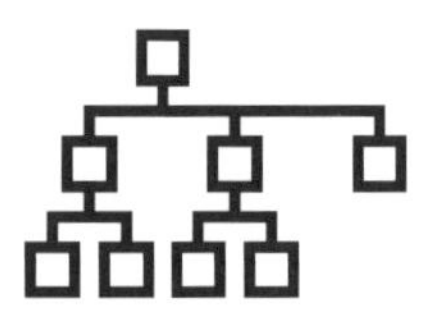

2. 外部施策

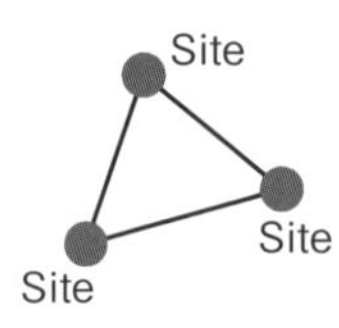


3. コンテンツ施策

4. ローカル施策

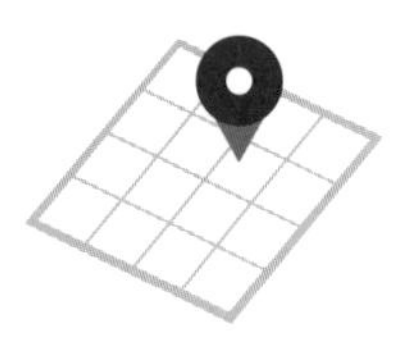

Lesson 07で「SEOにおける対策内容の変化」を図示しましたが、それらを分類すると現在はこの4つの施策が主なものになります。SEOの会社も、だいたいこの分類で施策を提供していることが多いです。

## 自サイトの改善による「内部施策」

内部施策は、自サイトをユーザーに対して最適化するものです。主な施策の内容は、「検索ニーズ調査」「画面の最適化」「検索結果の最適化」「技術要件の最適化」の4種類になります。

本書ではこの内部施策にフォーカスします。4種類の施策の詳細は、それぞれ本書の3章から6章で述べます。

内部施策の進め方は2つ、ウォーターフォール型とアジャイル型があります 図表08-2 図表08-3 。システム生成のサイト、大規模サイト、課題の多いサイトはウォーターフォール型のほうが一括でいろいろ最適化できるので効率的です。一方静的なサイトや小規模サイト、SEO的に成熟しているサイトはアジャイル型で少しずつ施策しながらPDCAを回していってもいいでしょう。サイトの運営体制や規模、課題感によって、進め方を選びます。



▶ ウォーターフォール型 図表08-2

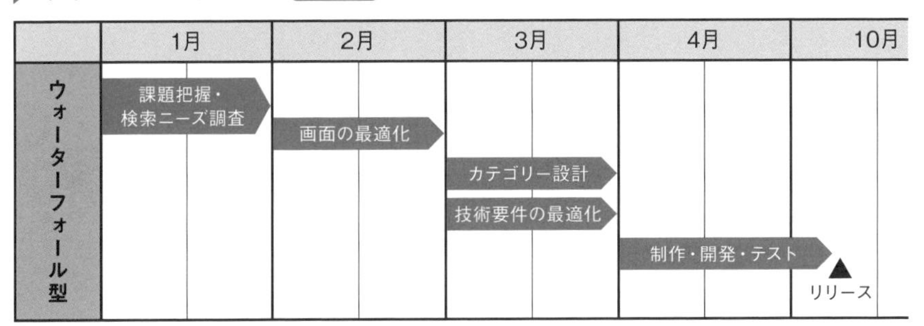


リニューアルなどのタイミングでまとめて全体最適化する

▶ アジャイル型 図表08-3

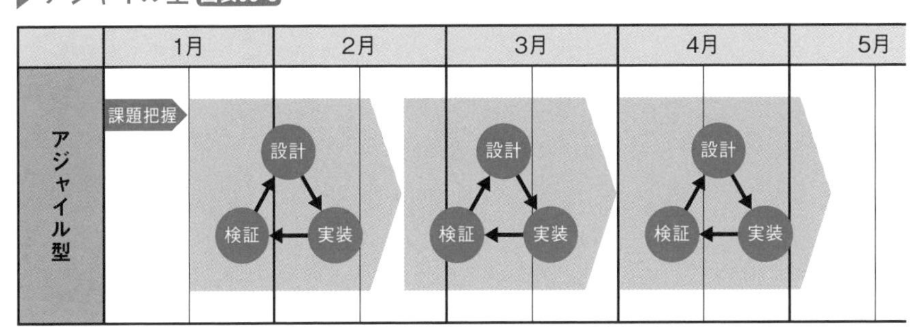


修正指示書などを用いて適宜、部分最適化する

## ユーザーの評価で決まる「外部施策」

外部施策も昔からありますが、本来は関連のある外部のサイトからリンクを張って紹介してもらうような施策です。日本では一時期この施策が悪用されてリンクを売り買いするリンク施策が普及しましたが、そのような行為はGoogleのガイドライン違反となります。ペナルティを受けることもあるので、この施策を行う際は十分注意しましょう 図表08-4 。

最近では必ずしもリンクだけでなく、Webサイトでの言及や引用なども“サイテーション”として評価される傾向が見られます。つまり良いサービスや商品はいろいろな人のブログやニュースサイト、ソーシャルサービスで取り上げられ話題になる。そのようなシグナルはリンクされていなくても信頼性という観点から有効ということになります 図表08-5 。

リンクしてもらうことも、サイテーションが発生することも外的要因なので操作は難しいところですが、スマートフォンは他者との共有が簡単にできます。例えばLesson 06で解説しているようなSNSを始めてユーザーとコミュニケーションを取ったり、露出することも積極的にやっていくといいでしょう。

▶ 外部施策は慎重に 図表08-4

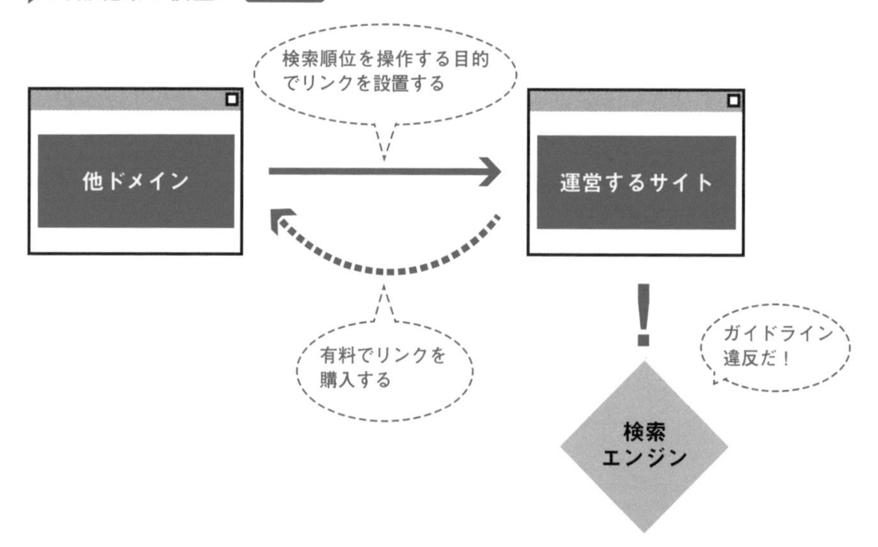

▶ソーシャルサービスでの反響もSEOに間接的な効果がある 図表08-5

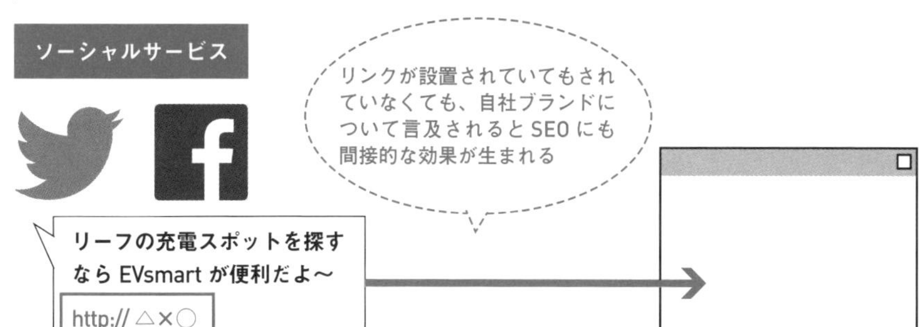


まずは自社アカウントのフォロワーを増やす施策を行い、それから有益な情報を投稿しましょう。SNS活用はそれ自体の流入に加え、自社ブランドの露出、サイテーション増加、コンテンツデリバリー（自社コンテンツの流通）などさまざまな観点からとても重要です。

## ユーザーの探す疑問に応える「コンテンツ施策」

コンテンツマーケティング、オウンドメディア施策などとも呼ばれるこの施策は、記事の作成が主になります。商品やサービス、ハウツーやお悩みなどいろいろな検索ニーズから解説記事を作成し、集客します。もちろん検索ニーズだけでなく、新商品のお知らせや制作秘話などユーザーとのコミュニケーションを目的とした記事があってもいいと思います。スマートフォン時代の検索はニーズが多様化し、「知りたい」「やりたい」というニーズの検索が増え、他者との共有も容易です。そのようなユーザー行動を考えるとコンテンツ施策が有効なサイトも多いと言えるでしょう。施策について詳しくは、Lesson 20、21で解説します。

▶ユーザーニーズに応え共有されやすいコンテンツにする 図表08-6

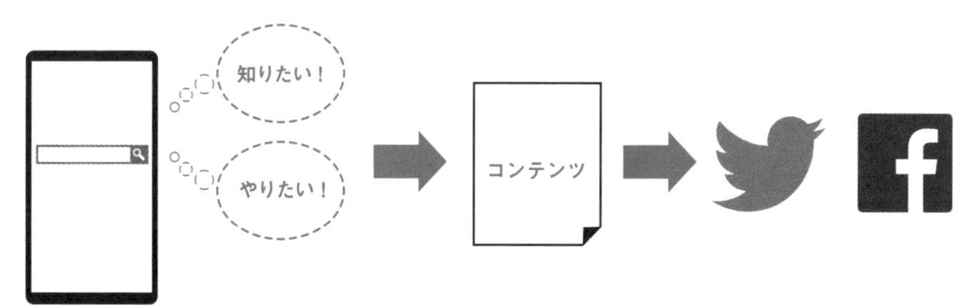

## Googleマップなど地域に密着した「ローカル施策」

Googleマップ最適化は、特にスマートフォンで表示が増えているエリア関連のワードの検索結果やGoogle マップ上での表示を増やして集客するという施策になります。MEO（Map Engine Optimization）と呼んでいるSEO会社もあるようです。

病院、美容院、サロン、飲食店、店舗など特に地域（エリア）が関係するサイト運営者には重要な施策です。Googleマップや検索結果の地図と一緒に出てくる施設情報は「Google マイビジネス」と呼ばれるもので、施設オーナーとして申請すると、登録・編集できるようになっています。ビジネスプロフィールを編集したり、ユーザーからのクチコミにしっかり対応したり、さらに簡単なWebサイトを作ることもできます。

▶「渋谷 カフェ」のローカルパック（ローカルの検索結果） 図表08-7

最近はこのローカル施策で上位表示させますとうたって過剰に施策する業者もいるようですが、リンクの売買と同様、Google のガイドライン違反になるので注意してください。

Lesson 09 [課題の把握]

# サイトの課題を把握しよう

このレッスンのポイント

**施策の種類を理解したら次は自身のサイトの課題を洗い出してみましょう。SEO施策はやることがたくさんあります。効率よく作業して最大の効果を目指すためにも、何をやるべきかは課題から優先順位付けをしておくことが大事です。**



## モバイル版サイトの課題を見つける方法

SEOの対象としてのスマートフォンは、画面も小さく、掲載できる情報量も限られます。できることも少ないのではと考えるかもしれませんが、SEOにおいては引き続きGoogleの200以上のアルゴリズムと多くの指標を考慮しなければなりませんし、1章で解説したようにGoogle側も進化しているので、小手先のチューニングでは効果が見込めません。サイト全体を調査し真の課題を見つけることが今こそ必要なのです。

SEOの課題はサイトの「内側」と「外側」両方からチェックします。内側とはサイトの作り、外側は流入状況や検索順位です。どちらもスマートフォンに絞って分析することをおすすめします 図表09-1 。外側の分析のそれぞれの設定方法や見方などは8章を参照してください。内側の分析は、本書巻末の「SEOチェックシート」（279ページ）を参考にしてチェックしてみてください。

### ▶ 内部課題と外部課題のチェック 図表09-1

| 分析箇所 | 手段 | 具体的な作業 |
| --- | --- | --- |
| 内側の分析 | サイトチェック | サイトの作りを次のようなSEO的観点からチェックする<br>インデックス・URL／検索結果／検索ニーズ・コンテンツ／画面／リンク／技術要件 |
| 外側の分析 | Google アナリティクス | Googleの提供するアナリティクスツール。オーガニック流入状況をチェックする。年間推移でみて減少しているか増加しているか、Googleのアップデートで変化が見られるか。またページ群別の分析など |
| | Search Console | Googleの提供するウェブマスター向けのツール。クロールやインデックス状況、流入キーワードの一覧や順位、クリック率などをチェックできる |

## 課題を列挙して優先順位をつけてみる

内側、外側、両方の分析から気になることが見つかったらそれを列挙してExcel等でリストにします。そして考えられる原因や打ち手となる施策、優先順位を入れてみます。優先順位はざっくりした感覚でもいいので、期待される効果とかかるコストから高中低と入れてみましょう 図表09-2 。

もしSEO会社に施策を依頼する場合は、このような表をもとに、「気になる課題」をまとめたリストを作って内容を伝えることで、より有効な施策設計をしてもらえると思います。

サイトの状況を本当に理解しているのはSEO会社でなく、サイト運営者です。このようにまとめておくと、施策の進捗状況も管理できるので便利です。



▶ 課題リストの例 図表09-2

| 気になる課題 | 考えられる原因 | 施策 | 優先順位 |
|---|---|---|---|
| コラムページの順位がGoogleのアップデートで下落した | ・掲載している記事の内容が古い | コンテンツ施策<br>・過去の記事のリライト | 高 |
| 新商品ページが2週間経ってもインデックスされていない | ・新商品への内部リンクが少ない<br>・Sitemap.xmlへの掲載が遅い | 内部施策<br>・内部リンクの見直し<br>・新商品用のsitemap.xmlの作成 | 中 |
| カテゴリー一覧のページ群の流入が昨年同月対で80%になってしまった | ・スマートフォンでは絞り込みや並べ替えができない<br>・無限スクロールになっている | 内部施策<br>・モバイルの画面にページを最適化する<br>・ページネーションの見直し | 高 |
| ○○というキーワードの順位が安定しない。製品サイトとメディアサイト両方のURLがヒットしている | ・2つのドメインが同じキーワードで競合している可能性がある | コンテンツ施策<br>・キーワードの食い合い調査と、メディアサイトの記事テーマを見直し | 低 |
| 新規ドメインを作成したが、流入が全然増えていかない | ・作成しただけでPRも広告もしていない。被リンクが2本しかない | 外部施策<br>・競合他社の被リンクやサービス関連キーワードで検索して関連のあるサイトへ紹介依頼をしてみる<br>・Twitterアカウントを開設して露出する | 中 |

課題がリストアップできたら次は施策です。次の Lesson 10 〜 15 では、サイトのタイプ別に最適な施策を解説します。

Lesson 10 [サイトのタイプ別施策①]

# DB型のEC／サービス系では内部施策を重視しよう

このレッスンのポイント

**Webサイトはいくつかのタイプに分けることができ、そのタイプごとに必要な施策、向いている施策がある程度決まります。ここからはサイトのタイプ別に施策を解説します。まず採り上げるのは規模の大きいECやサービスサイトです。**

## EC／サービス系サイトではすべての要素を最適化する

ここでの想定は総合Eコマースサイト、カタログ通販サイト、求人サイト、不動産サイト、ポータルサイトなどの、データベース型の大規模サイトです。商品やサービスデータが数千件、数万件あり、それらをカテゴリーで分類しているようなサイトです。ターゲットはコンシューマーで、ユーザーの利用デバイスの大半はスマートフォンと想定していいでしょう。

このタイプで主となるのは内部施策ですが、Googleの提唱するYMYL（88ページ参照）に該当するジャンルを扱うことが多いため、“信頼性”という観点から外部施策もある程度重要です。コンテンツ施策は内部施策の次の打ち手になるでしょう。次ページからそれぞれの施策の改善ポイントを示します。実際の手順は対応する各レッスンを参照してください。

▶ EC／サービス系（DB型）の施策の優先順位 図表10-1

| 内部施策 | | | | 外部施策 | コンテンツ施策 | ローカル施策 |
|---|---|---|---|---|---|---|
| 検索ニーズ調査と対策 | 画面の最適化 | 検索結果の最適化 | 技術要件の最適化 | | | |
| ○ | ○ | ○ | ○ | ○ | △ | — |

**この表はそれぞれの施策の優先順位をまとめたものです。○はやるべき、△は余裕があればやるべき、×はやる必要はない、— は該当しないを意味します。この限りではないですが、参考にしてみてください。**

## 内部施策①：検索ニーズ対策は「カテゴリー」の最適化

このタイプの場合、検索ニーズ対策の大半は「カテゴリー」の最適化です。例えばファッションサイトであればアイテム関連のキーワードを調べてカテゴリーの名称をチューニングしたり、新しく素材別のカテゴリーを新設したりといった作業が効果的です。一過性のトレンド商品や季節商品などは特集やブログで対策してもいいかもしれません。

参照 Lesson 22

## 内部施策②：画面の最適化は使い勝手を徹底的にチェック

カテゴリーと詳細ページ（商品・サービス）の画面最適化が重要です。MFIに移行しているサイトであればスマートフォンページを主にチューニングしましょう。スマートフォンの限られた画面の中で商品やサービスをどう見せるか、どんなナビゲーションを設置すれば探しやすいかなど、大規模なサイトだけにユーザーの使い勝手を考えることがとにかく重要です。

参照 Lesson 32、Lesson 33

## 内部施策③：検索結果の最適化は、リッチリザルトに注目

このタイプのサイトでできる最適化には、モバイル版サイトの多様な検索結果であるリッチリザルト（Lesson 39参照）に向けたものが多くあります。図表10-2に代表的なものをあげてみます。自サイトで関係するリッチリザルトがある場合には構造化データマークアップを活用し、検索結果で目を引くようにしましょう。

### ▶主なリッチリザルト 図表10-2

| サイトの種類 | 最適化したいリッチリザルト例 |
|---|---|
| ECサイト | 商品、クチコミ、サイトリンク検索ボックス、よくある質問 |
| 求人サイト | 求人情報 |
| レシピサイト | レシピ、カルーセル |
| チケットサイトやイベント情報サイト | イベント |

参照 Lesson 27、Lesson 39

## 内部施策④:技術要件の最適化でやるべきことは多い

大規模サイトの場合、考えるべき技術要件も多くあります。一例はURLです。動的URLもインデックスされるようになったとはいえ、パラメータがついた長いURLはおすすめしません。スマートフォンでは他者と共有する場合が多く、長いURLはリンクが切れて見られないことが多いからです。他にもページネーション、パフォーマンス、増えつつあるJavaScript関連の処理など、気になる点は開発部門の人に確認しましょう。

参照 6章

## 外部施策を活用して“信頼性”を獲得する

コンシューマーが相手となるこのジャンルのサイトは“評判”や“信頼性”の構築がとても重要です。そこを評価する指針はやはり他のサイトからの被リンクや、Web上でのサイテーション（Lesson 06参照）になるでしょう。特に新規オープンするサイトは“信頼性”が低いため、オフラインの広告やソーシャルメディアを活用して自社サービスやブランドの認知度をまず上げて、関連するサイトで紹介してもらうような努力も欠かせません。

## コンテンツ施策は次の打ち手に

このジャンルにおけるコンテンツ施策の優先度はそう高くありません。まずは内部施策や外部施策をしっかり行った上で次の打ち手としてコラムや読み物を用意するといいでしょう。またコラムだけでなく、特定のテーマや季節のニーズを対策するような特集コンテンツも有効です。しかし、ひと昔前のように商品だけを並べた特集ではユーザーニーズを満たせません。例えば「ホワイトデー特集」であれば渡す相手別に商品を並べ、どのような選び方をするといいかや相場感などアドバイス的なコメントを載せておくといいでしょう。

ECサイトのゴールは「購入」です。そのためカテゴリーや商品ページへ集客することが最重要です。コラムを作っても読まれて終わり、購入されない、さらにカテゴリーとキーワードを食い合う、そういう声をよく聞きます。まずは内部施策に注力しましょう。

# Lesson 11 [サイトのタイプ別施策②] 単品型のEC／サービス系ではコンテンツ施策を重視しよう

このレッスンのポイント

タイプ別の施策の2つ目は、ECサイトの中でも「単品通販」と呼ばれる商品数が少ない通販サイトや、中小規模のサービスサイト、メーカーのブランディングサイトです。これらのサイトで必要な施策について解説します。



## ○ 商材が限られるからこそ検索ニーズ調査を徹底的に

ここで想定しているサイトは、単品通販と呼ばれるテーマ特化型サイト（マットレス専門など）や、メーカーのブランディングサイトなどです。サイトの作りはトップページ、商品ページ、場合によってはカテゴリーページ、後はサービスの特徴ページやブランド訴求ページなどで構成されるようなケースです。
このようなサイトでは、内部施策の必要性が今は下がります。ページ数も少なく、そこまで複雑な構造ではないため、画面まわりや技術において昨今の進化したGoogleであれば評価の妨げになることは少ないからです。重要なことはユーザーの検索ニーズを徹底的に調べてコンテンツで対策すること。商材やサービスが限られるからこそ、いかに周辺ニーズをすくいあげていくかが重要となります。他の要素は最低限のチェックを行い、課題があれば個別に対応します。

▶ EC／サービス業（単品型）の施策の優先順位 図表11-1

| 内部施策 | | | | 外部施策 | コンテンツ施策 | ローカル施策 |
|---|---|---|---|---|---|---|
| 検索ニーズ調査と対策 | 画面の最適化 | 検索結果の最適化 | 技術要件の最適化 | | | |
| ○ | △ | △ | ― | △ | ○ | ― |

このタイプは昔に比べて内部施策の重要性が下がっています。よほど複雑な作りでなければ画面や技術関連の調整はあまり必要ないでしょう。

## 内部施策①:検索ニーズ調査で幅を広げる

このタイプの場合、商材やサービスが限られるので、カテゴリーや商品ページでの対策はよほどユニークでない限りは強く効かせることは難しいです。例えば「マットレス」を販売して上位を獲得したくても、今の検索エンジンが評価するのは複数ブランドのマットレス商品を数多く扱っている総合サイトなのです。最新機能満載、今までにない特許を持つ、他では売っていないなど話題性の高い場合は上位を取れる可能性もありますが、そうでないと上位表示は難しいでしょう。

そこで、検索に関しては、アイテム関連の言葉よりも、その周辺でどのような悩みや情報検索ニーズがあるかを調査します。例えばマットレスであればどのようなときに買い替えが起こるか、どのような悩みがありそうか仮説を立て、該当する検索ニーズをコンテンツ施策にて対策していきます。

参照 Lesson 18、Lesson 19

## 内部施策②:ユーザビリティを考慮した画面の最適化

モバイル版ページがメインの対象となりますが、ページ数もそこまで多くなく、作りも複雑ではないと想定されるので、チューニングできる箇所はあまり多くないでしょう。逆に言うとページが多くない分、少し手をかけてユーザーの使い勝手をしっかり検証することをおすすめします。トップページへ訪れたユーザーが欲しい情報を見つけているか、商品ページから訪れたユーザーが次にどこへ遷移しているか、大掛かりなユーザーテストを行う必要はないです。関係者でモバイル版サイトを使ってみて使いにくいところを洗い出すことも有効です。自ずと内部リンクの課題、どこへリンクを張ると便利か、最適か、なども見えてくるでしょう。

参照 Lesson 29、Lesson 30

## 内部施策③:検索結果はページごとに最適化する

スマートフォンの検索結果ではタイトルとサマリー文章を見てクリックするかどうか判断しているユーザーが多いと言われます。このタイプのサイトは膨大なページがあるわけではないので、検索結果のスニペットに表示されるmeta descriptionをページごとにしっかり作成して最適なものにするといいでしょう。

参照 Lesson 25

## 外部施策はソーシャル活用によるファン作りを目指そう

このタイプのサイトもYMYL（88ページ参照）に該当するケースが多いので、Lesson 10で説明したような“評判”や“信頼性”がとても重要です。ソーシャルメディアに店長やブランドとしてアカウントを作り、ユーザーと双方向のコミュニケーションを取ってファンを増やしていくことも有効です。

## コンテンツ施策が最重要

このタイプにおいてコンテンツ施策は重要です。周辺ニーズを満たす解説系のコラムやブログなどを用意するといいでしょう。前述したマットレスなら、ユーザーの悩みの1つとして睡眠時の腰痛があるかもしれません。例えば「朝起きたときの腰痛の原因と対策」という読み物を作り、マットレスの重要性に触れてみてはどうでしょうか。すぐではなくても、マットレス買い替え時の想起につながるかもしれません。スマートフォン時代におけるユーザーの悩みや情報検索はknow、doの検索ニーズと定義します（Lesson 18参照）。ニーズに応えるコンテンツをぜひ用意してみてください。

参照 Lesson 20、Lesson 21

商品数の網羅やブランド力などが求められる今のSEOで苦戦しているのはこのタイプのサイトだと思います。アイテム名での上位でなく、周辺ニーズにぜひフォーカスしてみてください。

Lesson 12 [サイトのタイプ別施策③]

# モール型のECサイトでは穴場の施策を見つけよう

このレッスンのポイント

タイプ別の施策の3つ目は、ECサイトのなかでも、インターネットモールに出店している店舗のケースを想定します。モールでのSEO課題の中心は、同モール内で同じ商品を売る業者が競合となることです。



## モールでの課題、クラスタリングについて理解する

Amazonや楽天などモールに出店しているサイトについて解説します。Lesson 10や11のECサイトがモールにも出店していることもあれば、モールのみに出店しているショップも多いかもしれません。

モールのSEO施策で課題となるのは「クラスタリング」の制限です。クラスタリングとは、Googleの検索結果において同一ドメイン配下にある複数のURLをまとめて表示する、つまり1URLしか表示しないというものです。2012年頃は1ドメインで4つのURLが表示されることもありましたし、サブドメインであれば表示されることもありました。しかし2020年現在はGoogleのクラスタリングの制限がかなり厳しくなっており、サブドメインを含めて1ドメインからは基本的に1URLしか表示されません。ただ検索クエリによってその制限は異なり、自社サイトやブランド関連、優位性の高いクエリでは1つのドメインから2URL、3URL表示されることもあります。

▶ クラスタリングの今昔比較 図表12-1

| 昔 | 今 |
|---|---|
| 検索結果 | 検索結果 |
| 1. Aドメイン | 1. Aドメイン |
| 2. Aドメイン | 2. Bドメイン |
| 3. Bドメイン | 3. Cドメイン |
| 4. Bドメイン | 4. Dドメイン |
| ⋮ | ⋮ |
| 10. Cドメイン | 10. Eドメイン |

昔は1つのドメインから複数のURLが表示されていた。今は基本的に、1つのドメインから1つのURLしか表示されない

## モール内競合によって検索結果に表示されないことに

モールでは現在、このクラスタリングの影響で、個々のショップページをGoogleで表示させることが非常に難しくなっているのです。例えばあるモールでマットレスを販売しているとします。モール内におけるURL構成は 図表12-2 のようになっているとします。

この場合、ショップAが「マットレス」でSEO対策したい、Googleで上位に表示させたいと思っても、すでにモール本体のURLやショップBが表示されている場合には検索結果に出てくることすら難しいのです。

多くのモールはショップのURLがサブディレクトリかサブドメインになっていると思います。その場合、このクラスタリングによって、モール内競合URLが多数発生し、そもそも自身のショップや商品ページを検索エンジンで表示させることができないのです。

▶ クラスタリングによる影響 図表12-2

マットレスのURL

| | |
|---|---|
| モール本体 マットレスカテゴリー | www.abc.com/category12/… |
| モール マットレス特集 | topic.abc.com/future12/… |
| マットレス ショップA | www.abc.com/shop123/… |
| マットレス ショップB | www.abc.com/shop456/… |

どれか1つしか表示されない（例外はあり）

## 自由度の低さもSEOの課題の1つに

もう1つの課題は、自由度の低さです。モールはテンプレートやURLなどの仕様があらかじめ決まっており、自由に調整できる箇所が少ないと聞きます。そしてGoogleアナリティクスやSearch Consoleなどの分析ツールも自由に登録できない場合もあります。それらのツールがなくてはそもそもGoogleで何ページインデックスされているか、流入がどのくらいあるかを調べることさえできません。

また、モール内での露出を考えて商品名も商品情報もすべてを画像にしたカタログ雑誌のような見栄えのショップも多く見かけます。確かに魅力的な画像が並ぶ商品ページであればモール内で目立つことができるのかもしれません。ただ、SEO対策で考えれば、ページの内容がわかる見出しや説明文、商品情報などが必須です。特に商品の説明や特徴の文章はテキストデータが望ましいのです 図表12-3。

▶ カタログ雑誌的なページの例 図表12-3

ページ全体が1枚の画像となっているショップの例。カタログ的なページで見やすいがSEO対策を行うのであれば、やはり説明文などはテキストデータになっているほうがいい

## モールでできる施策を探ってみよう

このように制限の厳しいモールですが、SEOもやりたい場合に何かできることはないのでしょうか。1つは穴場のキーワードの発見です。自社ショップに関係するキーワードでGoogle検索してみて、モールのドメインがヒットしない場合は狙い目です。ショップのトップページやカテゴリー、商品ページなどで使用して対策するといいでしょう。

また、モールの順位を調べてみると、特にハウツー系やコーデ系のキーワードはモールのドメインがあまり表示されていないようです。例えば「同窓会の服装」「ダウンジャケットの洗い方」「スニーカーコーデ」などknowやdoの検索ニーズになります（Lesson 20）。モールによってはショップの中にブログや記事などを作る機能もあるようなので、手間をかけてコンテンツ作りをしてみるのもいいかもしれません。

参照 Lesson 20、Lesson 21

モールの場合SEOよりモール内での上位獲得が念頭に置かれているようですが、SEOを本格的にやりたい場合には独自ドメインの自社サイト構築を検討したほうがいいかもしれません。

Lesson 13 [サイトのタイプ別施策④]

# 記事専門サイトではニーズに応える記事を充実させよう

このレッスンのポイント

タイプ別の施策の4つ目は、ニュースメディアやブログなど、主に記事で構成されたサイトにフォーカスします。コンテンツそのものが売りのこのタイプでは、検索ニーズをつかみながら、良質な内容を発信していくことが大切です。



## 必要な施策は多岐にわたり、メディア特有のものも多い

記事コンテンツ系は、ニュースサイトやネットメディアから、個人によるブログまで、規模としては幅広いサイトが対象です。サイトの構成はトップページ、カテゴリーページ、記事ページ、場合によってタグや特集ページがあるでしょう。ユーザーの大半がスマートフォン経由となっているはずです。内部施策の中で力を入れたいのは検索ニーズ調査と検索結果の最適化です。

▶記事専門サイトの施策の優先順位 図表13-1

| 内部施策 | | | | 外部施策 | コンテンツ施策 | ローカル施策 |
|---|---|---|---|---|---|---|
| 検索ニーズ調査と対策 | 画面の最適化 | 検索結果の最適化 | 技術要件の最適化 | | | |
| ○ | △ | ○ | △ | ○ | ○ | — |

## 内部施策①:ストックの検索ニーズとカテゴリーが重要

記事にはフローとストックという考え方があります(Lesson 21参照)。SEOで対策していくのはストックが対象なので、旬ですぐに消えてしまうものより、長期的に利用され蓄積できるテーマで検索ニーズを調べます。自身のサイトのテーマに合わせて、さまざまなターゲットユーザーの検索シーンと検索クエリを洗い出します。またカテゴリーの最適化も有効です。芸能メディアであれば人名カテゴリー、スポーツメディアであればスポーツチーム別カテゴリーなど必要に応じてさまざまな切り口の記事用カテゴリーを用意するといいでしょう。

参照 Lesson 20、Lesson 22

## 内部施策②：画面の最適化ではサイト内回遊を意識しよう

スマートフォンでの使いやすさ、読みやすさの追求はすべきですが、検索ニーズ対策に比べれば画面の最適化はそれほど大きな課題ではありません。記事が並んでいる一覧ページと記事ページが主なSEO対象ページですが、スマートフォンページの場合、レイアウトがだいたい決まってくるので、そこまで最適化できるポイントは多くありません。ただし、回遊できるような内部リンクの設計は重要です。詳しくはLesson 30を見てください。

参照 Lesson 32、Lesson 34

## 内部施策③：検索結果の最適化で、クリック率を高めよう

このタイプにおける検索結果の確認と最適化は重要です。例えばAMPという、主にスマートフォンで高速に閲覧できる仕組みを使ってページを作っていると検索結果に専用のマークが出ます（Lesson 49参照）。
また、検索結果でわかりやすく魅力的なタイトルを表示したり、記事の公開日（日付）が出るようにするとクリック率の改善が期待できます。それ以外にも、強調スニペットやカルーセルなど目を引き、クリックにつながる機能がいろいろあります。5章「モバイルの検索結果を攻略する」ではいろいろな検索結果を紹介しています。検索結果への理解を深めて、それぞれの対策を行ってみてください。

参照 Lesson 35、Lesson 49

記事専門サイトでは記事をAMP化しているケースをよく見かけます。ただいくつか落とし穴もあるので、詳しくはLesson 49を読んでみてください。

## 内部施策④：技術要件では無限スクロールに注意

技術に関する課題は多くありませんが、無限スクロールには注意しましょう。主に記事が並んでいる一覧ページでページネーションがなく、スクロールし続けられるページの作りのことです。メディアサイトではよく見かける仕組みですが、Googleのエンジンが進化したといってもこれは評価されにくいので対策が必要です。

参照 Lesson 47

## 外部施策は丁寧なソーシャル運用が重要

記事を作って公開しただけで流入を増やすということは難しいものです。Googleで上位に表示されている記事はソーシャルシェアを多数獲得しているものが多いです。記事を公開したタイミングでTwitterやFacebookなどで投稿、また少し経過してから別の切り口で投稿、旬の時期や話題になった時期での再投稿など、丁寧なソーシャル運用がポイントです。

▶ 記事の投稿を告知する 図表13-2

作った記事をユーザーに届ける「コンテンツデリバリー」を考えるとソーシャルの役割が非常に重要

## コンテンツ施策はオリジナル性に注力する

Webメディアには編集部が独自に取材して記事を書いて掲載する一次メディアと一次メディアから配信された記事を転載する二次メディアがあり、最近はオリジナルを評価するGoogleの方向性から、一次メディアでないと高い評価を受けにくくなりました。二次メディアは記事の中にユーザーの口コミコーナーを設けたり、類似ニュースをまとめた特集ページを作るなどしてオリジナル化をはかる必要があるでしょう。また、YMYL（88ページ参照）に関係するサイトは、テーマによって専門家の解説や監修を設けたり、有益な記事として参照されるような質の高いコンテンツを作ることが重要です。
動画ニュースを用意している場合には特有のポイントがあるので、Lesson 41を見てください。

参照 Lesson 21

オリジナル性は非常に重要です。最近は著作権侵害も問題になっているようです。Web上にあるからといって画像や文章を安易に流用しないようにしてください。

### ワンポイント 記事専門サイトはWordPressの攻略も重要

メディアサイトやブログ等はWordPressで構築されていることが多いと思います。どこまでSEOを意識するかは案外重要です。本書では7章でWordPressのSEOについてポイントを解説しているのでぜひ参照してください。

## メディア特有の施策について理解を深めよう

記事コンテンツ系サイト特有の施策は、本書ではレッスンとしては解説しませんが、ここで概要を解説するので、詳しくはヘルプへアクセスしてみてください。

### Googleニュース対策

Googleが提供するさまざまなニュース記事を集合させたサービスで、掲載される記事はすべてGoogleのアルゴリズムによって自動で選択されています。記事の画像がニュースに表示されますが、画像のalt属性に記事タイトルを入れておくことでその画像が選択されやすくなります。サイト運営者は、「パブリッシャーセンター」でGoogleニュースのコンテンツ管理ができます。2019年からは、新規登録の申請が不要になり、コンテンツポリシーを遵守しているサイトは自動登録されます。詳しくは、下記のヘルプを確認してみてください。

▶ **パブリッシャー センター ヘルプ**
https://support.google.com/news/publisher-center/?hl=ja

### Google Discover対策

Googleニュースに登録されているサイトは、Lesson 06で解説したGoogle Discoverにも表示されやすい傾向があります。以下のヘルプを参考に、コンテンツの最適化を検討してみてください。

▶ **Google Discover とウェブサイト**
https://support.google.com/webmasters/answer/9046777?hl=ja

### ペイウォールコンテンツ対策

ペイウォールとは、記事を読むために定期購入や会員登録を求めるような記事を意味します。本当は記事が1000文字あるのに例えば300文字など一部しか掲載されていない場合、Googleにもその一部しか認識されないため流入の機会損失になります。サイトによっては検索エンジンには1000文字全文認識させてユーザーには300文字だけ見せるという出し分けをしているケースもありますが、クローキングというGoogleのガイドライン違反になります。GoogleはFlexible Samplingというペイウォールコンテンツの配信方法、そしてクローキングと誤解されないようにする構造化データを提供しています。以下のヘルプを参考にしてください。

▶ **定期購入とペイウォール コンテンツ**
https://developers.google.com/search/docs/data-types/paywalled-content

▶ **Flexible Sampling に関する一般的なガイダンス**
https://support.google.com/webmasters/answer/7532484?hl=ja

Lesson 14 [サイトのタイプ別施策⑤]

# コーポレート／BtoB向けはサイトマップを作成し最適化しよう

このレッスンのポイント

**タイプ別の施策の5つ目は、企業や団体のコーポレートサイトやサービスが企業向けのBtoBサイトにフォーカスして解説します。このタイプでは、サイトマップを作成して各ページのキーワード設定や分析を丁寧に行うといいでしょう。**



## サイトマップを作成して検索ニーズを網羅

ここで想定しているサイトは、企業のサービス概要や事業内容、会社概要を掲載するコーポレートサイトと、サービスや製品がコンシューマーではなく企業向けというBtoBサイトです。BtoBのサイトはコーポレートサイトを兼ねていることも多く、サイトの作りも似ているので一緒のくくりとしました。

このタイプのサイトでは依然PC版からの流入が半数程度占める業種も見られますが、スマートフォンからの流入も年々増え、MFIを考えるとモバイル版の最適化は最低限必要です。

重要なのはサイトマップの作成と検索ニーズ調査です。全ページを列挙して各ページのキーワードを見直したり、製品やサービスを検討するビジネスユーザーのニーズを丁寧に調べ、購入材料となるような説得型のコンテンツを追加することが有効です。規模的にWordPressを使っているサイトも多いと思います。ぜひ7章も参考にしてください。

▶ コーポレート／BtoBサイトの対策の優先順位 図表14-1

| 内部施策 | | | | 外部施策 | コンテンツ施策 | ローカル施策 |
|---|---|---|---|---|---|---|
| 検索ニーズ調査と対策 | 画面の最適化 | 検索結果の最適化 | 技術要件の最適化 | | | |
| ○ | △ | — | — | — | ○ | △ |

サイトマップを手動で一から作るのは大変です。次ページで触れるScreaming Frogというツールを使うと自動的に生成できます。クロールスピードの調整もできて安心です。

## 内部施策①:検索ニーズ調査前にサイトマップを作る

このタイプの内部施策では、まずサイトマップを作って各ページの設定キーワードを確認します。そして検索ニーズ調査を行って周辺ニーズを探ります。

Excelなどの表計算シートで 図表14-2 のような全ページのタイトルとURLをまとめたサイトマップを作りましょう。もしページ数が多くて手作業が厳しい場合は「Screaming Frog」などのツールを利用してもいいでしょう。全ページをクロールして自動的にサイトマップのExcelの表を作成してくれます。

次に、Search Consoleを確認して、titleの横に現在流入しているキーワードとそのクリック数を書き込みます（Lesson 63参照）。

リストができたら今流入しているキーワードが最適か、もっと人気の言葉がないかをキーワードツールを使ってチェックします（Lesson 19参照）。

▶ サイトマップ例 図表14-2

| 第一階層 | 第二階層 | 第三階層 | titleタグ | 今流入してるワード |
|---|---|---|---|---|
| http://twdesk.com/ | | | Twitterクライアント：つぶやきデスク | つぶやきデスク 3471<br>つぶやきですく 248<br>ツイートデスク 111 |
| | http://twdesk.com/feature/ | | つぶやきデスクの便利な機能 - つぶやきデスク | #N/A |
| | | http://twdesk.com/feature/analysis/ | Twitterアカウントの分析・解析 - つぶやきデスク | ツイート数 推移 174<br>twitte r解析 119<br>ツイート数 グラフ 109 |
| | | http://twdesk.com/feature/bulksend/ | 複数ユーザーへDMの一括送信可能 - つぶやきデスク | インスタ dm 一斉送信 350<br>インスタ 一斉送信 121<br>twitter dm 一斉送信 115 |
| | | http://twdesk.com/feature/export/ | ツイートのデータをCSVでエクスポート -つぶやきデスク | twitter csv 124<br>twitter excel 出力 91<br>ツイート csv 89<br>twitter csv ダウンロード 57 |

## 内部施策②:検索ニーズ調査ではknowニーズを探そう

次に、対策できていない、もしくは漏れている検索ニーズがないかを調査します。コーポレートサイトやBtoBサイトではknowクエリ（Lesson 18参照）の対策が十分でない場合が多いです。自社サービスや製品を利用するユーザーにどんな悩みや課題があるか調べましょう。製品サイトであれば、ターゲットユーザーが調べるような課題、knowニーズのキーワードで集客できれば、自社製品を知ってもらういい機会になります。新しく対策したいキーワードが出て来たらサイトマップ 図表14-2 に追加しましょう。

参照 Lesson 20

## 内部施策③:画面の最適化ではモバイル対応を確認する

このタイプのサイトはシンプルな作りが多いため、見直す点は多くないかもしれません。しかし、モバイル版ページが全ページ用意され、モバイルフレンドリーへも最低ラインとして対応している必要があります。そしてtitleタグやmeta descriptionが各ページユニークで最適な内容が入っているか、また必要な関連リンクやナビゲーションなど内部リンクが最適かも確認しましょう。

参照 Lesson 25、Lesson 26

## コンテンツ施策はコラム以外も活用する

検索ニーズ調査を行ってみて、製品やサービスに関連するお悩みや課題などknowニーズがたくさんあるようならコラムを用意してもいいでしょう。そこまで豊富にない場合は既存のFAQや機能紹介ページを活用することもおすすめです。例えばアユダンテの自社製品（Twitterクライアント）に関連して「twitter フォローできない」というknowニーズをSNSで発見したときは、FAQの中に「Twitterでエラーが出てしまいフォローできないのはなぜですか？」という質問を設けて対策しました。ユーザーの求めるコンテンツを追加することが重要です。

参照 Lesson 21

## コーポレートサイトはローカル施策が大事

コーポレートサイトはローカル施策が関係してきます。社名で検索されたときにマイビジネスの情報が目立つようにビジネス プロファイルに表示されるため、マイビジネスに登録し、住所や電話番号、会社説明文などを編集しておくといいでしょう。

参照 Lesson 37

▶ マイビジネスの情報 図表14-3

アユダンテ株式会社のマイビジネス情報。「アユダンテ」と検索すると最上部にビジネスプロファイルとして表示される

Lesson 15 ［サイトのタイプ別施策⑥］

# 店舗／施設系サイトはローカル施策を重視しよう

このレッスンのポイント

**タイプ別の施策の6つ目は、美容院、病院、ホテルなどの施設や実店舗のサイトにフォーカスします。ローカル施策が最も有効なタイプで、内部施策やコンテンツ施策以上に重要度が上となります。**

## 店舗や施設系のサイトはローカル施策が最重要に

ここで想定しているサイトは、美容院やネイルサロン、エステ、整体、マッサージ、病院、そしてホテルや旅館などの宿泊施設や、クリーニング、書店、花屋など実店舗があるサイトです。どこかに「施設」があり、その場所へユーザーを集客することが目的のサイトです。

内部施策の中では、検索ニーズの調査と最低限の画面の最適化に注力します。

ひと昔前であればリアルの集客といえばチラシや看板が有効だったかもしれませんが、今は出先で検索する行動が非常に増えています。特にスマートフォン特有の「近くの○○」という検索が増加しています（Lesson 16参照）。これは、「〜に行きたい」というgoのニーズに該当します（Lesson 18参照）。地域が関係することから一番重要な施策はローカル施策となります。

▶ 店舗／施設系サイトの施策優先順位 図表15-1

| 内部施策 | | | | 外部施策 | コンテンツ施策 | ローカル施策 |
|---|---|---|---|---|---|---|
| 検索ニーズ調査と対策 | 画面の最適化 | 検索結果の最適化 | 技術要件の最適化 | | | |
| △ | △ | — | — | — | △ | ○ |

施設系サイトでは、PC版しかないサイトをよく目にしますが、検索エンジンからの集客が重要なのであればモバイル版サイトを用意しましょう。

Chapter 2 今必要なSEO施策を知る

NEXT PAGE →

## 内部施策①:行きたい、知りたいの検索ニーズを調査する

店舗や施設を探すユーザーの検索は、まず地域名とサービス名での検索があります(例:恵比寿 ネイルサロン)。これは「行きたい」というgoのニーズにあたります。よく近隣の地域名などをtitleタグに詰め込んでいるケースを見かけますが(例:○○ネイルサロン 恵比寿・中目黒・代官山)、スマートフォンの検索ではユーザーの位置情報をGoogleが理解して検索結果を表示するため、基本的には近くのサイトが優先して表示されます。恵比寿のネイルサロンが"中目黒"と書いても「中目黒 ネイルサロン」の検索では上位に表示されないのです。自分の施設がある住所や最寄り駅などの情報を正確に記載しましょう。

次に自分が抱えている悩みや情報検索も関係しそうです。例えば歯科医院であれば「歯の痛み」や「歯の着色」「知覚過敏」などたくさんのknowやdoのニーズがありそうです。悩み別や症状別のページを用意して対策してもいいでしょう。

参照 Lesson 18、Lesson 20

## 内部施策②:画面の最適化はモバイル版が重要

利用者はコンシューマーであることからモバイル版の最適化が内部施策のメインとなります。モバイル版があるサイトでは、特にクリニック系やリラクゼーション系のサイトでは非常に似通った構成になっているようです。ハンバーガーメニューとフッター部分だけにナビゲーションを置いて、メインコンテンツには重要なリンクがないページです。しかし、モバイル版でも内部リンクは重要です。トップページから主要なページにリンクが張られているか、お悩みのページから該当するサービスへリンクしているか、各支店のページが全部同じ説明文ではないか?など、モバイル版での使い勝手を確認しましょう。

参照 Lesson 30

### ワンポイント 実は自社サイトよりよく見られるGoogleマイビジネス

店舗の営業時間や休業日についてユーザーがよく参考にするのはGoogleマイビジネスの情報です。店舗名で検索するとスマートフォンで最上部に出てくるからです。

自社のホームページに記載しても案外ユーザーはアクセスしなかったりします。まずはマイビジネスのビジネスプロフィールを更新することがこれからの時代は重要です。新サービスを「最新情報」に記載することもできます。Lesson 37を参考に更新してください。

## コンテンツ施策はSEO以外のメリットも考える

必ずしもコンテンツが必要ではないですが、検索エンジンからの流入を意識するならば、検索ニーズ調査で得られた内容でコラムを作成してもいいでしょう。このタイプは地域が強く関係するため、大阪の病院のコラムが上位に表示されて読まれても、ユーザーが東京在住であれば、来訪までは難しいでしょう。しかし特殊なサービスがあれば遠方でも来てもらえる可能性はありますし、サイトの露出が増えることで人々の記憶に残り、地域の人が知人にクチコミですすめるといったことも期待できます。SEO以外のメリットとして、複数の施設を比較検討している際には、やはりそっけないWebサイトより人柄の出るコラムやブログ、解説ページがあるサイトのほうが安心感につながり来訪される可能性が高まります。

参照 Lesson 21

## ローカル施策が最重要、Googleマイビジネスを使う

ローカル施策は、このタイプの施策で最重要です。まずはGoogleのマイビジネスに自身の施設情報が登録されているか確認しましょう。施設名や店舗名で検索したときにスマートフォンでは最上部にパネル形式の情報が出てきます。
Googleは自動で情報を登録して増やしているので、多くの施設や店舗はすでに登録されている可能性が高いです。登録されていた場合も、まずはオーナー登録をし、マイビジネス情報を編集したり、ユーザーが投稿した「クチコミ」へ返信したりといった手をかけて情報が充実するようにしましょう。

参照 Lesson 36、Lesson 37

▶ Googleマイビジネス 図表15-2

まずはGoogleで自身の施設名称で検索してみる。このように表示されればすでに登録されている

## 質疑応答

**Q BtoBサイトでオーガニック流入が伸び悩んでいます。何かいい打ち手はありますか？**

**A** この章で解説したようなBtoBや単品型のECサイトは、年々SEO施策が難しくなってきています。なぜなら、昔のようにキーワードをちりばめ検索エンジンの好みそうなページを作っても上位に来ないからです。またユーザーの向き合うデバイスがPCからスマートフォンになり、検索が多様化し刹那的になったことで、製品名やブランド名の認知もどんどん難しくなっています。それらの商材やサービスが限られ、ページ数も少ないサイトでは、よほど知名度や話題性がないとSEOだけで流入を獲得するのは厳しいのが現状です。
Webでの集客はSEOだけではありません。例えばBtoBサイトであれば、広告もおすすめです。事例などを掲載したホワイトペーパーを制作し、そのファイルのダウンロードをゴールに設定して広告出稿し、まずはリードを獲得するのです。筆者の経験ではFacebook広告の成果が高く、顧客リストやコンバージョンしたユーザーに類似するオーディエンスへターゲティング配信する方法で効果を上げることができました。単品型のECサイトであれば、Amazon広告も一案です。Amazonで競合商品を検討している買い物客を狙って広告を出し、自社商品の購入を促すことができます。SEOだけで施策することの難しさを踏まえ、弊社でも今年からSEO×広告双方の支援を始めました。最低限のSEOは行いつつ、他の手法も検討していくといいでしょう。

Chapter

# 3

# 検索ニーズとコンテンツを知る

スマートフォン特有の傾向である「マイクロモーメント検索」と4つのモーメント、それらを踏まえた検索ニーズの調査方法とコンテンツ作成方法を理解しましょう。

Lesson ［スマートフォンによる検索クエリ］

# 16 スマートフォン特有の検索クエリの特徴を理解しよう

このレッスンのポイント

同じ検索エンジンであっても、スマートフォンとPCでは検索の仕方に変化があります。ここではスマートフォン時代特有の「位置情報」に関する検索クエリと、「予測変換」の登場によって依然重要なロングテールの概念を解説します。

## ○ 検索結果とユーザーの位置情報の関連性

スマートフォンは常に携帯しているからこそ、スマートフォンからの検索では「位置情報」の概念が重要になります。Googleの検索品質ガイドラインのサンプルの中にも検索する際の条件にQuery（キーワード）、User Location（ユーザーの位置情報）、User Intent（検索意図）と、位置情報がしっかり含まれています。図表16-1のように、もしキーワードに位置情報が関係する場合は、その情報も考慮した検索結果が表示されます。例えばそのユーザーのいる位置から近い施設の情報が表示されているとユーザーニーズに一致するので高得点、つまり検索結果の品質が高いという評価になるのです。

▶ 位置情報を反映した検索結果 図表16-1

| Query and User Intent | Result | Rating | Highly Meets Explanation |
|---|---|---|---|
| **Query:** [trader joes]<br><br>**User Location:** Charlotte, North Carolina<br><br>**User Intent:** There are two possible user intents: most users probably want to visit a nearby location or go to the website. | Shelby Gastonia Charlotte Concord Matthews<br>A Trader Joe's 1133 Metropolitan Ave Charlotte Open until 9:00 pm CALL DIRECTIONS<br>B Trader Joe's 1820 E Arbors Dr Charlotte Open until 9:00 pm CALL DIRECTIONS<br>C Trader Joe's 6418 Rea Rd Charlotte Open until 9:00 pm CALL DIRECTIONS | FailsM SM MM HM FullyM | This result shows a complete list of all three locations in the Charlotte area, with information that is especially helpful for users who want to visit the store.<br><br>**Note:** This result block is not Fully Meets because users who want to go to the website to see coupons, promotions, etc. would have to see additional results. |

トレーダー・ジョーズというスーパーマーケットの検索。ユーザーの検索した位置情報に応じて、近くの店舗が3つ検索結果に表示されており高得点というテストサンプル

出典：Needs Met Rating Guideline（検索品質ガイドライン）、p.99掲載のサンプルより
https://static.googleusercontent.com/media/guidelines.raterhub.com/ja//searchqualityevaluatorguidelines.pdf

## 地域エリアに関する検索クエリの変化

スマートフォンからの地域に関する特徴的な検索キーワードは「近くの○○」です。Googleトレンドというツールで、「ある言葉がGoogleでどれだけ検索されているか」というトレンドをグラフで見ることができますが、このツールを見てもその伸びがうかがえます 図表16-2 。Googleの2016年の調査結果では、特にスマートフォンでの検索において前年比146%の伸びでその言葉の検索が増えたと報告がありました 。2020年にはさらに増えていることでしょう。

スマートフォンの位置情報が検索結果に反映されるため、「近くの○○」と検索してもGoogleは自動的に近くのお店や公園などを表示することができるのです。

その一方、ユーザーの検索クエリの中からエリア名が減少している傾向も見られます。以前なら「東京 カフェ」と検索していたのに「カフェ」だけで検索するユーザーが増えているのです。エリアが関係するサイトでは「東京」や「大阪」などエリアを含む流入が減っているように見えるかもしれませんが、実は「カフェ」の検索が増えていたりするのです 図表16-3。

### ▶「近くの」の検索トレンド 図表16-2

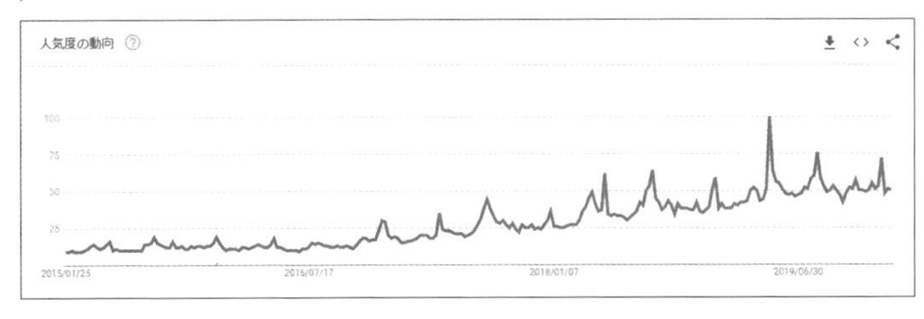


「近くの○○」という検索が年々増えている

### ▶北海道で検索したときの「カフェ」の結果 図表16-3

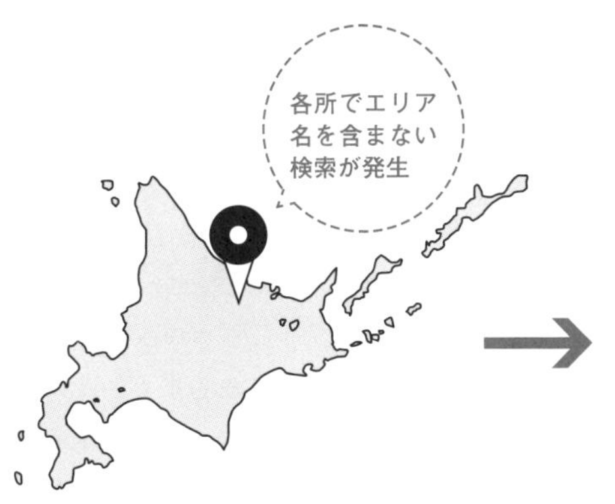

位置情報が検索結果に反映される

エリア名を含まなくても最善の情報を入手できる

## スマートフォンの検索クエリとロングテール

従来より、SEOには「ロングテール」という重要な概念があります。これはキーワードを検索数と語句数から分類するもので、検索数が多い1語の言葉を「ビッグワード」、検索数が中程度で2語の言葉を「ミディアムワード」、検索数が少なく3語以上の言葉を「スモールワード」と呼んでいます。そしてミディアムワードからスモールワードにかけての裾野の部分はテール（尻尾）になぞらえて「ロングテール」と呼んでいます 図表16-4 。皆さんが検索結果で1位になりたいのは恐らく検索数の多い「ビッグワード」だと思いますが、競争率も高く種類も限られます。逆に1語あたりの検索数は少ないけれども種類が多い「ロングテール」は対策もしやすく、積もり積もれば「ビッグワード」より多くの流入が得られることもあります。そのため、SEO対策では常に「ロングテール」が重要です。

▶ロングテールのグラフ 図表16-4

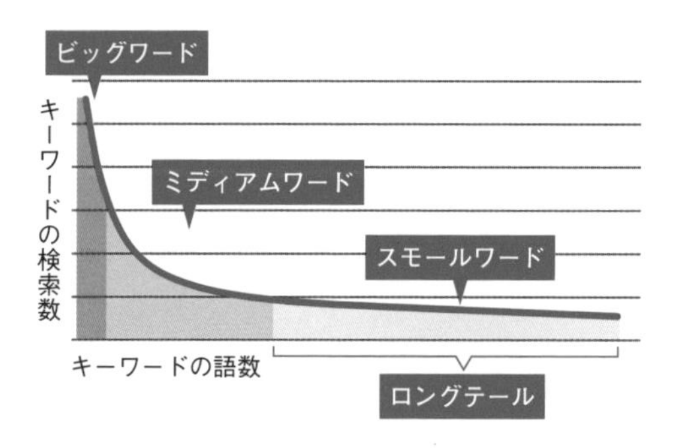

## スマートフォン特有の自動入力キーワード

さて、スマートフォンではパソコンと違って文字入力がしづらく、ロングテールにあたる2語や3語の検索が少ないはずだというイメージがありませんか？　しかし調べてみると、スマートフォンでは予測変換やオートコンプリート、Googleの検索候補などを利用できるため、モバイル版もPC版と変わらないくらい2語や3語の検索が多いのです 図表16-6 。スマートフォンでは動画やニュースや地図など多様な検索結果を表示する傾向が特にビッグワードでは顕著で（Lesson 35参照）、せっかく1位を取ってもそれら他の要素にクリックが流れることも多く、流入につながりにくくなっています。スモールワードではそのような傾向が少ないため、スマートフォン時代は、より「ロングテール」の集客が重要なのです。

## ▶ あるサイトにおけるPC版とモバイル版の検索語句数比較 図表16-5

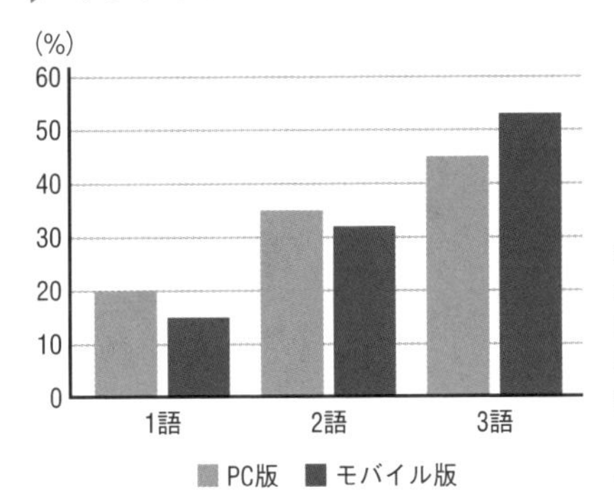


あるECサイトにおけるSearch Consoleの検索パフォーマンスAPIのデータを著者が集計したもの。Google検索における流入語句について、スペースを区切りとして1語、2語、3語と定義し、集計した。PCとモバイルというデバイスで区切って集計しても、ほとんど差がなかった

## ▶ iPhoneの予測変換と検索候補 図表16-6

### ワンポイント Googleの言語処理技術はどんどん加速する

スマートフォン時代になり、多様な検索語句が増え、またスマートスピーカーなど音声検索にも対応する時代がやってきています。Googleによると毎日行われている検索の約 15% は新しい言葉による検索のようです。そのようなユーザーの多様な検索語に対応していくために、Googleは2018年に新しい自然言語処理モデル「BERT」を発表しました。日本でも2019年の終わりから導入されています。これはAIを使った新しい言語処理で、特に長文などでより文脈の理解が進むと言われています。サイト運営者側に特に対策は必要ありませんが、引き続きユーザーの検索ニーズと検索体験を理解した適切なコンテンツを作ることが重要です。

Lesson 17 [検索ニーズとコンテンツ]

# SEOに必須の「検索ニーズ」を理解しよう

このレッスンのポイント

SEOのポイントは“キーワード”から“検索ニーズ”に変化してきました。その傾向はスマートフォン時代になっても変わりません。キーワードの背景にあるユーザーのニーズをしっかり理解することがSEOの第一歩です。

## 今のSEOでは「検索ニーズ」が最重要

従来のSEOでは、検索数の多いキーワードを選び出して対策することが重要でした。キーワードをページに記述すれば簡単に検索上位に表示されたからです。もちろん、検索数が多いキーワードは、より多くのユーザーをサイトに集客することができました。今のSEOでは「キーワード」だけにフォーカスしても上位表示は難しいのです。なぜなら検索する「キーワード」の背景にはユーザーのさまざまなニーズがあり、また検索するタイミングや状況によってもニーズが違ってくるからです。例えば「英語」と検索するユーザーのニーズは何でしょう？「英語の勉強がしたい」「英語を習いたい」「英語の試験について知りたい」……その言葉の背景にある検索ニーズについて理解することがとても重要です。

### ワンポイント 「検索体験」も意識しよう

Lesson 23ではスマートフォンページを作成するときにユーザー体験が重要ということを説いていますが、検索ニーズについて考えるときにも、“体験”は今後の重要なキーポイントです。「英語」に関してもそのユーザーがどんなシチュエーションで（学生、受験対策、社会人）、どんなステージにいて（始めたばかり、ある程度習得している）、どんな検索体験を望んでいるか（勉強法、辞書の購入）、一連の「検索体験を考える」ことが大事なのです。検索体験の理解や類推は難しいので、本書ではわかりやすく検索ニーズとしていますが、念頭に置いておくといいでしょう。

## 検索候補ワードから検索ニーズを探る

検索ニーズを知る方法はいくつかありますが、ここで基本の2つを解説します。1つ目はGoogleの検索フィールドに出てくる検索候補ワード（旧Googleサジェスト）です。検索候補とは、そのとき探しているワードや他のユーザーがすでに検索したワードに関連して予測される検索キーワードのことで自動的にリスト表示される機能です。試しに「英語」と入力してみると、それに関連したキーワードとして、「勉強」「単語」「辞書」などが表示されます 図表17-1 。これらのワードは検索ニーズを読み取るヒントです。そこには「自分で勉強したい」というニーズが強いことが想像できます。

例えばあなたが英会話学校を運営しており「英語」で1位に表示されたい！と思っても、ユーザーの検索ニーズとは合致しないため対策することは難しいのです。

▶ Googleの検索候補機能 図表17-1

| 英語 |
|---|
| 英語翻訳 |
| 英語 勉強 |
| 英語 和訳 |
| 英語で |
| 英語 単語 |
| 英語 読み方 |
| 英語辞書 |
| 英語検定 |

Googleに何かを入力するとオートコンプリートによって言葉の候補が表示される。検索結果をより速く取得するための機能。過去の検索ワードや、他のユーザーが検索しているキーワード、急上昇しているワードなど時事性も加味されて表示される

検索候補ワードを見ることが、ニーズを探る一番簡単な方法です。

## Googleの検索結果から検索ニーズを調べる

2つ目は、Googleの検索結果を見る方法です。Googleのアルゴリズムの精度は進化し続けていて、昔とは比べ物にならないくらいユーザーの検索ニーズを理解した検索結果を表示するようになってきています。そのため、検索結果を見ることでユーザーのニーズをある程度推測することができるのです。

「英語」のGoogleでの検索結果を見ると、辞書サイトや翻訳サイト、勉強法を説明する動画が表示されます。現在地情報に応じた地図が出ますが、その下の結果はほぼ自分で勉強するためのサイトです。習うニーズより自己学習ニーズが強いとGoogleが理解していることがわかります 図表17-2 。

### ▶ Googleで「英語」を検索した結果 図表17-2

| 順位 | 内容 | 検索ニーズの想定 |
|---|---|---|
| 1 | Weblio 翻訳 | 自分で英文を翻訳したい |
| 2 | Weblio和英辞書 | 英単語を調べたい |
| 3 | Google翻訳 | 自分で英文を翻訳したい |
| 4 | 英語（Wikipedia） | 英語について知りたい |
| 5 | 英語翻訳-エキサイト翻訳 | 自分で英文を翻訳したい |
| 6 | 英会話教室 | （地域の英語学校） |
| 7 | 動画 | 英語を話したい |
| 8 | Duolingo 英語学習アプリ | 英語を独習したい |
| 9 | アルク：英語学習・TOEIC対策 | 英語を勉強したい、<br>単語や用法を調べたい |
| 10 | 英会話教室 | （地域の英語学校） |

※2020年6月現在に実施した状態。検索時期、検索時の位置情報やGoogleアカウントの検索履歴により結果は異なる



## ○ モバイル特有の検索ニーズを理解しよう

これまで、検索ニーズは 図表17-3 のような3つの分類に分けることができました。1のナビゲーショナル（案内型）は、「アユダンテ」「Yahoo！」といった社名やサイト名など特定のサイトへ行きたいというニーズ。2つ目のインフォメーショナル（情報収集型）は、「メガネの種類」「ダウンジャケットの洗濯方法」のような、何かを知りたいというニーズです。3つ目のトランザクショナル（取引型）は、「メガネ 通販」「ダウンジャケット メンズ」など購入ニーズです。ダウンロードや資料請求などのアクションもここに入ります。SEOを考える上で重要なのは2のインフォメーショナルと3のトランザクショナルです。1の社名やサイト名は放っておいても通常上位にくるためです。

この考え方はスマートフォン時代になっても引き続き重要ですが、モバイルの普及とユーザーの行動の変化にともなって新しい分類が生まれています。 次のLesson 18では、モバイル特有の検索ニーズについて解説していきます。

### ▶ 検索ニーズの3分類 図表17-3

1. ナビゲーショナル（案内型）
   **社名やサービス名など、特定のサイトに行きたいというニーズ**
2. インフォメーショナル（情報収集型）
   **何かを知りたい、悩みを解決したいというニーズ**
3. トランザクショナル（取引型）
   **商品購入や、ダウンロード、資料請求など取引のニーズ**

Lesson 18 [マイクロモーメント検索と4つのモーメント]

# 「4つのモーメント」と検索ニーズを理解しよう

このレッスンのポイント

**このレッスンではスマートフォン特有のマイクロモーメント検索と4つの「モーメント」、そしてそれぞれの検索ニーズについて解説します。またそれぞれのニーズに適切なコンテンツの傾向も説明します。**

## マイクロモーメント検索と4つのモーメント

Lesson 01で説明したように、ちょっとした隙間時間に検索する「マイクロモーメント検索」がスマートフォン時代の検索における特徴です。そうしたタイミングでの検索を、4つのモーメントに大別できるとGoogleは定義しています。

図表18-1 は、2015年にGoogleがアナウンスした「4つの新しいモーメント」です。I want to で始まる4つの動詞が並びます。1章の質疑応答で触れた「検索品質ガイドライン」の中でも、knowやdoのクエリについての解説が出てきています。

▶ スマートフォンにおける4つのモーメントと検索ニーズ 図表18-1

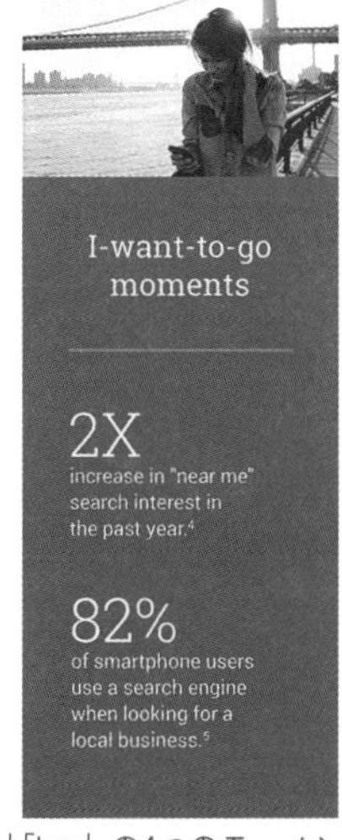

Googleは「know」「go」「do」「buy」の4つのモーメントと検索ニーズを重視している

出典：4 New Moments Every Marketer Should Know

## 4つのモーメントについて理解しよう

4つのモーメントとは、know（知りたい）、go（行きたい）、do（やりたい）、buy（買いたい）という日常生活でよく起こる検索タイミングです。何かの情報について「知りたい」と思って検索したり、どこかへ「行きたい」「やってみたい」と思って検索したり、何かを「買いたい」と思って調べる。Googleは、スマートフォンの検索ではこれら4つのモーメントが非常に多いと定義しています。そのため、スマートフォンSEOは、それぞれの検索ニーズを把握し、「いかに早く適切にニーズを満たすか」が鉄則となります。例えば結婚情報サイトにおける4つのモーメントと検索ニーズは 図表18-2 のようになります。

### ▶4つのモーメントを「結婚情報サイト」に当てはめてみる 図表18-2

| モーメント | 検索ニーズ | 内容 | キーワード例 |
|---|---|---|---|
| know | 知りたい | ある情報について知りたい | 結納とは、結納 服装、婚約指輪 相場… |
| go | 行きたい | ある場所に行きたい、近くの場所を探している | 銀座 ブライダルエステ、東京 結婚式場… |
| do | やりたい | 何かを自分でやりたい、作りたいなど | ウエルカムボード 手作り、結婚式メイク… |
| buy | 買いたい | 何かを買いたい、買うための評判を知りたい | 結婚指輪、婚約指輪、引き出物… |

表には載せていませんが、“know simple”というモーメントもあります。「簡単に知りたい」というモーメントで「富士山の高さは？」など一言で回答できるようなニーズが典型です。

### ワンポイント　Needs Metって何？

Googleの検索品質ガイドライン（26ページ参照）には「Needs Met」という評価指標があります。これは主にスマートフォンの検索に対して検索結果がどれだけユーザーのニーズに一致しているのかを評価するものです。そしてこれを見ると、とにかくスマートフォン時代の検索では「ユーザーのニーズをいかに早く適切に満たすか」が重要だと感じます。

例えば「インコの餌」と検索しているユーザーは餌について知りたいのであってそれ以外の温度管理や小屋の掃除、飼い方について「今は」求めていないのかもしれません。情報を充実させようとさまざまな情報を盛り込むと逆にニーズに一致しなくなることがあります。検索者が「今」どんな情報が知りたいか、その立場に立つことがとても重要です。

## ユーザーの目的を早く適切に満たすコンテンツを考える

Googleがスマートフォン時代の検索で重視しているのは「いかに早くユーザーが目的を達成するか」です。マイクロモーメントの刹那的な検索になるからこそ、ユーザーは時間をかけて答えを探したり、何度も検索し直して探すような行動を望みません。どんなコンテンツをGoogleが評価するかは、Lesson 17で説明したように検索結果を見ることで推測できます。先ほどの結婚情報サイトの各モーメントに対して検索結果に表示されているコンテンツを分析してみましょう 図表18-3 。

### 4つのモーメントにあったコンテンツ例（結婚情報サイト） 図表18-3

| モーメント | 検索ニーズ | キーワード例 | 検索結果 | 考えられるSEO対策 |
|---|---|---|---|---|
| know | 知りたい | 結納とは、結納 服装、婚約指輪 相場… | 記事<br>画像検索あり<br>広告なし | 記事を作成し、ニーズに対する答えを用意する。ニーズによっては画像のほうが理解しやすく写真やイラストも重要 |
| go | 行きたい | 銀座 ブライダルエステ、東京 結婚式場… | ローカル検索<br>施設ページ<br>記事<br>広告あり | ローカル検索のためにGoogleマイビジネスに登録したり、自社のページに施設情報を充実させる。そのエリアの施設情報をまとめた記事も一部ヒット |
| do | やりたい | ウエルカムボード手作り、結婚式メイク… | 記事<br>画像検索あり<br>動画検索が多い | 記事を作成し、ニーズに対する答えを用意する。「やりたい」なのでセルフニーズが強く、自分でできるための動画や画像が重要 |
| buy | 買いたい | 結婚指輪、婚約指輪、引き出物… | ECサイト<br>広告あり | 基本的にECサイトのカテゴリーや商品ページがヒット、記事が出ているケースもある。広告量が多いので広告活用も一案 |

検索結果から、どんなコンテンツがユーザーのニーズに応えているのか、4つのモーメントにあてはめて考えてみるといいでしょう。ここでは考え方だけを説明します。この後のレッスンでは、具体的に検索ニーズを調べる方法や、コンテンツ作成方法を解説していきます。

Lesson 19 ［キーワードツールの利用］

# 検索ニーズを探るツールを使ってみよう

このレッスンのポイント

**検索ニーズは、キーワードの人気度や派生語の傾向から探ることができます。どんなキーワードやニーズがあるかは想像に頼らず、ツールを使って実際に検索されている言葉を確実に知ることが重要です。**



## キーワードツールを使って確認する

キーワードの人気度を調べるツールを「キーワードツール」と呼んでいます。少し前まではGoogleの「キーワードプランナー」をキーワードツールとして使うことが多かったのですが、広告目的のツールであるからか、派生語が十分に表示されなくなってしまいました。SEOの調査では、派生語が検索ニーズを探る最も簡単な方法であり、初心者の方はそこが豊富に表示されるツールを選ぶといいでしょう。ここでは、以下の2つのツールを紹介します 図表19-1 図表19-2 。

### ▶ Ubersuggest 図表19-1

https://neilpatel.com/jp/ubersuggest/

キーワードの検索ボリューム（人気度）の年間推移をPC版/モバイル版で確認できる。また細かい派生語や関連語の調査も可能。さらにそのキーワードで検索結果に表示されている上位100件のページも確認できる。有料サービスだが、2020年8月現在、7日間は無料で使える

### ▶ Keyword Tool 図表19-2

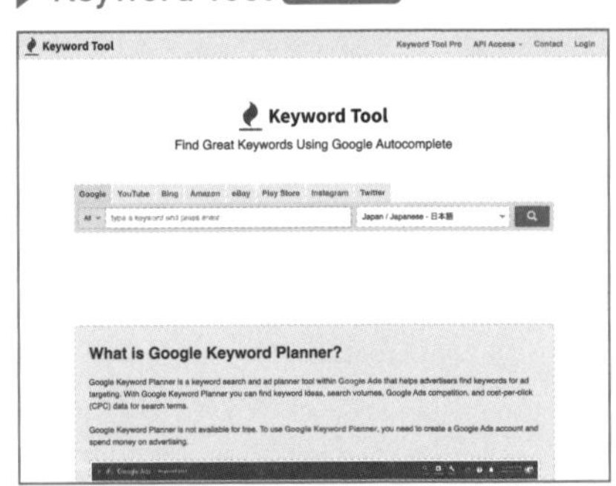


https://keywordtool.io/google

サーチボリューム（人気度）の年間推移と派生語の調査ができる。またGoogleの画像や動画、ニュースで検索されている言葉の調査や、YouTube、Amazon、Instagramなど Google以外のキーワードも調べられる。本格的に使うには有料だが、幅広い調査が必要なサイトに向いている

## キーワードの人気度や派生語を調査する

本書では、無料試用が可能なUbersuggestというツールを使った調査を解説します。基本的な調査方法は以下の通りです。なお、キーワードについてはLesson 16で解説したようにPC版とモバイル版で語句数にも大きな差異はなく、検索ニーズにもそこまで大きな違いはないため、デバイスを絞らずに調査をします。

▶ Ubersuggestでキーワードを調査する 図表19-3

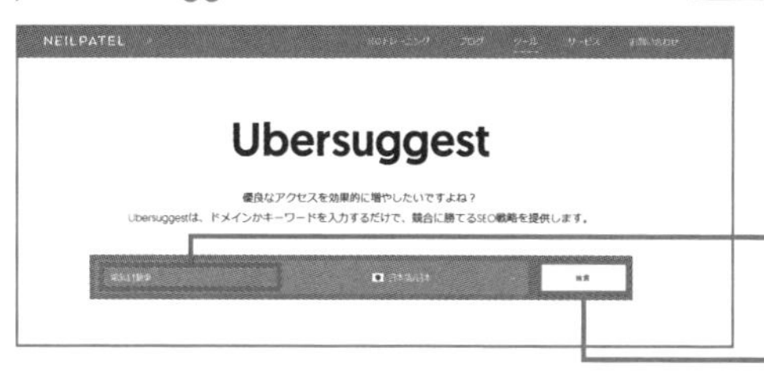


### 1 調べたいキーワードを検索する

1 調べたい語を入力します。

2 ［検索］をクリックします。

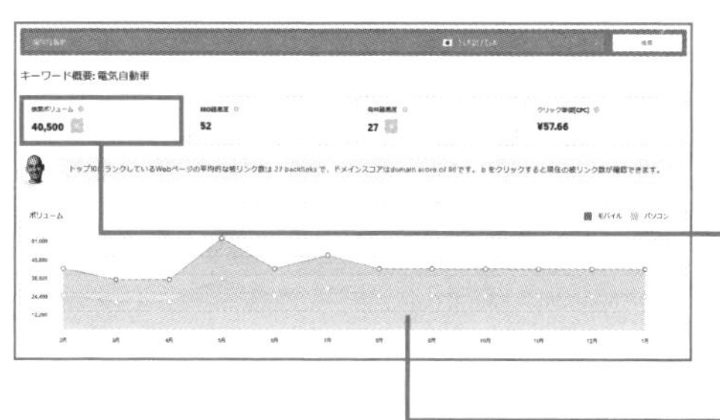


### 2 検索ボリュームや人気推移を確認する

3 ［検索ボリューム］を確認します。

4 モバイルとパソコンの年間推移を確認します。

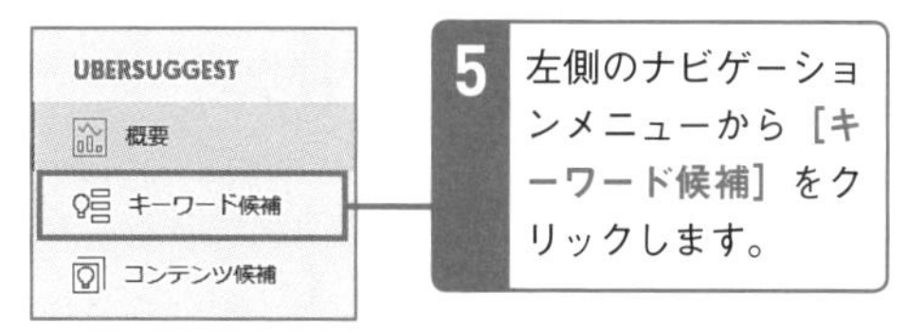


5 左側のナビゲーションメニューから［キーワード候補］をクリックします。

### 3 キーワード候補を表示する

### 4 派生語の候補が表示される

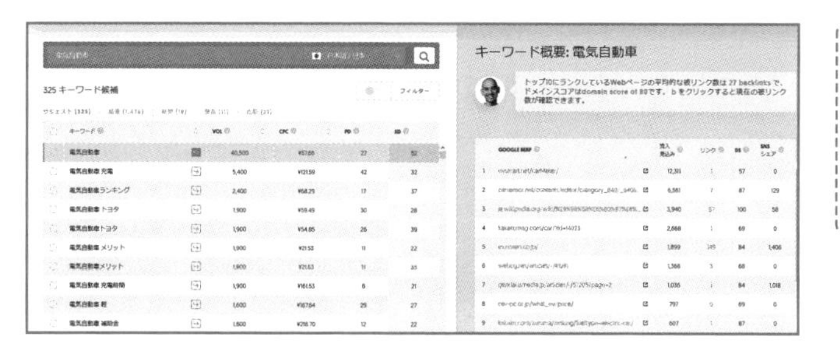


1画面で左に派生語一覧、右に上位サイトの一覧を確認できます。

## Ubersuggestで競合サイトのキーワードを調べる

Ubersuggestではドメイン名を入力してキーワードを調べることもできます。これにより、競合サイトで対策しているキーワードやその順位、検索ボリュームを推測できます。もちろん類推データなので正確ではないかもしれませんが、競合サイトが気になる、競合から自分のキーワードの考察をしたい場合は、参考データとして利用するといいでしょう。

▶ Ubersuggestで競合サイトのキーワードを調べる 図表19-4

### 1 調べたいサイトのドメイン名を入力する

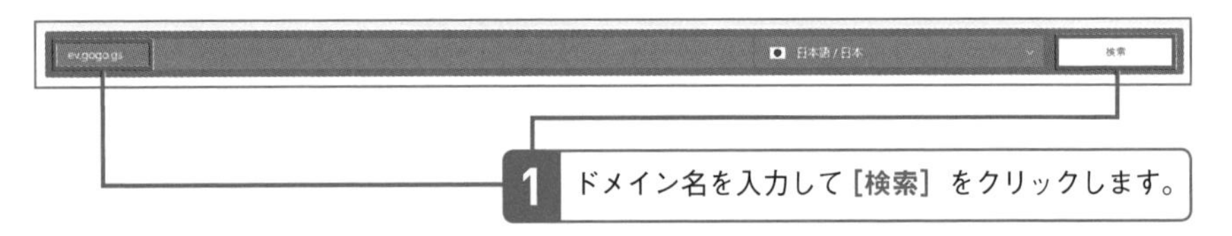


1 ドメイン名を入力して［検索］をクリックします。

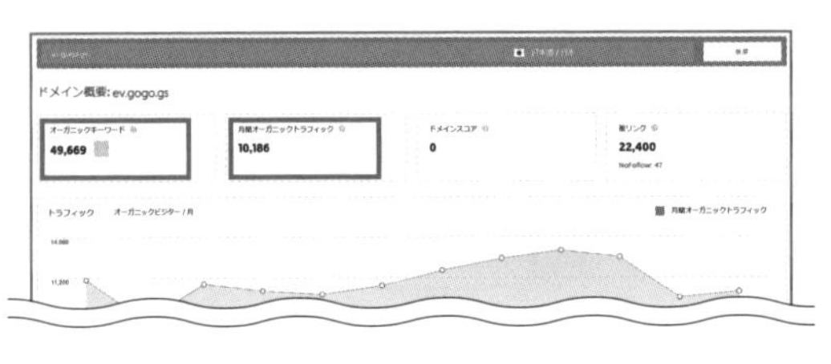


### 2 キーワード数やトラフィック数の類推が表示される

2 オーガニックキーワード数や類推トラフィックが確認できます。

### 3 類推された流入上位のキーワードが表示される

ページ下部では流入上位のキーワードも確認できます。

Chapter 3 検索ニーズとコンテンツを知る

## ワンポイント Keyword ToolでGoogle以外のキーワードを調査

前述したようにKeyword Toolは有料ですが、Google以外のキーワード調査も行えます。動画対策をしているサイト、ターゲットユーザーが若年層でInstagramの傾向を知りたいサイト、ECサイトでAmazonで検索されているキーワードを知りたいサイトでは、Keyword Toolで調べられます。例えば同じ「浴衣」でも、GoogleとYouTube、Instagramでは違う派生語の傾向が見えてきます。

### ▶ Googleの検索クエリ

| Keywords | Search Volume |
|---|---|
| 浴衣 | 246,000 |
| 浴衣 髪型 | 49,500 |
| 浴衣 着付け | 33,100 |
| 浴衣 着方 | 33,100 |
| 浴衣 の着方 | 33,100 |
| 浴衣 帯 | 27,100 |
| 浴衣 2019 | 27,100 |
| 浴衣 メンズ | 22,200 |
| 浴衣 通販 | 22,200 |

「着方」に関するknowやdoの検索ニーズに合わせて、「帯」や「通販」など購入に関するbuyの検索クエリも見られる

### ▶ YouTubeの検索クエリ

| Keywords | Search Volume |
|---|---|
| 浴衣 | 390,000 |
| 浴衣 髪型 | 64,100 |
| 浴衣 ヘアアレンジ | 64,100 |
| 浴衣 の着方 | 52,500 |
| 浴衣 襟抜き方 | 52,500 |
| 浴衣 着付け | 52,500 |
| 浴衣 帯 | 42,900 |
| 浴衣 着方 | 42,900 |
| 浴衣 メンズ | 35,100 |
| 浴衣 レディース | 28,800 |
| 浴衣 男 | 23,400 |

ほぼknowとdoの検索ニーズに関するクエリ。動画なので特に自分でやりたいという「ヘアアレンジ」や「襟抜き方」などセルフニーズの派生語が見られる

### ▶ Instagramのハッシュタグ

Hashtags　People　Sort by

Search for "浴衣" found **917** unique hashtags

| Hashtags | Posts |
|---|---|
| #浴衣 | 2,498,585 |
| #浴衣ヘア | 134,983 |
| #浴衣女子 | 106,790 |
| #浴衣ヘアアレンジ | 101,363 |
| #浴衣デート | 81,936 |
| #浴衣レンタル | 64,528 |

若年層が多いというユーザー層からか、「女子」や「デート」などのハッシュタグが見られる

Lesson 20 [検索ニーズの調査]

# knowとdoのニーズを調査してみよう

このレッスンのポイント

スマートフォン時代の特徴的な検索ニーズは、お悩みやハウツーにあたるknowとdoです。これらをどのように調べるのか、キーワードそのものよりも検索ニーズをどう探るのか、具体的な調査方法を解説してみたいと思います。

## スマートフォン時代の調査はknowとdoが重要

Lesson 18でknow、go、do、buyという4つのモーメントを解説しました。これらのうちgoは地図のローカル検索が優先して表示されますし、キーワードも場所や地域にまつわるものと決まってきます。buyはアイテム名やサービス名とこちらもある程度決まってきますから、そこまで調査に時間がかかることはありません。一方で、慎重な調査が必要なのはknowとdoです。スマートフォンの普及と共にこの領域のキーワードは日々増え続け、また多様化しています。

## knowとdoのニーズを調査する方法

SEOはマーケティングです。そのため、キーワードツールで人気度を調べることが調査方法ではありません。ツールはあくまでも自分の仮説を裏付ける検証の役割を果たします。まずは自身のサイトのターゲットユーザーや検索シーンを考え、どんな言葉で検索されるのか、その“検索クエリ”の仮説を立ててツールで調査して検証します。このレッスンでは次のような手順で、検索ニーズ調査からコンテンツを作る前の「コンテンツのテーマ案」の作成まで行っていきたいと思います。

▶ 検索ニーズを調査してコンテンツを作成する 図表20-1

STEP 1　ターゲットユーザーと検索シーンを考える
STEP 2　ユーザーが使う検索クエリの仮説を立てる
STEP 3　キーワードツールで検証する
STEP 4　コンテンツのテーマ案を作る
STEP 5　記事などのコンテンツを作成する（Lesson 21で解説）

## STEP 1:ターゲットユーザーと検索シーンを考える

皆さんのサイトのターゲットユーザーはどんな人でしょうか。どんな人が商品を買ったり、サービスを利用したりするか、利用ユーザーについて考えることがニーズ調査の最初の一歩となります。ここではメガネを販売するサイトを例に説明していきます。例えば、メガネのターゲットユーザーは、図表20-2 のような人が想定できます。ユーザーを想定したら、次はこれらのターゲットユーザーがどのようなシーンでどのような検索行動をするか、いくつか検索シーンを想定してグループを作ってみます。最初にターゲットユーザーを考えておくことで、検索シーンの洗い出しが容易になります。

図表20-3 は、ターゲットユーザーごとの検索シーンの例です。

### ▶ ターゲットユーザー例 図表20-2

- メガネをすでにかけていて買い替えを検討するユーザー
- メガネを買ったことがなくて視力低下により検討しているユーザー（大人）
- メガネを買ったことがなくて視力低下により検討しているユーザー（子供）
- コンタクトからメガネ、コンタクトとの併用を考えているユーザー

### ▶ 検索シーンを想定して作成したグループ例 図表20-3

**グループ❶**

視力に関する検索

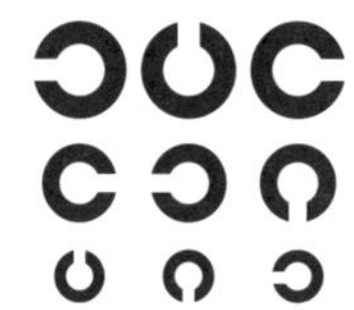



**グループ❷**

老眼に関する検索

**グループ❸**

メガネやレンズに関する検索

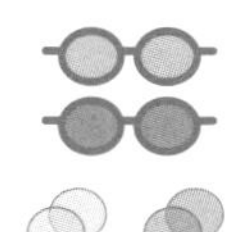



**グループ❹**

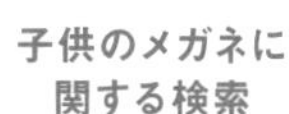

## STEP 2:ユーザーが使う検索クエリの仮説を立てる

次にユーザーが検索シーンごとにどのような言葉で検索するか、検索クエリの仮説を立てます。検索クエリを探すときのポイントは 図表20-4 のような「含まない言葉」と「言い換えの言葉」です。例えば「グループ② 老眼に関する検索」は「老眼」「老眼鏡」であればすぐに思いつくと思います。問題は「老眼」を「含まない言葉」です。一例として「目がかすむ」「スマートフォンが見えない」などが考えられます。

次に「言い換えの言葉」を考えます。「老眼」であれば「リーディンググラス」が言い換えた言葉になります。日本語には言葉のバリエーションがいろいろあります。同じ意味を持つ他の言い回しを探すことも忘れないようにしましょう。

このような「含まない言葉」「言い換えの言葉」を探すのは大変ですが、とても重要です。とにかくユーザーの検索行動、検索体験について考えぬく必要があります。自身をターゲットユーザーに置き換えて想起するか、可能ならグループインタビューやアンケートをするといいでしょう。ユーザーに自社の商品やサービスに関する悩みや知りたいことをヒアリングし、かつ「どんなときにどんな言葉で検索するか」を聞いてみるのです。これはとても参考になります。

▶ 検索クエリの仮説を立てる(グループ②の例) 図表20-4

know や do を意味するお悩みやハウツーには、ある程度決まった“プラス言葉”があります。「とは」「意味」「方法」「対策」「原因」「コーデ」「○○方(やり方)」「洗い方」「行き方」「選び方」や「手作り」「種類」「値段」「相場」「マナー」などの言葉をプラスして調べると、案外簡単に人気の言葉が見つかります。

## STEP 3:キーワードツールで検証する

“検索クエリ”の仮説を立てたら都度、Lesson 19で解説したキーワードツールで調査して検証します。どのくらい検索されているかの確認です。ここで調べた結果は検索数が多いものも少ないものも、すべてExcelなどの表計算シートに貼り付けてリスト化しておくといいでしょう。

### ▶ Ubersuggest「老眼」のキーワード候補 図表20-5

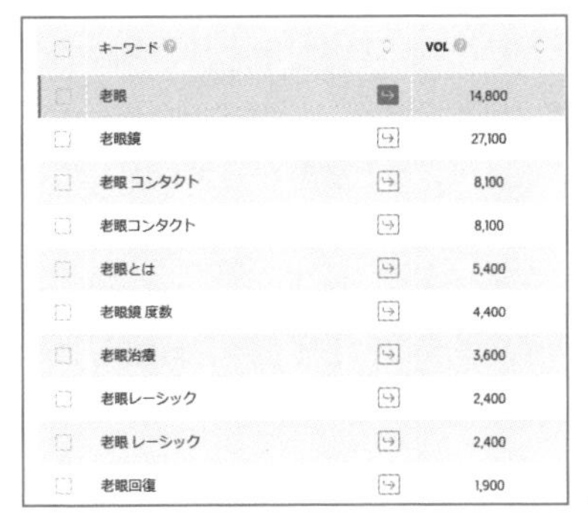

| キーワード | VOL |
|---|---|
| 老眼 | 14,800 |
| 老眼鏡 | 27,100 |
| 老眼 コンタクト | 8,100 |
| 老眼コンタクト | 8,100 |
| 老眼とは | 5,400 |
| 老眼鏡 度数 | 4,400 |
| 老眼治療 | 3,600 |
| 老眼レーシック | 2,400 |
| 老眼 レーシック | 2,400 |
| 老眼回復 | 1,900 |

「老眼」は1万4,800とかなり検索数が多い言葉。派生語も豊富にある

### ▶ 出力されたリストをCSV形式で保存する 図表20-6

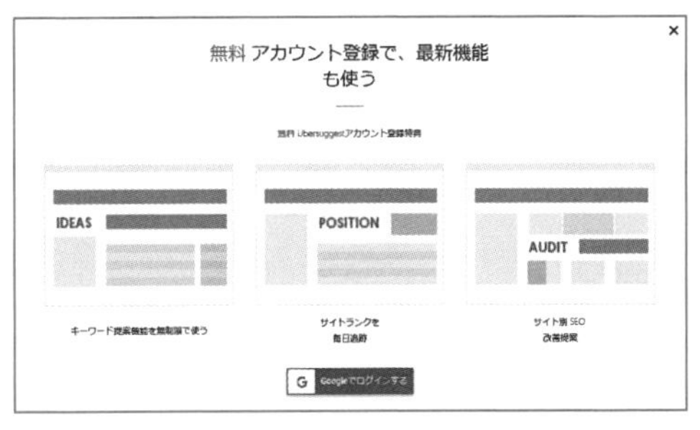


CSV形式のデータを保存するには、Googleアカウントを使ってサービスにログインする必要がある

| No | Keyword | Search Volume | CPC | Paid Difficulty | Search Difficulty |
|---|---|---|---|---|---|
| 1 | 老眼 | 14800 | ¥105.83 | 39 | 47 |
| 2 | 老眼鏡 | 27100 | ¥25.95 | 100 | 70 |
| 3 | 老眼 コンタクト | 8100 | ¥231.81 | 100 | 51 |
| 4 | 老眼コンタクト | 8100 | ¥186.47 | 100 | 64 |
| 5 | 老眼とは | 5400 | ¥40.57 | 9 | 35 |
| 6 | 老眼鏡 度数 | 4400 | ¥63.52 | 93 | 47 |
| 7 | 老眼治療 | 3600 | ¥201.29 | 96 | 61 |
| 8 | 老眼レーシック | 2400 | ¥201.23 | 55 | 48 |
| 9 | 老眼 レーシック | 2400 | ¥201.23 | 55 | 35 |
| 10 | 老眼回復 | 1900 | ¥192.32 | 64 | 51 |
| 11 | 老眼メガネ | 1600 | ¥41.05 | 98 | 61 |

老眼のキーワード一覧をCSVに出力した結果。CPCはGoogle広告のクリック単価、これが高いと広告が複数出るのでSEOで1位を取っても目立ちにくい。DifficultyはPaid（広告）とSearch（オーガニック検索）での難易度を意味し、数値が大きいほど競争率が高い。CPCが低く、Difficultyも低めのワードが穴場

## キーワードツールで検証する際の注意点

キーワードツールで言葉を調べる際に2つ注意することがあります。1つは「雑音の除去」です。これは同音異義語で違う意味の言葉を除く作業です。例えばメガネのレンズをきれいにする「レンズクリーナー」を調べると検索数は多いですが、派生語にカメラやDVDが見られます 図表20-7 。こういうときはGoogleで実際に検索して検索結果を確認すると真のニーズが理解できます。このケースではDVDレンズのクリーナーのページが多数ヒットするので、メガネレンズのニーズだけではないとわかります。

もう1つは「言葉の漏れ」です。これはキーワードツールにおける派生語の拾い漏れのことです。例えば「レンズクリーナー」をキーワードツールで調べても「レンズクリーナーメガネ」が出てきません 図表20-8 。キーワードツールは部分一致ではないので、その言葉を含むすべての言葉は出てきません。ツールのデータをそのまま信じると重要な言葉が漏れてしまいます。常にユーザーの検索行動を意識しこの言葉は検索されているはず、という感覚を大事にして個々に調査しましょう。



### ▶ 類似語の漏れ 図表20-7

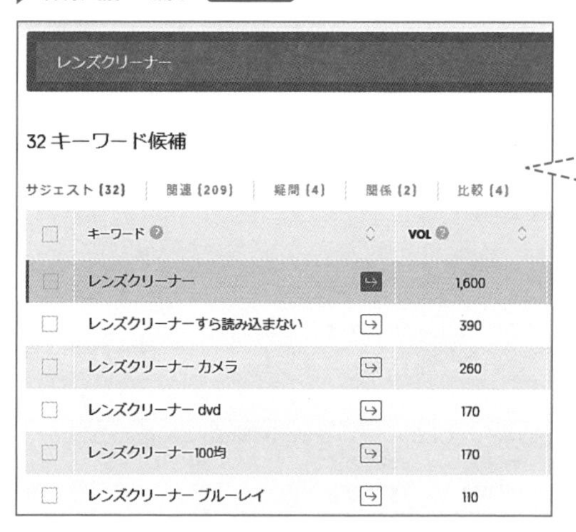


### ▶ 派生語の漏れ 図表20-8

個別に「レンズクリーナー メガネ」と調べると数値が出てくる。また実際にはレンズの掃除ニーズとして「メガネ クリーナー」が一番検索数が多い。自身の検索体験に置き換えて、STEP 2で解説した「言い換えの言葉」を探すことも重要

## STEP 4:コンテンツのテーマ案を作る

検索クエリを洗い出して、キーワードツールで調べて、そのデータをExcelの表計算シートに貼るところまで終わりました。次は調べたキーワードからコンテンツのテーマ案を作ります。記事などのコンテンツをどのようなテーマで作るかというリストです。

まずは表計算シートのリストを見て、検索ニーズが同じと思われるワードを探して1つのテーマにまとめます。例えば「面長 メガネ」という言葉の検索ニーズは「面長の顔の形に合うメガネを選びたい」。つまり、「メガネの選び方」と同じニーズだと考えます。このような検索ニーズが一緒だと思われるワードは横方向に並べて1つのテーマとしておきます。これが“キーワード”でなく“検索ニーズ”を汲み取ることにフォーカスする大事なポイントなのです。

### ▶テーマ案の例 図表20-9

| キーワード | 検索数 | キーワード | 検索数 |
|---|---|---|---|
| メガネ 選び方 | 8,100 | 面長 メガネ | 5,400 |
| メガネの 選び方 | 1300 | 面長 似合う メガネ | 720 |
| 眼鏡 選び方 男 | 480 | 面長 メガネ メンズ | 390 |
| メガネ フレーム 選び方 | 480 | 面長 メガネ 形 | 260 |
| メガネ レンズ 選び方 | 480 | 面長 メガネ 髪型 | 210 |
| 眼鏡 屋 選び方 | 260 | 面長 メガネ 芸能人 | 140 |
| 眼鏡 選び方 メンズ | 170 | 面長 メガネ 男 | 140 |
| メガネ 選び方 メンズ | 170 | 面長 メガネ 髪型 メンズ | 90 |
| バイク ヘルメット 選び方 メガネ | 140 | 面長 メガネ フレーム | 90 |
| 眼鏡 フレーム 色 選び方 | 110 | 面長 メガネ 芸能人 男 | 70 |
| メガネ フレーム 色 選び方 | 110 | | |
| 子供 眼鏡 選び方 | 90 | | |
| メガネ 選び方 色 | 90 | 丸顔 メガネ | 5,400 |
| 中学生 メガネ 選び方 | 90 | 丸顔 似合う メガネ | 880 |
| 眼鏡 選び方 色 | 90 | 丸顔 メガネ 芸能人 | 590 |
| メガネ 選び方 女 | 70 | 丸顔 メガネ おしゃれ | 590 |
| メンズ メガネ 選び方 | 70 | 丸顔 メガネ 髪型 | 260 |
| 遠近 両用 メガネ 選び方 | 50 | 丸顔 メガネ 形 | 170 |
| 眼鏡 選び方 顔 | 40 | 丸顔 メガネ メンズ | 90 |

すべて“自分に合うメガネを選びたい”という共通したニーズと思われる

ニーズが同じキーワード群はまとめておく。このキーワード群から1つのテーマを作る。この例なら「メガネの選び方」というテーマを想定

次の Lesson 21 ではこのテーマ案をもとに、実際にどうコンテンツを作っていくか解説します。

## ワンポイント knowは特にニーズを理解することが重要

knowのニーズでは特に、キーワードそのものより、検索ニーズを捉えることが重要です。1つ面白い例を見てみましょう。「電気自動車おすすめ」というキーワードがあります。これをGoogleで調べた結果を見てみます。

1位と2位のページタイトルには「おすすめ」のキーワードは入っていません。しかし、タイトルから推測する内容は、明らかに「電気自動車のおすすめを教えてほしい」というニーズに応えるページになっていますね。つまり、必ずしもキーワードが入っていなくても、ユーザーの検索ニーズに応えるコンテンツであれば上位にヒットするのです。これは特にknowの検索ニーズで顕著な傾向です。

https://kakakumag.com › car

《2019年》人気の電気自動車5選！EVのメリットやデメリット、新型車もご紹介 - 価格.comマガジン

2019/06/28 · 電気自動車のメリットやデメリットって、何があるの!? ガソリン車とは異なるEVの魅力を、人気車や新型車などを交えながら解説致します。

https://blog.evsmart.net › ev-bu...

2020年まで待てない！ 今、買うべき電気自動車を比較検討「コストパフォーマンス」編 | EVsmartブログ

2018/12/28 · 今回から『EVsmartブログ』チームに加わったライターが、自腹でマイ電気自動車（EV）の購入を決意。今、日本で買えるEVには何があるのか。そして、何を買えばいいのか。コストパフォーマンスを ...

「電気自動車おすすめ」と検索したときに表示される1位と2位の結果。どちらもタイトルに「おすすめ」が入っていない。しかし読めば「おすすめを知りたい」というknowニーズにしっかり応えていることがわかる。重要なのは「キーワード」を入れることではなく、「ニーズ」に応えることである

Lesson [検索ニーズに合致するコンテンツ企画]

# 21 knowとdoのニーズに応える記事コンテンツを作ろう

このレッスンのポイント

Lesson 20ではknowとdoニーズの調べ方を解説し、コンテンツのテーマ案リストまでを作成しました。このレッスンではそれをどのように記事などのコンテンツページに落とし込むか、その手法を解説します。

## knowとdoに最適なコンテンツとは

Lesson 18で解説したように、knowとdoは記事がよく上位に表示されています。なぜなら、ユーザーの知りたい、やりたいニーズに応えるにはある程度解説しないと表示されないからです。では記事しか上位に表示されないのかというとそんなことはありません。しっかり答えを用意できるのであれば、特集ページでも、解説ページでも、FAQページでも、BtoBサイトの機能紹介ページでもいいのです。重要なのは、ユーザーの検索ニーズを類推し、それに応えるページをしっかり作り込むことです。このレッスンでは記事を想定して解説していきます。

▶ knowとdoのコンテンツイメージ 図表21-1

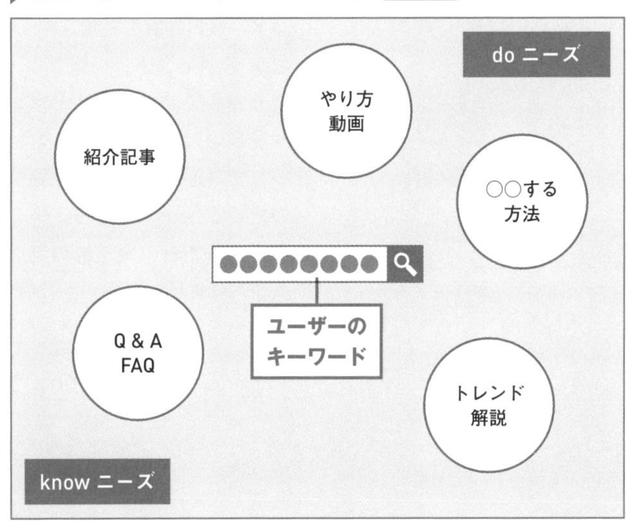


コンテンツは「記事」を作るという風潮があるが、必ずしも「記事」である必要はない。自分のサイトに応じた、活用できるコンテンツを選ぶことが重要

## サイトのタイプ別施策でフローとストックを理解する

対策するページがブログやコラムなどの記事の場合、意識したいのは「フロー」と「ストック」という考え方です。それぞれ 図表21-2 のような特徴があります。
「フロー」型コンテンツの記事は日々流れていくため、被リンクも集まりにくく、SEO対策には向きません。
SEOで重要なのは「ストック」型コンテンツです。knowやdoクエリは「ストック」型コンテンツの記事で対策します。そのため、ストック記事はTOPページやカテゴリーページで「人気記事」としてフィーチャーしてリンクを強化したり、定期的にリライトすることも非常に有効です。
ただ、フローも更新性という観点や最近流入が増えつつあるGoogle Discover対策としては重要です。それぞれの役割をまずは理解しましょう。

### ▶フローとストック 図表21-2

| フロー | 日々流れていく記事。ニュースやお知らせなど |
|---|---|
| ストック | 蓄積型の記事。何かを解説したり、説明したりするオーソリティ的なコンテンツ |

### ▶フローとストックの記事例:EVsmartブログ 図表21-3

トヨタ RAV4 PHV, 電気自動車 試乗記

トヨタ『RAV4 PHV』に試乗〜気になる電池生産状況などを確認してきました

2020年7月10日　3件のコメント

横浜市内で開催されたトヨタ新型ハリアーとRAV4 PHVの試乗会にEVsmartブログも飛び入り参加。モータージャーナリストの御堀直嗣氏、諸星陽一氏によるRAV4 PHVのインプレッションレポートとともに、受注停止で気になる電池生産の事情などをご紹介します。

まずは、ジャーナリストおふたりによる、試乗インプレッションレポートをお楽しみ

フロー（ニュース的な速報記事）

電気自動車 一般

結局電気自動車にすると自宅の電気代が上がるからガソリン代より割高じゃない？

2020年7月6日　49件のコメント

【2020/7/6更新】結論：ガソリンがレギュラー100円でも、電気自動車の自宅充電にかかる電気代は、同クラスのハイブリッド車・軽自動車と比較して安いです。テスラモデル3 SR+で実燃費22.4km/l相当。700馬力のテスラモデルS パフォーマンスでも16.7km/l相当です。

電気自動車（BEV）やプラグインハイブリッド車（PHEV）は自宅または職場などの

ストック（長く流入獲得しているオーソリティ的な記事）

左側のフロー記事は試乗とインタビュー記事。右側のストック記事は電気自動車とガソリン車の燃費比較もあるような解説記事です。コメントの件数も左側3件、右側49件とストック記事のほうが多く、流入もストック記事のほうが7倍近く多いです（月間）。ただし左側の記事はGoogle Discover経由である1日に数千もの流入がありました。

## STEP 5:ライティングの前に「構成」を考える

さて、ここからLesson 20に引き続き、STEP 5のコンテンツ作成に入ります。コンテンツを作るときにいきなりライティングに入るのは得策ではありません。前のレッスンで作成したテーマ案リストをもとに、まずは各ワードの派生語をグループ化し、そこから記事の構成を考えていきます。派生語のグループ化にはXMindというマインドマップツールを使うと便利なので解説します。

▶ XMindの使い方 図表21-4

前のレッスンで作成したテーマ案の表計算のスプレッドシートを用意します。「メガネ 選び方」のテーマをサンプルとしてみます。

### 1 XMindをインストールする

まずは次の手順でXMindをインストールしてデータを作成します。XMind（https://jp.xmind.net/）にアクセスします。

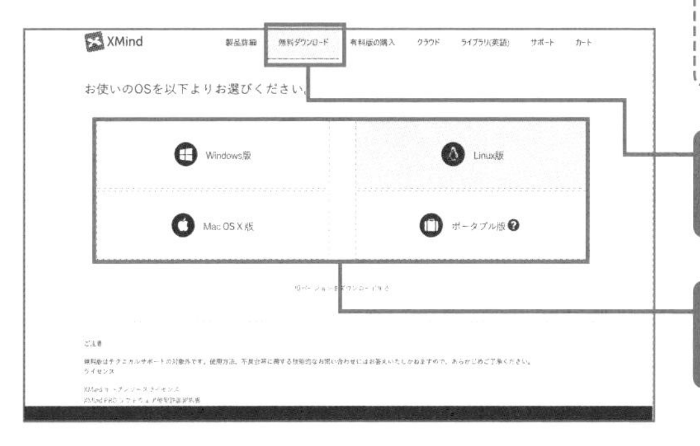


1 ［無料ダウンロード］をクリックします。

2 使用しているOSを選択してダウンロードします。

### 2 XMindで新規ファイルを開く

インストールが終わったらXMindを起動して、「ファイル」メニュー内「新規」の「ブランク（空）」から、テンプレートとテーマを選びます。ここでは「均衡マップ（反時計回り）」を選択します。

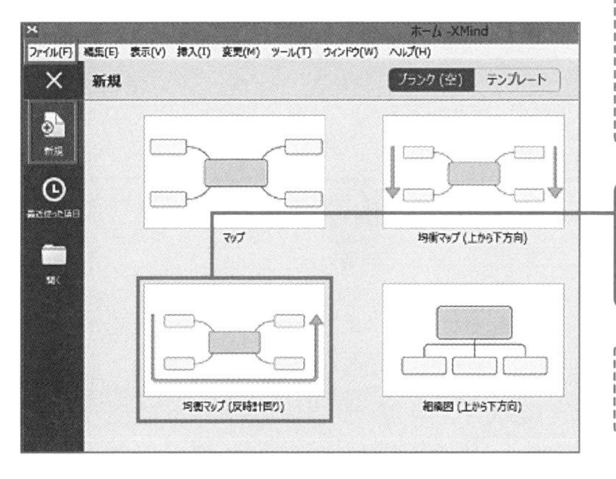


1 ［新規］から［均衡マップ（反時計回り）］を選択します。

これは検索数の多い言葉が反時計回りに並ぶという意味です。

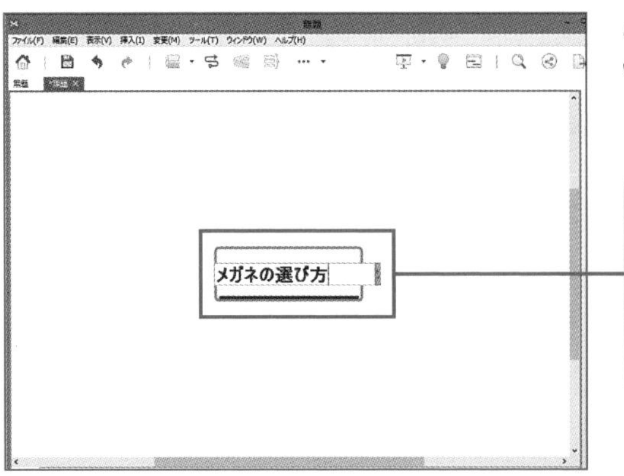


## 3 中心トピックにメインキーワードを入力する

**1** マップの中央に［**中心トピック**］が作成されるので、メインとなるワードを入力（メガネの選び方）し、Enterキーを押します。

| キーワード | 検索数 | キーワード | 検索数 |
|---|---|---|---|
| メガネ 選び方 | 8,100 | 面長 メガネ | 5,400 |
| メガネの 選び方 | 1300 | 面長 似合う メガネ | 720 |
| 眼鏡 選び方 男 | 480 | 面長 メガネ メンズ | 390 |
| メガネ フレーム 選び方 | 480 | 面長 メガネ 形 | 260 |
| メガネ レンズ 選び方 | 480 | 面長 メガネ 髪型 | 210 |
| 眼鏡 屋 選び方 | 260 | 面長 メガネ 芸能人 | 140 |
| 眼鏡 選び方 メンズ | 170 | 面長 メガネ 男 | 140 |
| メガネ 選び方 メンズ | 170 | 面長 メガネ 髪型 メンズ | 90 |
| バイク ヘルメット 選び方 メガネ | 140 | 面長 メガネ フレーム | 90 |
| 眼鏡 フレーム 色 選び方 | 110 | 面長 メガネ 芸能人 男 | 70 |
| メガネ フレーム 色 選び方 | 110 | | |
| 子供 眼鏡 選び方 | 90 | | |

## 4 キーワードをコピーする

**1** Excelなどの表計算シートからキーワードと検索数の2つの列を選択しコピーします。

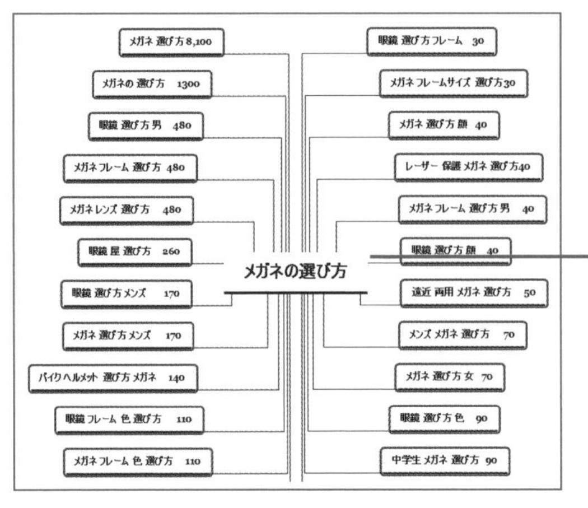


## 5 表計算シートの内容をペーストする

**1** 中心トピックの上で貼り付けを実行します。

すると検索数の多い言葉が反時計回りで反映されます。

## 6 サブトピックを作成する

ワード同士でサブグループを作成します。

トピック(T) Enter
サブトピック(S) タブ
前方トピック(B) シフト+Enter
親トピック(P) Ctrl+Enter
吹き出し(C) Alt+Enter
挿入(I)
マーカー(M)
ドリルダウン(W) F6
トピックからシートを新規作成(N) Ctrl+Alt+T

**1** 中心トピック「メガネの選び方」の上で右クリックし、［サブトピック→挿入］を選択します。

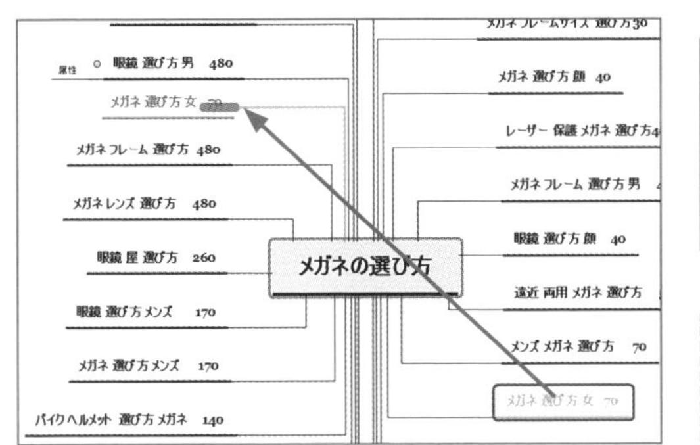


**2** トピックの中で男、女、子供などが入っている属性ワードを切り取ってサブトピック上で貼り付け、移動します。

Excelから直接コピーしてサブトピックの上で貼り付けて追加することも可能です。

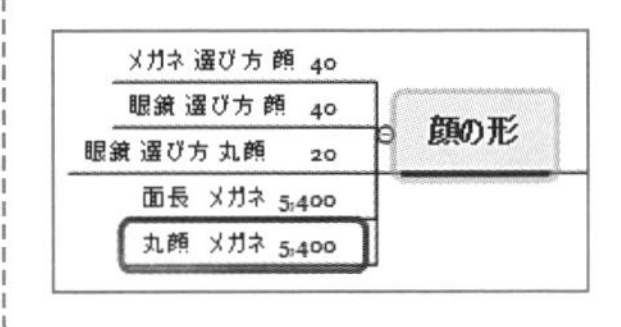


## 7 グルーピングを完成する

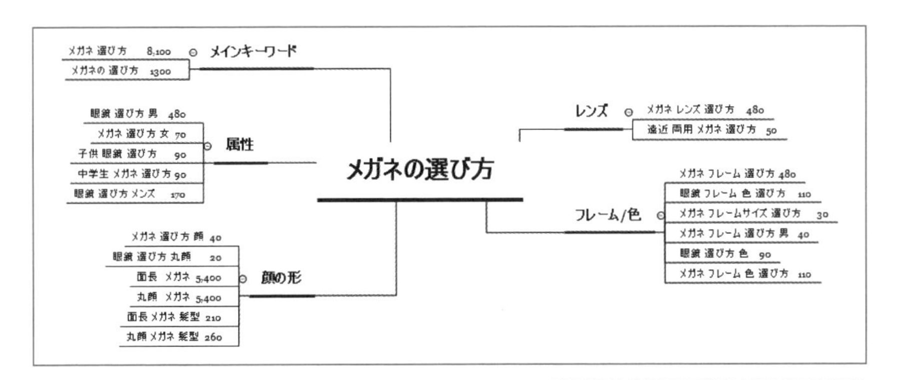


グルーピングした画像ができたら完成、名前を付けて保存しておきます。

## 可視化したニーズから記事のタイトル案を作成する

このように派生語をグルーピングしてみるとユーザーのニーズが可視化できて段落構成を考える際の参考になります。このXMindをもとに記事のタイトル案と段落を作成してExcelなどの表計算シートにまとめてみます。

構成案の表には、記事タイトル、段落と見出し、内容をまとめていきます。サブトピックごとに段落を1つ作ると簡単にできるでしょう。タイトルはメインキーワード（メガネの選び方）を使ってわかりやすい文言にします。

▶ 構成案の例 図表21-5

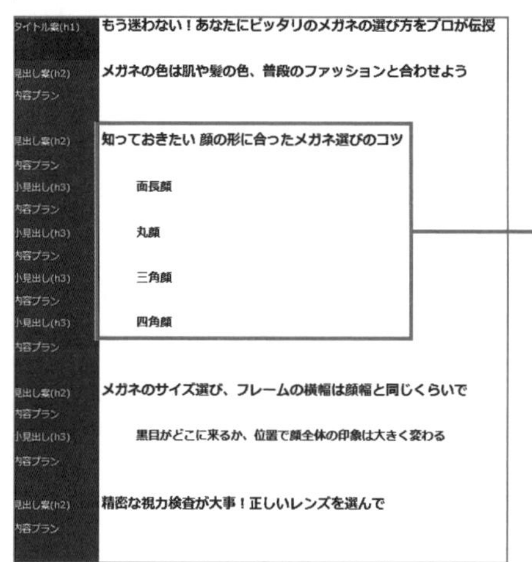


## コンテンツタイプも考えて記事を作る

構成案を作るときにコンテンツタイプも考えるといいでしょう。タイプというのは中身のことです。解説記事がいいのか、イラストがいいのか、動画がいいのか、アンケート結果がいいのか、YES/NO式の診断コンテンツがいいのか、ニーズによって最適なものを見極めましょう。
例えば「顔の形にあったメガネ選び」なら、やはりイラストがあったほうが解説しやすいでしょう。
違うテーマですが、例えば「メガネの拭き方」という記事の場合は「やりたい」というdoクエリになるので、手順も重要です。Googleの検索結果にも動画がよく出ているように、動画があるとユーザーはより理解しやすくなります 図表21-6 。
このような流れで構成案ができたらライティングをして記事を仕上げます 図表21-7 。
1つの記事ができるまでに手間はかかりますが、このような丁寧な手順で作ることでユーザーの検索ニーズを正確に汲み取った内容の濃い記事ができるのです。

## 「メガネ　拭き方」での検索結果 図表21-6

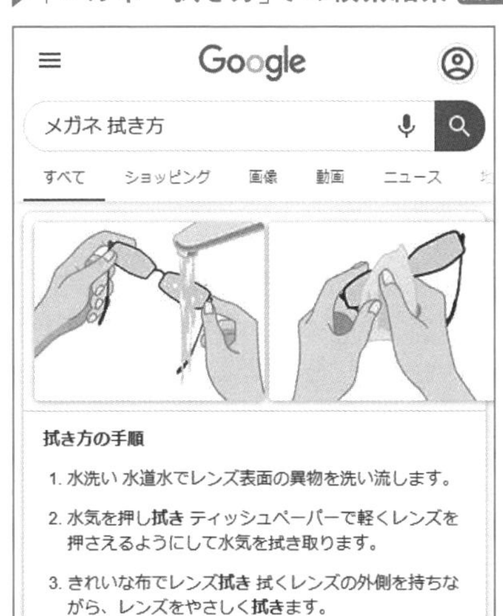


動画　すべて表示する

メガネの正しい拭き方 #10 メガネのお手入れ
YouTube · 眼鏡名店街
2017/06/16

【メガネ屋が教える】【眼鏡】お家でできる！プロ級の完璧...
YouTube · メガネのことなら眼鏡屋...
2019/06/07

【眼鏡】キレイで長持ち！メガネの正しいお手入れ方法をお...
YouTube · Dコレクション
2018/03/27

眼鏡の拭き方 - emw / eyewear maintenance works
YouTube · eyewear maintenance w...
2018/08/12

## コンテンツ作成の流れ 図表21-7

構成案

完成

コンテンツの作成は外部に委託することも多いと思います。ただ作成を依頼するのではなく、どういうプロセスでどこにこだわって作ってくれるのか事前に確認しておくといいでしょう。

### ワンポイント　記事をリライトすることの重要性

作った記事は一定期間経ったらリライトすることも有効です。どういう記事をリライトするといいか、1つはシーズン記事です。毎年旬がやってくる春夏ファッションのような記事は、その年のトレンドに合わせて内容を更新しつづけるといいでしょう。他にも流入が減少傾向になってきた記事や、流入はあるのに購入率が落ちてきた記事などは今一度構成や内容を見直してみると有効です。大幅にリライトした記事は日付を更新するとGoogleの検索結果の日にちが最新のものに更新されてクリックを促進できるでしょう。

Lesson 22 [カテゴリーの考え方]

# スマートフォン時代における カテゴリーの役割を理解する

このレッスンのポイント

**カテゴリーによる分類はSEOにとって重要な意味があります。検索エンジンからの入口となることが多いですし、関連コンテンツを表示しやすくなります。スマートフォン時代におけるカテゴリーの役割とポイントについて解説します。**



## モバイル版サイトにおけるカテゴリー

カテゴリーとは、商品や記事を格納する箱のようなものです。中規模以上のサイトでは 図表22-1 のようなカテゴリーが存在することが多いです。では、スマートフォンページが主流になるとカテゴリーは必要なくなるのでしょうか？　トップページからたどるユーザーがPC版よりは少ないので不要でしょうか？　答えはノーです。モバイル版サイトの流入を分析をしていると、やはりカテゴリーが入口となった流入は多く見られますし、トップページからたどる行動が少ないスマートフォンだからこそ、検索エンジンでカテゴリーページをヒットさせて直接流入させることが重要なのです。このレッスンでは、スマートフォン時代におけるカテゴリーのポイントをいくつか解説したいと思います。

▶ サイトにおけるカテゴリー 図表22-1

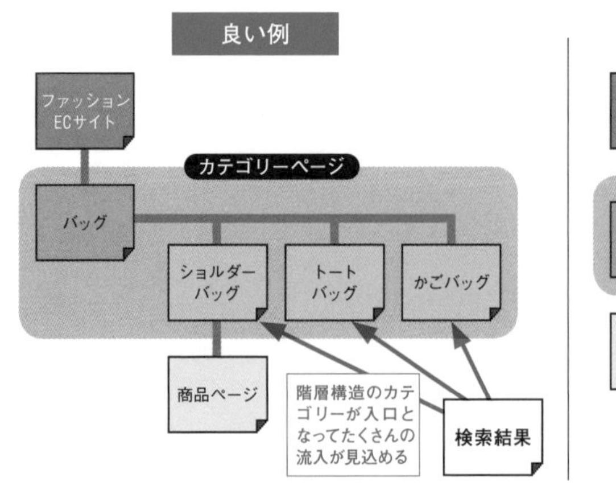


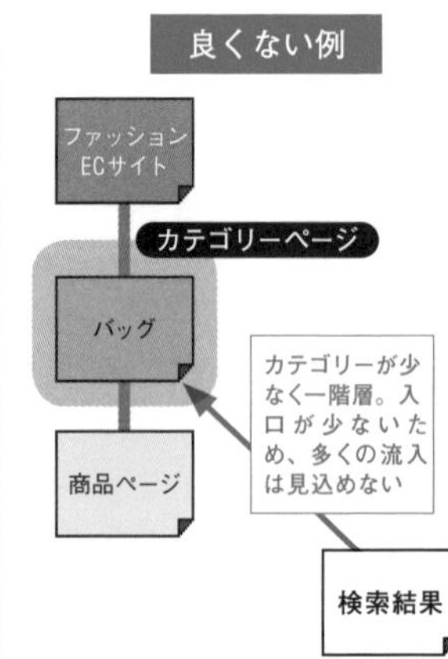

## カテゴリーの名称は検索数の多い言葉にする

これはPC版サイトと同じですが、カテゴリーの名称は検索されやすいキーワードを選びます。キーワードツールを使ってより検索数の多い言葉にします。Googleの検索ニーズを読み取る力が進化して、同じ意味の違う言葉はかなり同一視される（同じ言葉と見なされて同じ検索結果が返る）ようになっていますが、buyクエリに関してはそうでもないのです。ひらがな、漢字、音引きの有無等の表記に関してはほぼ気にしなくてかまいません。

▶ カテゴリー名の選定 図表22-2

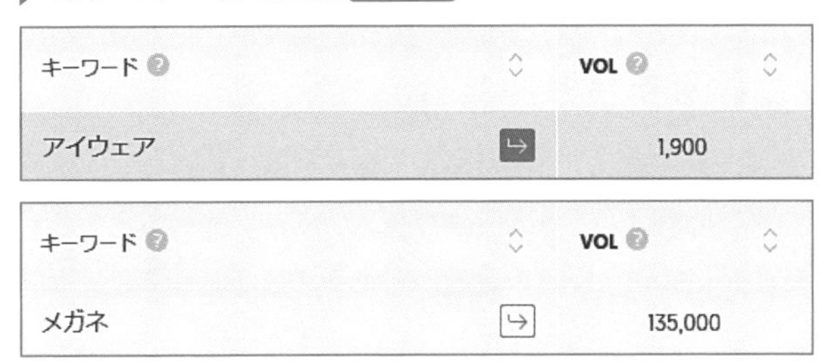


「アイウェア」と「メガネ」はどちらも同じアイテムを指す言葉だが、検索数はかなり違う。Googleの検索結果も異なるので検索数の多い「メガネ」を使ったほうがいいことがわかる

## カテゴリーにはknowやdoのキーワードを設定しない

knowやdoはユーザーのニーズが「知りたい」「やりたい」です。商品やスポット、サービスが一覧として列挙されているカテゴリーページでは上位に表示されないことが多くあります。カテゴリーページにふさわしいニーズの多くはbuyかgoです。例えば眉毛に関する商品を集めたカテゴリーに「眉毛メイク」と命名しても上位には来ないでしょう。なぜなら「眉毛メイク」の検索ニーズは「眉毛のメイクに関して知りたい」というknowだからです。「アイブロウペンシル」などbuyのニーズがある名称を使ったほうがいいでしょう。「冷房」と「エアコン」も同様です 図表22-3 。

▶ knowやdoではなくbuyかgoをカテゴリーにする 図表22-3

| 検索クエリ | 検索結果10位までの掲載内容 | 検索ニーズ |
|---|---|---|
| 眉毛メイク | 記事10件、EC0件 | →know |
| アイブロウペンシル | 記事6件、EC4件 | →know、buy |
| 冷房 | 記事8件、EC2件 | →know、buy |
| エアコン | 記事1件、EC9件 | →buy |

knowのニーズでは検索結果の大半を記事が占める。buyのニーズは検索結果にECサイトのカテゴリーや商品ページが並ぶ

## 1カテゴリーは1テーマにする

Lesson 18で解説したようにスマートフォンのユーザーは、いかに早く目的を達成するかを重視します。そのため、カテゴリーのテーマは1つに絞ったほうが評価されやすいと考えられます。例えばPC版サイトでは「カーテン・ブラインド」など似たような商品は1つのカテゴリーに束ねられることが多いですが、モバイル版サイトでは「カーテン」「ブラインド」とより細分化してあるほうがユーザーにとって選びやすいのです。商品数がそれなりにあるカテゴリーは、より細かく分けたほうがいいでしょう。

## 紐づく件数が少ないカテゴリーは作らない

「1カテゴリー1テーマ」にすることは重要ですが、紐づく商品やサービスの数にも注意しましょう。そこに商品が0件、1件だった場合、訪れたユーザーはきっとがっかりするでしょう。カテゴリーページの目的は、複数の商品を並べて比較できる、複数商品の中から選べることです。その目的に応える件数がある場合にカテゴリーを作るといいでしょう。

## メディアやブログこそカテゴリーをしっかり作る

メディアやブログは、案外カテゴリーを細かく分類していないケースをよく見かけます。細かいカテゴリー構成にすると記事登録に手間がかかるからかもしれません。
しかし、モバイル版サイトにおいて実は記事こそカテゴリーが重要なのです。なぜなら、多くのサイトでは記事を読んだユーザーが最もアクションを起こすのは記事読了後の「関連記事」のクリックだからです。この「関連記事」を出す条件で最も簡単なのは「同じカテゴリーに属する他の記事」です。カテゴリーをしっかり作っておくことで「関連記事」が精緻な内容となり、記事から記事への回遊が見込めるのです。

▶ **スニーカーの記事の関連記事例** 図表22-4

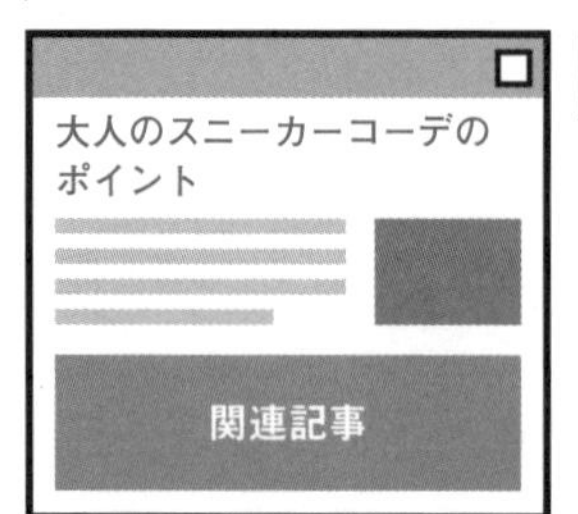


TOP > 靴 > スニーカー > 記事

スニーカーカテゴリーに属する他のスニーカー関連の記事を出せる。もしスニーカーカテゴリーがなく、靴というカテゴリーだけだった場合、パンプスやブーツに関する記事が出てしまうかもしれない

## ワンポイント　キーワードの食い合いに注意する

キーワードの食い合いとはカニバリゼーションとも呼ばれる現象です。Lesson 12で説明したように、Googleにはクラスタリングという、1ドメイン＝1URL表示という傾向があります。例えば記事をサブドメインで作成してもカテゴリーに同じキーワードがあると食い合ってしまい、どちらかしかヒットしないのです。このようなカテゴリーと記事、商品ページと記事、記事と記事など複数のページで1つのキーワードをせめぎ合う現象はいろいろなサイトで起こっています。そして、中には記事より購入率の高いカテゴリーを表示させたいのに記事が表示されてしまって困っているケースもあるのです。記事のテーマを選ぶ際には他のページとキーワードを食い合わないか、確認するといいでしょう。ただし、「メガネフレーム」のように1位から10位までの検索結果を見るとECページと記事が半分ずつヒットしている場合もあります。これはbuyとknow、両方のニーズがあるということです。確かにフレームを買いたい人もいれば、選び方を知りたい人もいますね。このような場合には両方のニーズに応えるためにカテゴリーと記事、両方作成してもいいでしょう。

ちなみにタグ機能やサイト内検索ページをカテゴリー代わりに使うのはおすすめしません。自動で作成された膨大な数のものや似通った重複ページ、検索数の少ない言葉のページができてしまうなどSEOに適さないページになっていることが多いからです。

# 質疑応答

## Q 質の高いコンテンツって何ですか？

**A**

Googleのアップデートがあると、「E-A-Tを意識した質の高いコンテンツを作りましょう」という話題がよく出ます。「E-A-T」は1章末で解説したGoogleの検索品質ガイドラインに、「YMYL」という言葉と共によく出てきます。この2つの言葉は今のSEOで重要です。

E-A-Tは、Expertise（専門性）、Authoritativeness（権威性）、Trustworthy（信頼性）の略で、特定の施策ではなく“概念”です。例えば、医療や健康に関するページであれば、専門家による監修をつけて、その専門家のプロフィールや専門、活動内容を記載した著者ページを作って提示すると、ユーザーの信頼につながり、E-A-Tが向上するでしょう。サイトに明確な運営者情報や連絡先を載せるといったことも必要です。また、ユーザーに役立つ専門的な内容をわかりやすく解説したり、他のサイトのコンテンツを流用せずにオリジナル性にこだわったページを作ることも重要です。さらにサイトが権威ある記事やサイトで紹介されて評判を上げることもE-A-Tを向上させるでしょう。

YMYLとはYour Money or Your Lifeの略で、ユーザーの健康や金銭に関わるジャンルを意味します。EC、不動産、医療、法律などの分野が該当し、より高度なE-A-Tの担保が求められます。

どのようなページであればユーザーが安心して閲覧し、ニーズを満たすことができるか、常にそこを考えて作ることで、自ずと質の高いコンテンツになるでしょう。

Chapter

4

# モバイルの画面に最適化する

スマートフォンの画面の特徴やサイト制作上の注意点を解説します。またページの種類別に、品質とユーザビリティを意識したレイアウト設計のポイントを解説します。

Lesson [モバイル版サイトのSEO要件]

# 23 スマートフォンの画面とSEOのポイントを理解しよう

このレッスンのポイント

**モバイル版サイトのユーザー体験はPC版サイトとは大きく異なります。まずは最初にスマートフォンの特徴を考慮して、Webサイトを作成する際の考え方とSEO要件について理解しましょう。**

## ○ モバイル版サイトの特徴を理解しよう

スマートフォンの画面の特徴、ユーザーの環境、デバイスの利用シナリオなど、モバイル版サイトはPC版サイトとは違う点を考慮する必要があります。例えばスマートフォンの画面はPCより小さく、縦長のため、PCより画面に表示できる要素は少なく縦並びの配置にするという違いがあります。この特徴はページのレイアウト設計の際に考慮すべき点です。またスマートフォンの操作はマウスではなく、指で行われるため、ページ内要素の大きさや間隔に注意する必要があります。

これに加え、スマートフォンを操作するユーザーはネット環境が良くない場合があったり、Webサイトの閲覧とアプリの操作や他者とのコミュニケーションなどを並行して行うことで気が散りやすくなっているため、ページの表示速度がPC版サイトよりも重要になってきています。

▶ スマートフォンの画面の特徴はサイト制作に関わる 図表23-1

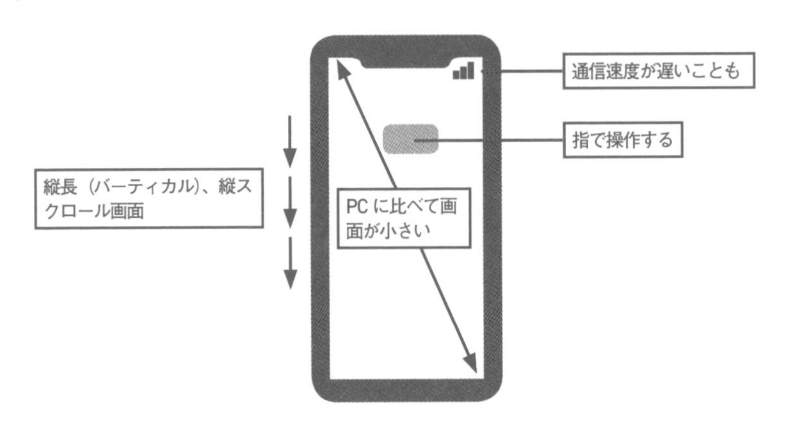

## 検索エンジンが重視するページ要素の変化

検索エンジンもスマートフォンを見据えた評価となり、ページを作成する際に注力していく項目は変化してきています。2020年現在、SEO評価においては「ページにおけるユーザー体験」が最重要と言われており、ページのコンテンツがユーザーに役立つか、使いやすいか、ページの表示速度が速いかは、特に意識すべきポイントです。逆に、見出しタグや強調タグの使用など、HTML内の細かい要素はさほど重要ではなくなりました。また、テキスト量もPC程多く載せられないため、量よりもユーザーに十分役立つコンテンツがあるかどうかにこだわるべきです。もちろん正しいHTML構造であるに越したことはないですが、何より重要なのはスマートフォンのユーザーに役立つオリジナルでユニークなコンテンツを、使いやすい形で提供していることです。

## モバイル版サイトのSEOはここに注意しよう

モバイル版サイトを作成する際に注意すべき主なSEO要件をあげます。それぞれの項目については次のLesson 24から詳しく説明していきます。

### ①モバイル端末に対応する

Lesson 05で解説した3つの方法（レスポンシブウェブデザイン、動的な配信、別々のURL）のいずれかで最適なスマートフォンサイトを作成し、モバイル端末に対応させることは大前提です。

### ②モバイルユーザビリティをチェックする

スマートフォンの小さな画面でも見やすく、使いやすくするために、テキストやタップ要素の調整など、モバイルフレンドリーなページを作成する工夫が必要です。

### ③重要なコンテンツはモバイル版サイトでも掲載する

画面の小ささを考慮し、モバイル版サイトではコンテンツが割愛されることがありますが、存在しないテキストやリンクは検索エンジンには評価されません。読まなくても内容が理解できるような、さほど重要でない文章は削除してもいいですが、重要なコンテンツは必ずモバイル版サイトでも表示する必要があります。

### ④ナビゲーションとサイトの内部リンクの最適化

モバイル版サイトはPC版サイトと比較してページ内のリンク数が少ない傾向にありますが、内部リンクの設計はモバイル版サイトでも非常に重要です。画面が小さいからといって主要なリンクを削除したりせず、有用なリンクは残しながら、ナビゲーションをわかりやすく設計しましょう。

### ⑤量が多い場合はすべて一度に表示する必要はない

モバイル版サイトではすべてのコンテンツやリンクをデフォルトで表示する必要はなく、例えば 図表23-2 のように一部のテキストを隠し、ボタンタップで展開するような見せ方を活用してもSEO的に問題はありません。

### ⑥構造化データマークアップを行う

モバイル版サイトの多様な検索結果であるリッチリザルト（Lesson 39参照）を表示するためには、検索エンジンにコンテンツについてのメタデータを提供する「構造化データ」が必要です。PC版のHTMLソース内にはあってもモバイル版には用意されていないケースを見かけますが、レスポンシブサイト以外は必ずモバイル版のHTMLソース内でもマークアップを行いましょう。

### ⑦表示速度を上げていく

表示速度はユーザビリティ面でもSEO面でも非常に重要な要素です。Googleはページの表示を1秒以内に完了させることを目指すように推奨しています。1秒が難しい場合でも、なるべくスピードアップを目指しましょう。表示速度について詳しくはLesson 48で説明します。

### ▶モバイル版でのコンテンツ表示の工夫 図表23-2

検索結果の一般的なカテゴリ

Google 検索の結果にはさまざまな表示機能が含まれています。検索結果の見え方は時間とともに変化します。また、同じ検索結果でも表示するデバイス（パソコンやスマートフォンなど）やユーザーがいる国など、さまざまな要因によって見え方は異なります。Google は、ユーザーにとって一番有益な形式で結果が表示されるよう努めています。検索結果は次の一般的なカテゴリに分類されます。

通常の青色リンク ⌄

拡張 ⌄

リッチリザルト ⌃

リッチリザルトとは、クチコミの星やサムネイル画像、視覚的な追加機能などグラフィック要素を含む検索結果のことです。この例のように検索結果に単独でリッチリザルトを掲載できます。

Googleヘルプで使用されているテキストをデフォルトで隠すアコーディオン型メニューの例

テキストやナビゲーションのリンクが多い場合、すべてを一気に見せず、畳んでおいてもSEO的に問題ありません。

### ⑧CSS、JavaScriptや画像を検索エンジンに対してブロックしない

以前はCSSやJavaScriptに対応しないモバイル端末があったため、それらをブロックしていたサイトがありました。ブロックしていると検索エンジンは正しくサイトを解析できません。きちんと評価されるためにCSS、JavaScriptや画像を検索エンジンに対してブロックしないように注意しましょう。詳しくはLesson 45で解説します。

## 2021年以降の「ページエクスペリエンスシグナル」

Googleは、ユーザー体験を評価する「シグナル」を使っています。
2020年現在ランキングに影響するのは以下の指標です。

**モバイルフレンドリー：**
ページがモバイル端末において使いやすいか、見やすいか

**セーフブラウジング：**
悪意のあるコンテンツや不正なコンテンツが含まれていないか

**HTTPS：**
ページがHTTPSで配信されているか

**煩わしいインタースティシャルがない：**
ページ内コンテンツへのアクセスを広告等のポップアップが邪魔していないか（Lesson 28参照）

2020年6月にはGoogleから「Core Web Vitals（ウェブに関する主な指標）」という新しい概念が紹介され、2021年以降、ユーザー体験を評価する上記4つの指標に加えてそのCore Web Vitalsも追加した「ページエクスペリエンスシグナル」という新しいランキング要素の導入予定が発表されました 図表23-3 。

▶ページエクスペリエンスシグナル 図表23-3

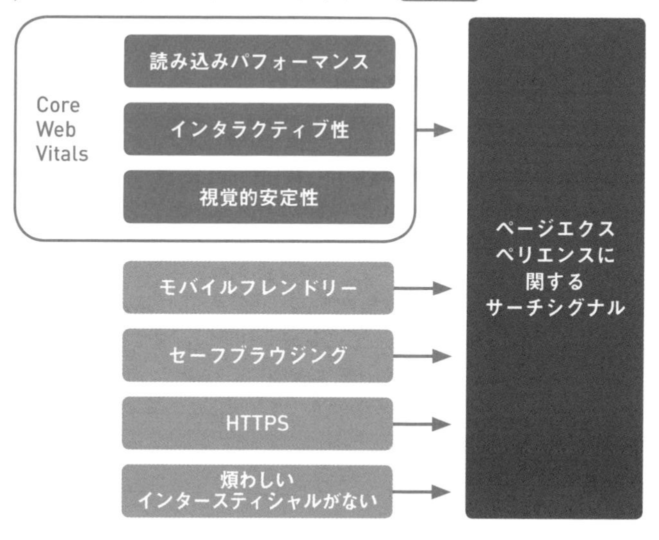

## Core Web Vitalsの3つの指標

「ページエクスペリエンスシグナル」に新しく追加されたCore Web Vitalsはページ表示速度や表示の仕様に関連する以下の3つの指標からなります。

**Largest Contentful Paint（LCP）**
ユーザーがURLにアクセスしてから最大のコンテンツ要素が読み込まれるまでの時間です。通常、最大の要素となるのは、画像、動画、大きなブロックレベルのテキスト要素です。

**First Input Delay（FID）**
ユーザーがページの操作をしたときからページがその操作に応答するまでの時間です。ページの操作は例えばボタンのタップやフォーム入力です。

**Cumulative Layout Shift（CLS）**
ページ読み込み開始から読み込み完了の間に発生するレイアウトの移動量です。例えばページ読み込みの途中に広告バナーが挿入されて記事の本体が下がる現象を表します。

各指標の現状は、Search Consoleの「ウェブに関する主な指標」レポートで確認できて、評価基準は 図表23-4 の通りです。スマートフォンでの表示や操作のしやすさがランキングにより一層影響するようになります。今からチェックし、必要に応じて対応しておくといいでしょう。

▶ Core Web Vitalsの評価基準 図表23-4

| | 良好 | 改善が必要 | 低速 |
|---|---|---|---|
| LCP | 2.5秒未満 | 4秒以下 | 4秒を超える |
| FID | 100ミリ秒未満 | 300ミリ秒以下 | 300ミリ秒を超える |
| CLS | 2.5秒未満 | 0.25以下 | 0.25を超える |

▶ **ページ エクスペリエンスの Google 検索結果への影響について**
https://search.google.com/test/mobile-friendly?hl=ja

▶ **Search Console ヘルプ：ウェブに関する主な指標レポート**
https://support.google.com/webmasters/answer/9205520?hl=ja

Lesson 24 [モバイル版サイトの構築方法]

# レスポンシブウェブデザインについて理解を深めよう

このレッスンのポイント

**Googleが推奨するモバイル版サイトの作成方法はレスポンシブウェブデザインです。このレッスンでは、レスポンシブウェブデザインの概要、メリットとデメリット、実装時の注意点について解説します。**

## レスポンシブウェブデザインとは

Lesson 05でも解説したとおり、モバイル版サイトの制作方法には「レスポンシブウェブデザイン」「動的な配信」「別々のURL」の主に3つがあります。ユーザビリティとSEOの対応を適切に行えば、どの方法を選んでも順位に影響はありませんが、Googleが推奨するのはレスポンシブウェブデザイン（単にレスポンシブとも呼ばれる）です。

レスポンシブは、デバイスの画面幅に応じて、ページの表示をCSSで自動的に調整して表示するデザインです。ページのURL、ソースコードは全デバイスで同一ですが、画面幅に応じて表示される要素、そのサイズと位置が調整されて、図表24-1のようにページの見え方がデバイスに合わせて変わります。

▶ レスポンシブウェブデザイン 図表24-1

レスポンシブウェブデザインのサイトで同じページをPC（左）とスマートフォン（右）で見た例

## レスポンシブウェブデザインが推奨される理由

Googleは以下の理由でレスポンシブでの制作を推奨しています。

### ユーザーも検索エンジンも同一のURLを好む

レスポンシブではデバイスと関係なく1ページが1URLになっていて、例えばwww.example.comとm.example.comのように2つのURLができません 図表24-2 図表24-3 。そのため、ユーザーによるコンテンツの共有やリンク設置が簡単です。また、URLがデバイス別に異なる場合は検索エンジンにそのURLが同ページであることを示す対応が必要ですが、レスポンシブは不要なのでSEO対応がより楽です。

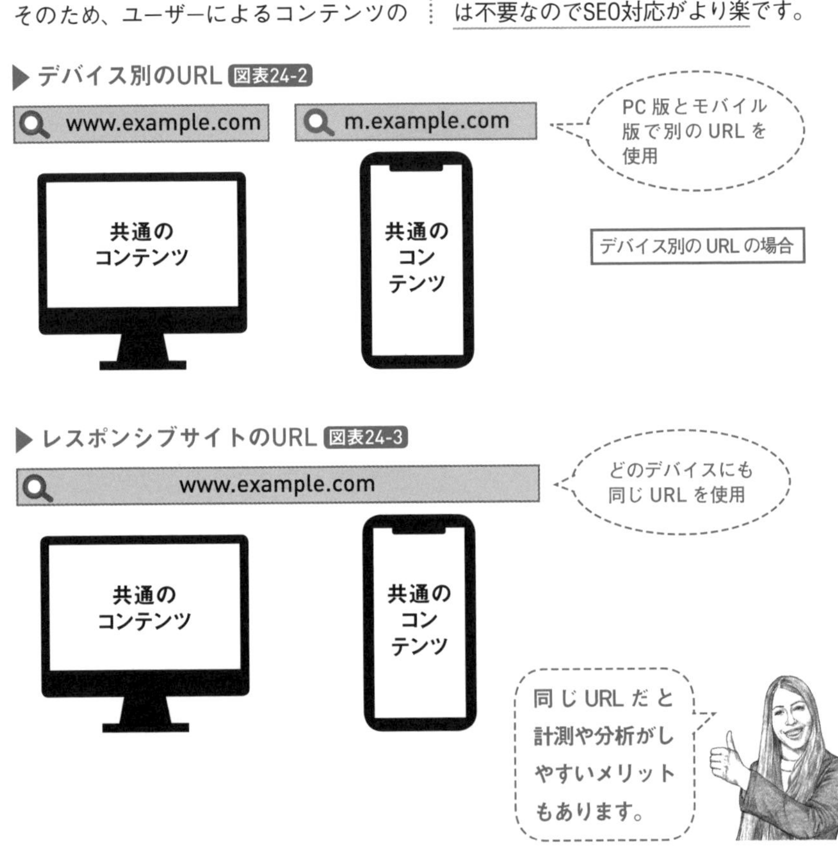


### 開発と運用の手間とコストが削減される

全デバイス向けに1つのサイトを開発するため、初期の開発コストが他の実装方法と比べて少なくて済む場合が多いです。また、1つのソースコードしか存在しないため、コンテンツを更新する際もPC版とモバイル版ページを個別で更新する必要がなく、運用時の手間がかかりません。

### モバイル版サイトでよくある問題が発生するリスクが低い

PC版サイトとモバイル版サイトで2つのソースコードを持つ場合、いくつかの問題が起こりやすくなります。例えばモバイル版サイトでは一部のCSSやJavaScript、画像などをブロックしている場合があること、モバイル版サイトで一部のページが生成されていないことなどです。レスポンシブの場合はPC版とモバイル版をまとめて運用するため、このような問題が発生する確率が低いです。

### デバイスごとにリダイレクトが発生しない

リダイレクトとは、指定したURLから自動的に別のURLに転送されることです。PC版とモバイル版ページでそれぞれ個別のURLが存在するサイトでは、スマートフォンからPC版のページを閲覧しようとすると、モバイル版サイトへのリダイレクトが発生し、表示が遅れることがあります。レスポンシブのサイトではPC版とモバイル版サイトのURLが同一のため、そのようなリダイレクトが発生することはありません 図表24-4 。

▶ レスポンシブウェブサイトではリダイレクトが発生しない 図表24-4

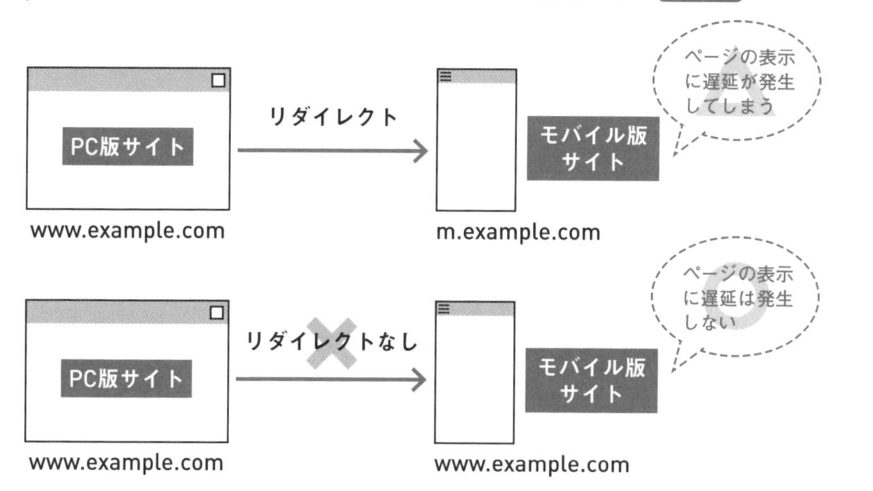


### クローラーのクロール効率が高い

デバイス別にソースコードが存在する場合、スマートフォンのクローラーがモバイル版ページをクロールし、PCのクローラーがPC版ページをクロールし、Googleのクローラーは複数のソースコードやコンテンツを確認して評価する必要があります。レスポンシブの場合はクローラーが1つのHTMLをクロールするだけで済みます。そのため、クローラーはサイトをより効率的にクロールすることができ、新しく追加されたまたは更新されたコンテンツがより速くクロール、インデックスされます。これは主に大規模なサイトに関係します。

## レスポンシブウェブデザインを検討する際の注意点

Googleはレスポンシブウェブデザインを推奨していますが、レスポンシブだからと言ってSEO的に高く評価されるわけではありません。制作方法を検討するタイミングやレスポンシブの実装時には、いくつかの注意点があります。

### デザインの柔軟性が低い

デバイスごとにサイト制作をする場合は、それぞれのデバイスのユーザーニーズを考慮して、PC版に合うデザイン、モバイル版に合うデザインを個別で設計することができます。一方レスポンシブの場合は、1種類のデザインを作り、それを画面幅に合わせて調整することになります。そのため、デザインの柔軟性が限られて、各デバイスのユーザーニーズに応じた最適なデザインにできない場合があります。

また、仮にPC、スマートフォンどちらにも良いデザインだとしても、開発が複雑になったり、コーティングの質や表示速度に悪影響が出る場合もあります。制作に入る際は、事前に制作部門や開発部門と相談し、レスポンシブを実装することでユーザビリティや開発コストに影響が出そうな場合は別の制作方法を検討しましょう。

### 表示速度への影響に注意する

レスポンシブでの処理が複雑になると、ページが重くなってしまい、サイトスピードに悪影響が出る場合があります。表示速度はユーザビリティにもSEOにも影響する非常に重要な要素であるため、レスポンシブによって速度が遅くなることが予想される場合、別の制作方法が適切かもしれません。

一方、レスポンシブ画像を使うことで表示速度向上が見込めるケースもあります。

### レスポンシブに対応していないブラウザやデバイスのサポート

Internet Explorerの古いバージョンや年式の古いスマートフォンの中には、今でもレスポンシブウェブデザインに対応していないブラウザやデバイスがあります。ほとんどのユーザーは問題なくサイトを使えるはずですが、こういったユーザーが多く来訪すると想定されるサイトの場合、別の制作方法を検討しましょう。

レスポンシブであること自体がランキングに好影響を与えるわけではありません。デザインや表示速度との兼ね合いでサイトの実装方法を検討しましょう。

Lesson ［スニペット対策］

# 25 titleとmetaタグを意識してスニペットを最適化しよう

このレッスンのポイント

Googleの検索結果で表示されるタイトルとスニペットの文字数は、PCとモバイルで異なります。どのように表示されるかと、それにあたるサイト側のtitleとmeta descriptionの記述ポイントを解説します。

## 検索結果のタイトルとスニペットについて理解しよう

ユーザーが検索を行った際に、検索結果に複数のサイトの検索結果が表示されます。標準的な検索結果フォーマットは図表25-1のとおり、URL、タイトルとスニペット（説明文）です。その他のさまざまなフォーマットについて詳しくは5章で解説します。

タイトルとスニペットはスマートフォンの検索結果においてもクリック率に大きく影響します。たくさんの検索結果の中でユーザーに自社サイトを選んでもらって、流入してもらうためにはタイトルとスニペットの対策をしっかり行っておくことが重要です。

▶ 検索結果のタイトルとスニペットの例 図表25-1

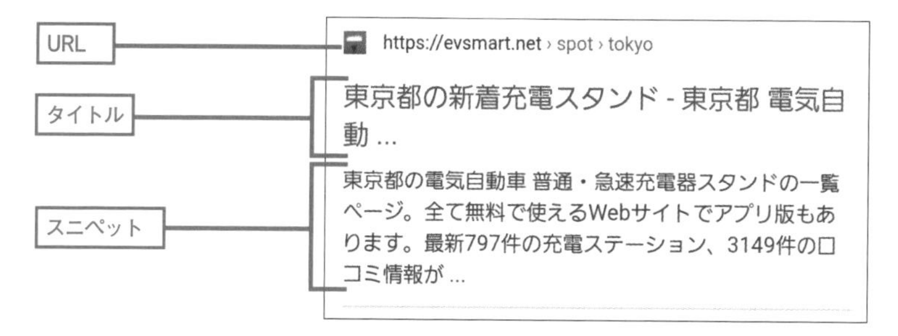


検索結果に表示されるだけではなく、ユーザーに選ばれてクリックされることが大事です。

## 検索結果におけるタイトルとスニペットの対策

検索結果に表示されるタイトルとスニペットはGoogleに自動的に生成され、特にスニペットはユーザーの検索クエリに応じて大きく調整される場合があります。ただし、ページのメインテーマに関連する検索ではタイトルとスニペットの表示内容を、サイト側のHTMLのtitleタグとmeta descriptionタグである程度コントロールできます。以下のポイントに注意すれば、その内容がそのまま表示される確率を上げることができます。

### 各ページでユニークなtitleとmeta descriptionタグを設定する

各ページに対してtitleとmeta descriptionタグを設定し、そのページの内容を表す具体的でわかりやすくユニークな文言を記載します。
大規模サイトの場合は、ユニークな文言を手動で作成するのは現実的ではありません。そのため、あらかじめテンプレートの文言を作り自動で表示させることが多いと思いますが、その際もユニーク性を意識するといいでしょう。例えば、各都道府県の美容院の一覧ページに入れる文言の場合、meta descriptionの文章に各都道府県の人気エリアや店舗数など、その地域独自の内容を変数で表示すれば、他とまったく同じ文言にならずにユニーク性を出せます 図表25-2 。具体的な方法は開発部門と相談してみてください。

▶ meta descriptionの例（東京都の美容院一覧ページ） 図表25-2

東京都の美容室を120店舗からお選びいただけます。渋谷、新宿、池袋など人気エリア、メニューやこだわり条件で絞り込みできます。【ビューティサロン検索】

地域ごとのユニークな内容を変数（色を変えた部分）で表示できる

### 訴求力のある文言を設定する

検索結果でユーザーにアピールし、クリックしてもらうためには、競合と差別化できる訴求力のある文言を設定しましょう。例えば、ECサイトでは送料無料、医療系サイトでは専門家監修、店舗ポータルサイトでは店舗数日本最大、知名度の高いサイトではブランド名を含めるなど、サイトによって適切なアピールポイントを考えるといいでしょう。もちろんユーザーを騙すような表現は使ってはいけません。

### 文字数を考慮する

検索結果に表示されるタイトルとスニペットの文字数は限られており、文字数が多いと末尾が「…」で省略されます。モバイルの検索結果では表示されるタイトルやスニペットの文字数がPCとは違うので注意しましょう 図表25-3 。モバイルでは、タイトルはPCより長く、スニペットが短い傾向にあります。ただし表示文字数は検索クエリによって異なり、バリエーションがあります。

▶ デバイス別タイトルとスニペットの文字数（全角） 図表25-3

| デバイス | タイトル | スニペット |
|---|---|---|
| PC | 28〜32文字程 | 90~120文字程 |
| モバイル | 35〜100文字程 | 30~105文字程 |

※表示文字数は検索クエリや全角／半角によって異なる

### 対策キーワードを1回は含めて重要な情報は前方に配置する

対策したいキーワードを1回は文章内に含めるように意識しましょう。逆に、不自然なキーワードの詰め込みは避けましょう。キーワードの位置は順位には影響しませんが、クリック率に影響するので、ユーザーが検索結果を見て、自分の検索に関連性が高いとすぐにわかるように、キーワードをtitleとmeta descriptionの前方に含めるといいでしょう。モバイルのスニペットは特に短い傾向にあるため、重要な内容を前方に含めないと切られてしまう可能性もあります 図表25-4 。

▶「キャットタワー」の検索結果でのタイトルとスニペット 図表25-4

https://example.com › キャットタワー
キャットタワーおすすめ20集｜ペットグッズのexample.com
猫が大好きなキャットタワー人気ランキング。爪とぎ付き、大型やミニタイプ、様々なおしゃれキャットタワーをご紹介！

良い例

https://example.com › キャットタワー
example.com｜キャットタワー キャットツリー 猫タワー 猫ハウス
example.com通販サイトのキャットタワー 猫タワー キャットツリーページ。犬、猫、熱帯魚、爬虫類、様々な別途グッズをexample.comで ...

悪い例

ユーザーが見てクリックしたくなるような、訴求力があり簡潔な文章を考えましょう。

### ワンポイント　スニペットにmeta descriptionが出ない理由

このレッスンで解説したようにサイト側のHTMLのmeta descriptionをしっかり設定しておけば、一部の検索結果でスニペットにその内容が採用されます。ただし、meta descriptionはそのままスニペットに出ないケースがあります。ユーザーの検索クエリによっては、meta descriptionにそのクエリの検索ニーズに合う情報が入っていなかったり、またGoogleがより関連性が高いと判断した内容をmeta description以外から抽出して表示する場合があるからです。特に以下の例のようにページのメインテーマではなく、ページ内の一部の内容、または補足的な内容に関する検索クエリに対して表示されることが多いです。その場合はbodyタグ内から該当箇所を自動的に抽出してスニペットが生成されます。

| | |
|---|---|
| https://ayudante.jp › コラム › SEO<br>今必要なSEO施策とSEO会社の選び方(2019年) - アユダンテ株式会社<br>2019/09/27 · 今回は2019年時点におけるSEO施策 の種類と、サイトごとに必要なSEO施策、それに応じたSEO会社の選び方について考えてみたいと思います。 | https://ayudante.jp › コラム › SEO<br>今必要なSEO施策とSEO会社の選び方(2019年) - アユダンテ株式会社<br>2019/09/27 · 内部施策にはわかりやすく言うと次の2 パターンがあるように感じています。 アジャイル型 →修正指示書などを用いて適宜、部分最適化する; ウォーター ... |

同じ記事なのに「SEO施策　選び方」（左）と「SEO施策　選び方　内部施策」（右）で違うスニペット表示になっている。左側はmeta descriptionがそのまま出て、右側はbody内の一文から表示

Lesson 26 [モバイルフレンドリー対策]

# モバイルフレンドリーにするための対策を知ろう

このレッスンのポイント

**スマートフォン時代ではモバイル版サイトのコンテンツがスマートフォンで見やすく、操作しやすい必要があり、その概念をモバイルフレンドリーと呼びます。Googleが評価するモバイルフレンドリー要素について解説します。**

## モバイルフレンドリー要素の条件を満たそう

モバイルフレンドリーとはウェブサイトがモバイルデバイス向けに最適化されていることです。例えば、PC版しか存在しないWebサイトをスマートフォンで閲覧するとテキストが読みにくくズームしないと読めない、ボタンが小さくボタン同士が近すぎてスムーズにタップできないなど、モバイルフレンドリーではありません。また、モバイル版サイトでも、テキストが小さすぎて読みにくいなど、モバイルフレンドリーに問題がある場合もあります。Lesson 03で解説しましたが2015年にはGoogleのモバイルフレンドリーアップデートが起こりました。それ以降、モバイルデバイス向けに対応していないページは評価を下げられるようになっています。

Googleがモバイルフレンドリーかどうかを判断する際に確認する要素と、それにともなう対策を次ページから解説します。

ユーザーがページをスマートフォンで見たときに、見やすくて操作しやすいページ作りを目指しましょう。

NEXT PAGE →

### ビューポートの設定とコンテンツの幅

ビューポート（viewport）とは、HTMLのheadタグ内に記述する画面領域を制御するメタタグです。ビューポートを正しく設定することで、スマートフォンのさまざまな画面幅に合わせた適切な表示ができます 図表26-1 。ビューポートの設定を行わないと、画面が小さいデバイスでサイトが正しく表示されません。

▶ Googleが推奨するビューポート設定の例 図表26-1

```
<meta name="viewport" content="width=device-width,
initial-scale=1">
```

### フォントサイズが小さすぎないか

フォントサイズが小さすぎると、ユーザーがピンチ操作をしてコンテンツを拡大しないとテキストを読めないためユーザビリティが良くありません。ユーザーが拡大しなくても読める適切なフォントサイズを設定しましょう。最小でも12ピクセル以上にはしましょう。

### タップ要素同士が近すぎないか

スマートフォンのユーザーはボタンやリンクなどのタップ要素を指でタップして操作します。誤タップが発生しないように、タップ要素のサイズを考慮し、要素の間に十分な間隔を設けて、操作しやすいデザインにする必要があります。

### 互換性のないプラグインが使用されていないか

モバイルブラウザが対応しないプラグイン（例えばFlash）を使用すると、スマートフォンのユーザーにそのコンテンツが表示されません。モバイルブラウザが対応する最新技術を使ってWebサイトを作成しましょう。

できる限り、全ページがモバイルフレンドリーであることを目指しましょう！

## サイトがモバイルフレンドリーであるか確認する

サイトがモバイルフレンドリーであるか確認するには、Googleが提供するモバイルフレンドリーテストツールを使うか、Search Consoleの「モバイルユーザビリティ」レポートを確認します。

### Search Consoleの「モバイルユーザビリティ」レポート

Search Consoleを使っているサイトでは、「拡張」メニュー内の「モバイルユーザビリティ」レポートよりGoogleが検出したモバイルユーザビリティエラーが確認できます。 エラーが見つかった場合、図表26-2のようにそれぞれのエラー項目が表示され、項目をクリックすると対象URLを確認できます。

▶ Search Consoleの「モバイルユーザビリティ」レポートのエラーの例 図表26-2

詳細

| ステータス | 型 | 確認 | 推移 | ページ |
|---|---|---|---|---|
| エラー | クリック可能な要素同士が近すぎます | 開始前 | | 8 |
| エラー | コンテンツの幅が画面の幅を超えています | 開始前 | | 7 |
| エラー | テキストが小さすぎて読めません | 開始前 | | 1 |
| エラー | ビューポートが「デバイスの幅」に収まるよう設定されていません | 開始前 | | 1 |

モバイルユーザビリティのエラーがあった場合、そのエラーがレポートに表示される。各エラーをクリックして対象URLを確認できる

### モバイルフレンドリーテストのツール

Googleが提供するモバイルフレンドリーテストでは、1URL単位でモバイルフレンドリーか否かの確認がリアルタイムで行えます。Search Consoleのレポートは生成されるのに時間がかかり、タイムラグがあるので、新しくサイトを作成した場合やデザインを変えた場合、こちらのテストツールが役立ちます。

▶ モバイルフレンドリーテスト 図表26-3

https://search.google.com/test/mobile-friendly?hl=ja

1URL単位でテストが行える

Lesson [構造化データマークアップ]

# 27 構造化データマークアップで多様な検索結果に対応しよう

このレッスンのポイント

**Googleはページの中身や構造からさまざまな情報を読み取っていますが、その情報をより理解しやすい形で提供するために構造化データを活用するといいでしょう。スマートフォンの検索結果対策として非常に重要です。**

## ○ 構造化データと検索結果の関係

構造化データとは、ページのコンテンツについての情報を検索エンジンにわかりやすい形で提供できる機能です。構造化データのマークアップを利用することで、検索エンジンがページをより正確に理解できるようになります。また、構造化データで、Googleの検索結果に表示されるスニペットを充実させることができます 図表27-1 。このような検索結果は「リッチリザルト」と呼ばれ、活用するには構造化データのマークアップが必須です。モバイルの検索結果ではリッチリザルトの表示が増えており、検索結果で競合サイトに負けないためにはこの対策が非常に重要です。リッチリザルトにはさまざまなタイプがあり、詳しくはLesson 39で解説します。このレッスンでは、これらの多様な検索結果を表示するために必要な構造化データについて理解を深めてください。

▶ カルーセルとイベントのリッチリザルト 図表27-1

カルーセルの例

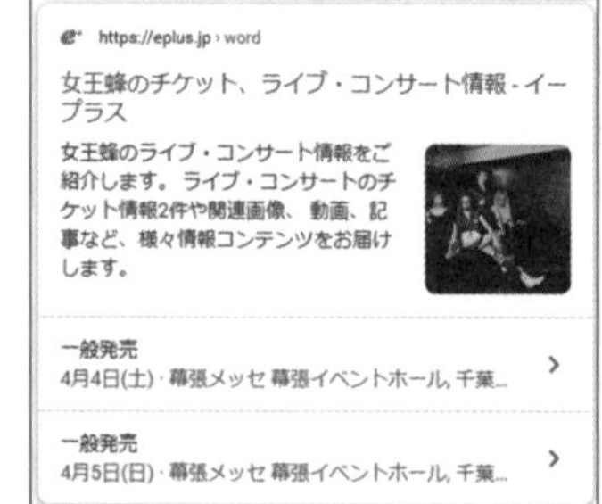


イベントの例

飲食店関連の検索などで表示されるカルーセルでは、検索結果がパネル形式で横にスワイプできる。イベント関連の検索では、開催日や会場が一目でわかる

## 構造化データ実装の際に守るべきガイドライン

リッチリザルトが表示されるようにするためには、以下のガイドラインに準拠した実装が必要です。そうでなければ、構造化データのマークアップを行っても、リッチリザルトが表示されない場合があります。ガイドラインに準拠してもリッチリザルトが表示されない場合は、複数のマークアップフォーマットが混在しているなどの技術的な問題がないか確認します。またサイトやページの品質が低いと判断された場合、その品質を上げていかないとリッチリザルトが表示されないこともあります。

### ウェブマスター向けガイドライン

https://support.google.com/webmasters/answer/35769?hl=ja

SEO施策の大前提になる品質に関するガイドラインを守っている必要があります。

### リッチリザルトのガイドライン

https://developers.google.com/search/docs/guides/sd-policies?hl=ja

構造化データを決まったフォーマットでマークアップし、対象ページをクローラーにアクセスできる形で公開する必要があります。詳細は、ガイドライン内の「技術的ガイドライン」の項を参照してください。
また、コンテンツ内容、関連性、完全性などについてのガイドラインを守る必要もあります。こちらは「品質に関するガイドライン」の項を参照してください。

### 特定のリッチリザルトタイプにある追加のガイドライン

求人情報、クチコミ、FAQなど、一部の構造化データの種類によっては、追加のガイドラインが存在して、そのガイドライン通りに実装する必要があります。
各リッチリザルトのヘルプページより確認できます。

PC 版とモバイル版サイトが別のソースコードで作成される、動的な配信または別々の URL のタイプの場合、構造化データマークアップが PC 版にしかないケースを見かけます。
必ずモバイル版サイトの HTML でも行いましょう。

## 構造化データマークアップの実装

構造化データのマークアップはデータベースの値を取得するなど一部開発が必要となります。開発部門に相談して実装してもらいましょう。一般的に以下のステップで実装します。

### STEP 1:検索ギャラリーで実装用ドキュメントを確認

Googleデベロッパー用サイトの検索ギャラリーより、自社サイトで実装できる構造化データの種類を探して、そのドキュメントを参照します。例えば、メディアサイト向けには「記事」、ECサイト向けには「商品」、全般的に「パンくずリスト」など、さまざまな種類の構造化データが提供されています。

### STEP 2:マークアップとテスト

該当するドキュメントをもとに、JSON-LD、microdataまたはRDFaという形式でマークアップ用のコードを作成します。Googleが推奨するフォーマットはJSON-LDです。必須プロパティは必ずすべて実装し、推奨プロパティもなるべく使用します。作成したコードをGoogleが提供するリッチリザルトテストツール 図表27-2 で確認して、エラーや警告がないことを確認します。

▶ リッチリザルトテストツール、パンくずリストのテスト結果の例 図表27-2
https://search.google.com/test/rich-results?hl=ja

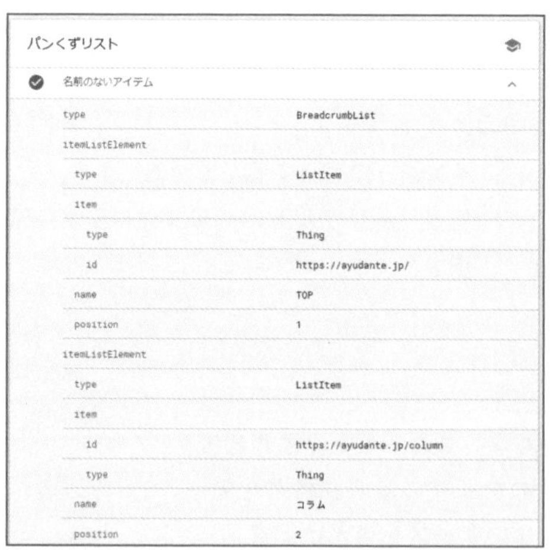


パンくずリストのテスト結果の例。テストはURLかコードスニペットで実行できる

例えば公開前のテストサーバーで認証がかかっている場合でも、確認したいページのソースコードをテストできて便利です。

### STEP 3:マークアップの公開

テストツールでエラーや警告がなければコードを実装し、ページを公開します。

### STEP 4：Search Consoleでのチェック

ページを公開してすぐにリッチリザルトが表示されるのではなく、数日から数週間のタイムラグが発生します。リッチリザルトが表示されるようになったか確認するためには、定期的にSearch Consoleの「拡張」メニューに表示される各リッチリザルトのレポートを確認します。構造化データでマークアップした内容に該当するリッチリザルトのレポートのみ表示されます 図表27-3 。構造化データに問題がなければ、このレポートの「有効」数が増えていきます。もしエラーや警告が表示されたら、その内容を確認し、マークアップを調整します。

▶ Search Consoleの「拡張」の中にある「パンくずリスト」レポート 図表27-3

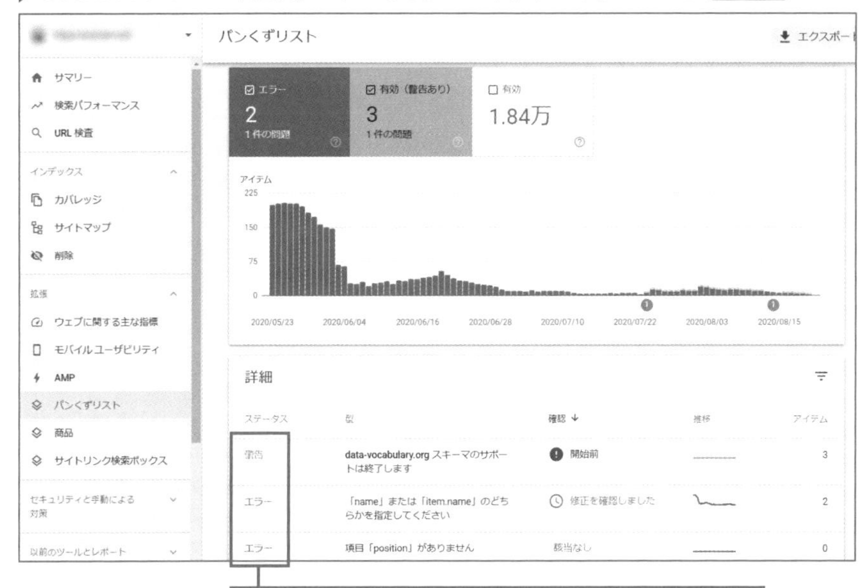


### ワンポイント　構造化データは公式ドキュメントも確認しておこう

構造化データの仕組みや利用できる機能については、Googleの以下の文書も確認しておくことをおすすめします。

▶ **構造化データの仕組みについて**
https://developers.google.com/search/docs/guides/intro-structured-data

▶ **検索ギャラリーを見る**
https://developers.google.com/search/docs/guides/search-gallery

▶ **リッチリザルトテストツール**
https://search.google.com/structured-data/testing-tool/u/0/?hl=ja

Lesson 28 ［モバイル版サイトのインターフェース］

# スマートフォン時代特有のUIとSEOを理解しよう

このレッスンのポイント

スマートフォン時代では以前見られなかったような、スマートフォン特有のUIや動作が存在します。このレッスンではハンバーガーメニューなど代表的な機能とSEO的にどう評価されるか解説します。

## スマートフォン時代の画面操作とUIの進化

スマートフォンの普及と共に、WebサイトのUIが進化しています。例えば、スマートフォンの画面サイズは小さく、表示できる要素が限られているため、アコーディオンメニューという、折り畳んで表示できるメニューなどもよく使われます。また、スマートフォンの操作では指を横にスライドさせる横スワイプが一般的となり、この操作に合ったカルーセルが活用されるようになりました。さらに、指で下から上へスワイプし画面をスクロールさせる操作が容易なため、1ページが長くなり、スクロールに合わせコンテンツが徐々に追加表示されていく無限スクロールという機能も誕生しました。2020年現在、皆さんが当たり前のように操作しているこれらの機能は、SEO的にはどのように評価されるのでしょうか。使ってもいいものと、注意すべきものがあるので解説します。

## SEO的に問題のないスマートフォン特有の機能

スマートフォンでよく使われる機能のなかには、検索エンジンに正しく評価されるかどうかよく疑問の声が上がるものがあります。以下は検索エンジンにきちんと評価され、モバイル版サイトにおいて使用してもSEO的には問題のない機能です。

Googleはスマートフォン特有の機能の多くを正しく認識できます。一部注意すべき機能については、113ページで解説します。

### ハンバーガーメニュー

ハンバーガーメニューとは三本線のボタンとして表示されており、タップすると展開されて長いメニューが表示されるナビゲーションです 図表28-1 。モバイル版サイトでグローバルナビゲーションとしてよく使用されます。

モバイル版サイトはユーザビリティがユーザーにとって非常に重要なため、使いやすいサイトにするためにリンクをデフォルトで隠すことは問題ないとGoogleが発表しています。つまり、ハンバーガーメニューを使っても問題ありません。ただし、重要なリンクは確実に評価されるようにするために、グローバルナビゲーションだけではなく、メインコンテンツにもしっかり設置しましょう。

▶ ハンバーガーメニュー 図表28-1

三本線のハンバーガーメニューボタンをタップすると、隠されていた縦型メニューが表示される

### アコーディオンメニュー

アコーディオンメニューとはコンテンツの一部、またはメニュー内リンクの一部をデフォルトで隠し、「+」や「v」などのボタンをクリックすることで展開表示できるメニューです 図表28-2 。ナビゲーションやコンテンツがたくさんあってもすっきり見やすく表示することができ、同じく非表示でもSEO的には問題のない機能です。

▶ アコーディオンメニュー 図表28-2

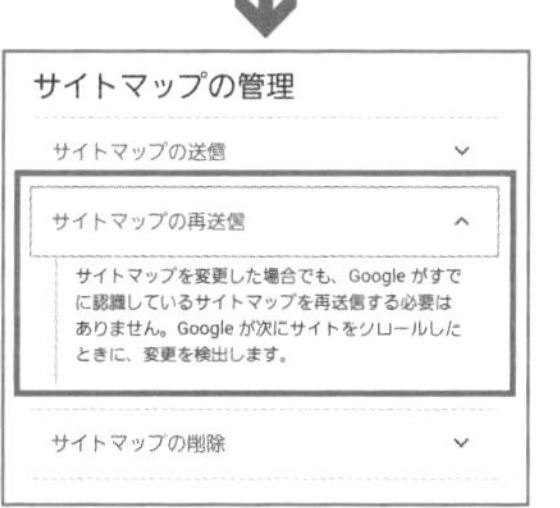


メニュー右側のボタンをタップすると、折りたたまれていたメニューが展開表示される

### フローティングメニューやバナー

フローティングメニューやバナーとは、ページ途中までスクロールしても画面上の位置が固定されているメニュー、またはバナーです 図表28-3 。ページの途中で上にスクロールすると表示されるなど、特定のアクションでメニューを表示するパターンもあります。

ユーザーにいつでもナビゲーションやコンバージョンのボタンを表示することができて、ユーザビリティの向上、クリック率の向上につながると言われる有利な機能です。

### カルーセル

カルーセルとは、画像やバナーなどの項目が横に並び、指で横スワイプすることでどんどん見ることができる機能です。デフォルトで表示されない2枚目のコンテンツでも評価されるため、必要に応じて使って問題ありません。

▶ フローティングヘッダーメニューとカルーセル 図表28-3

#### ワンポイント　デフォルトで非表示のコンテンツもHTMLで記載する

アコーディオンメニューなど、一部のコンテンツをデフォルトで非表示にする場合、非表示コンテンツ部分もHTMLソース内に記載する必要があります。展開ボタンのタップなど、ユーザーの操作でJavaScriptを実行しコンテンツを追加読み込みする仕様だと検索エンジンがクロール、評価できないケースもあります。注意しましょう。

## SEO上注意すべき機能

以下にあげるものは、SEO上はあまり推奨されない機能です。その理由を解説します。使う際には注意し、別の方法で制作できるかも検討するといいでしょう。

### インタースティシャルとポップアップ

インタースティシャルとは、ページのメインコンテンツが表示される前に自動的に表示される全画面広告や通知画面です。また、コンテンツ閲覧中に画面をほとんど隠すように表示されるポップアップも存在します。

Googleは検索結果からページに流入した際にユーザーの操作を邪魔するようなインタースティシャルやポップアップがあるページは評価を下げると言っています。モバイル版サイトでのインタースティシャルとポップアップの利用には注意が必要です。

以下、Googleに悪質と評価されるため、ランディングページ（ユーザーが検索結果から着地するページ）で使用しないほうがいいポップアップとインタースティシャルの2つの例です 図表28-4 。

▶ 悪質と判断されるインタースティシャルとポップアップのイメージ 図表28-4

| インタースティシャル | ポップアップ |
| --- | --- |

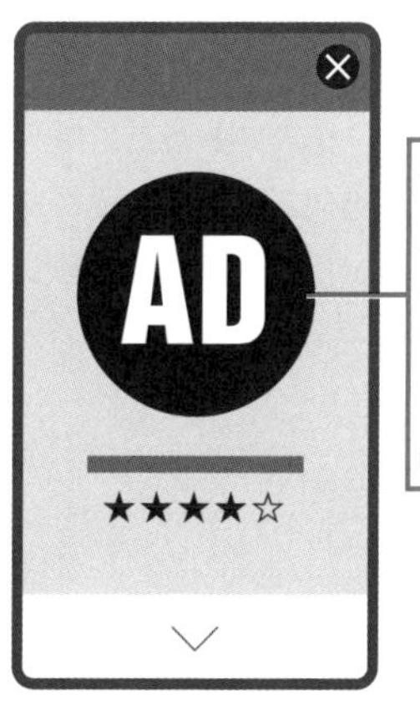


検索結果からページに到着した直後、またはそのページを閲覧している途中に表示されてメインコンテンツを隠す全画面の広告・通知

検索結果からページに到着した直後、またはそのページを閲覧している途中に表示されてメインコンテンツが閲覧できないポップアップ

Chapter 4 モバイルの画面に最適化する

### 利用してもいい問題のないポップアップとインタースティシャル運用

逆に、以下のような広告や通知はSEO的に問題ありませんので、必要に応じて使用してもかまいません 。

①法律に準拠するためのインタースティシャルやポップアップ（例：クッキー計測の同意や年齢確認を求めるもの）

②一般公開されていないページのログイン画面（例：マイページのような個人的なコンテンツや有料ユーザーしかアクセスできないコンテンツのログイン画面）

③画面の幅を大きく占有せず、簡単に閉じることができるバナー（例:ChromeやSafariで表示されるアプリインストールバナー程度の大きさのもの）

### 無限スクロールなどのコンテンツ追加読み込み

無限スクロールとは、ページを表示したときには表示されておらず、スクロールすることで自動的に読み込みされていくコンテンツです 図表28-5 。また、ページの下部にある「さらに表示」や「もっと見る」などのボタンをタップすることで商品や記事がどんどん読み込まれる見せ方もありますが、それも同様です。どちらもモバイル版サイトではよくページネーションの代わりに使われるものですが、コンテンツを検索エンジンに正しく認識させ、評価されるためには注意が必要です。必ずGoogleが推奨する方法で実装しましょう（Lesson 47参照）。

### 別タブで開くリンク

スマートフォンに限った機能ではないですが、リンクをタップするとページが別タブで開かれるtarget="_blank"の使用は避けるべきです。別タブで開くリンクはユーザビリティが良くない上、この仕様にはセキュリティ上のリスクもあり、推奨されていません。別タブにする必要がある場合、target="_blank"にrel="noopener" 属性を併用しましょう。

▶ 無限スクロールと「さらに表示」ナビゲーション 図表28-5

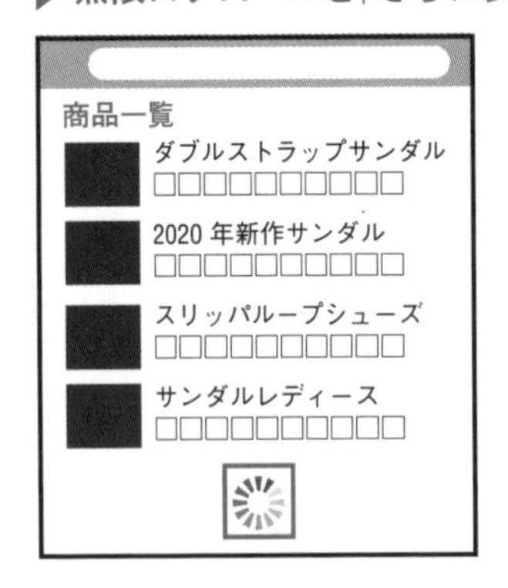

コンテンツを追加で読み込ませる表示方法は、SEO上注意が必要

Lesson 29 [検索品質ガイドラインの理解]

# スマートフォン時代は ページの品質にこだわろう

このレッスンのポイント

**スマートフォン時代においては、ページの品質がより重要になっていると言われます。Googleがページの品質をどのように評価しているか理解して、画面設計の際に役立てましょう。**

## モバイル版ページは検索品質ガイドラインを意識する

すでにLesson 23で説明したように、今までのSEOで重要と言われていた細かいHTMLやタグなどの調整は、段々と重要ではなくなってきています。その代わり、スマートフォン特有の限られた画面やマイクロモーメントの検索行動を考慮し、ユーザーが使いやすく、役に立つコンテンツを提供することが重要です。そのため、近年はより「ページの品質を上げましょう」と言われるようになっています。とはいえ、具体的にどうすればいいのでしょうか。1つ具体的に参考になるものがあるとすれば、Googleの検索品質ガイドラインです。1章末（26ページ）で触れたように、Googleは、品質評価者という外部の人々に検索結果を評価してもらっています。その際に使用する評価ガイドラインには「Page Quality Rating Guideline」、つまりページの評価に関する章があります。この評価は直接順位には影響しないと言われていますが、Googleがページの品質をどのように評価しているか理解する参考になるので、ここではポイントを解説していきます。

ポイントを踏まえた実際の画面作成は次のLessonから行っていきます。ここでは、まず考え方を理解してください。

## Googleが考えるコンテンツの3つの種類

Googleはページ内のコンテンツを評価する際に、メインコンテンツ（MC）、サブコンテンツ（SC）、広告（Ads）の3つの種類に分けて考えているようです。それぞれの概要と役割を説明します。

### ▶ Googleがあげるメインコンテンツ、サブコンテンツ、広告の例 図表29-1

**サブコンテンツ（SC）**

ユーザーの操作を手助けするようなサブ的なコンテンツのこと。例えば、ハンバーガーメニューなどのナビゲーションはSCに該当する。Wikipediaの関連記事リンク、YouTubeの関連動画とユーザーのコメント、Amazonの場合はおすすめ商品や閲覧履歴などはSCになる

**広告（Ads）**

広告のバナーやアフィリエイトリンクなどのマネタイズ要素。サイトによっては存在しない場合もある

**メインコンテンツ（MC）**

ページの主な目的を満たすために存在するコンテンツ。例えばWikipediaなら記事のテキストと画像、YouTubeならば動画とその説明文、メタデータなど、Amazonでは商品情報がMCに該当する。デフォルトで表示されていない、ページ内タブなどで隠されているコンテンツでも、MCである場合がある

CHICAGO WEATHER

Chicago summer already setting records as 25th anniversary of 1995 killer heat wave looms

By KELLI SMITH
CHICAGO TRIBUNE
JUL 09, 2020 AT 5:00 AM

A jogger on Columbus Drive at Ida B. Wells Drive in Chicago on a hot and muggy July 8, 2020. (Jose M. Osorio / Chicago Tribune)

Summer in the Chicago area has been warmer than normal, and we could be in for several more weeks of sweltering weather.

Chicago usually sees high temperatures in the low to mid-80s this time of year, but July temperatures are ranging in the 90s, after June tied for the sixth warmest on record here, 5 degrees above average.

**広告（Ads）**

レイアウトと機能性は重要ですが、コンテンツの品質が良いことが大前提です。注意しましょう。

## ページを設計する際に気を付けるべきポイント

Googleはページの内容や質だけでなく、レイアウト（構成要素）や機能も評価しているようです。3つのコンテンツの見せ方や配置も評価の対象と考えましょう。

### メインコンテンツの量を最適にしよう

最も重要な評価対象はメインコンテンツです。コンテンツの適切な量はページのテーマや目的で大きく異なり、最適な文字数の目安はありませんが、ページの目的を達成するために十分な量である必要があります。メインコンテンツが存在しないページ、少ないページは低評価を受けるので注意しましょう。逆に関係の薄い内容を詰め込み、冗長すぎて目的を達成しづらい量もよくありません。

また、ページのタイトルと大見出しはメインコンテンツの一部であり、ページの内容を表し、ユーザーに役立つ内容にする必要があります。クリックを集めるための中身と矛盾する大げさなタイトルは低品質と評価されます。

### サブコンテンツの配置を考えよう

サブコンテンツの配置がメインコンテンツを見ているユーザーの邪魔にならないようにすることが大きなポイントです。例えば、メインコンテンツの途中で大量に挿入されるようなものは評価が低くなります。動画ページでは関連動画、レシピページでは利用者の口コミなど、ユーザーに付加価値のあるサブコンテンツを提供しましょう。常にユーザーにとって役立つかどうかの観点で考えます。

### 広告は表示方法に注意しよう

広告が存在するだけではページの品質が下がるわけではありません。ただし、メインコンテンツを見ている際に、広告が邪魔をしないことが重要です。例えば、閲覧中に一度だけ表示されるポップアップや閉じ方がわかりやすいインタースティシャルページは許容範囲ですが、スクロールしても追いかけてくる広告や、クリックしないと閉じることができない広告、アプリダウンロードを必須とするインタースティシャルなどはユーザーエクスペリエンスに大きく影響し、低く評価されます。また、見せ方が許容範囲だったとしても、アダルト系や暴力的な広告、ユーザーがショックを受けやすい内容の広告はページの低評価につながります。

### ページの機能もチェックしよう

ページのレイアウトだけではなく、ページ内の機能（例えばカートへの追加、タブ切り替え、何かを計算したり診断するツールなど）がさまざまなユーザー環境で正しく動作し、ユーザーにとって見やすく使いやすいものである必要があります。機能性が悪いページは低く評価される可能性があります。

Lesson 30

［モバイル版サイトの画面構成①］

# モバイル版サイトの画面設計に共通の要素を確認しよう

このレッスンのポイント

**ここまでに解説したモバイル版ページのSEO的なポイントに留意しながら、章の後半は、具体的な画面設計について解説していきます。まずはどう作成していくかの流れと、全ページ共通の要素について解説します。**

## ○ モバイル版サイトの画面設計をワイヤーフレームで行う

新規でページを作成したり、リニューアルをする際にはデザインに入る前にまず「ワイヤーフレーム」を作ることが一般的です。ワイヤーフレームとは、ページのレイアウト（構成要素）を決める設計図のようなものです。ワイヤーフレーム作成の時点でモバイルフレンドリーの要件やページレイアウトのポイントを意識してメインコンテンツ、サブコンテンツ、広告、それぞれのコンテンツを配置していきます。図表30-1の「ランキング」や「絞り込み」などの要素の塊は“ブロック”と呼びます。どのブロックをどこに配置し、その中にリンクや画像などの要素をどのように何件表示させるかを最初に決めておくと、デザイン作業にスムーズに入ることができます。

ワイヤーフレームはPC版とモバイル版の2つ作ります。「動的な配信」と「別々のURL」でサイトを作る場合は、PCとスマートフォンユーザーのニーズに応じてレイアウトや配置を変えましょう。レスポンシブウェブデザインで制作するサイトの場合でも、モバイル版では一部のコンテンツをデフォルトで非表示にしてUXを優先したり、さほど重要でないコンテンツを割愛してシンプル化していいですが、ページ内要素が画面幅で自動的に調整されることを考慮し、レイアウトは共通化しておくといいでしょう。

はじめに各ページに必要な要素を、ユーザビリティとSEOの観点から書き出すと、それらをワイヤーフレームに起こしやすいです。

▶ デザインのベースとなるワイヤーフレーム 図表30-1

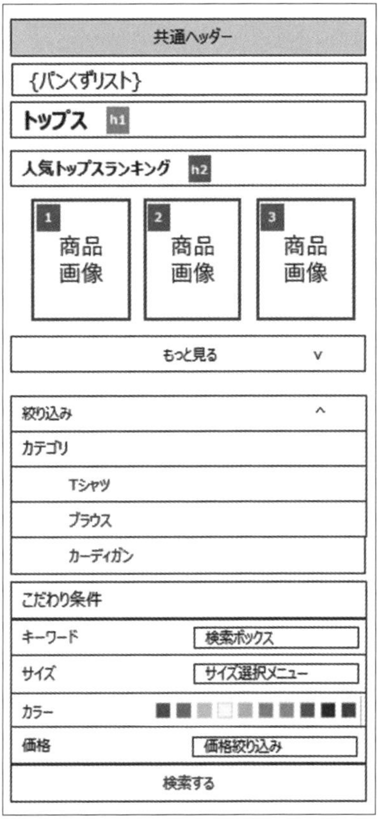

共通ヘッダー
{パンくずリスト}
トップス h1
人気トップスランキング h2
1 商品画像
2 商品画像
3 商品画像
もっと見る v
絞り込み ^
カテゴリ
Tシャツ
ブラウス
カーディガン
こだわり条件
キーワード 検索ボックス
サイズ サイズ選択メニュー
カラー
価格 価格絞り込み
検索する

サイトをデザインする際に使う
ワイヤーフレームのイメージ

## サイト全体で共通する要素のポイント

ワイヤーフレームを設計する際には、Lesson 26で説明したモバイルフレンドリーのポイントを考慮します。それ以外にもサイト共通の要素として意識すべきポイントがあるので、説明します。

### ファーストビューの概念

ファーストビューはページを表示したときに最初に表示される、スクロールせずに見られる画面範囲を意味します。ファーストビューに主要なコンテンツがほとんどないページ、広告が多いページ、ユーザーの利便性が低いページは低く評価される傾向にあります。各ページで大見出し、重要なナビゲーションやメインコンテンツの冒頭部分など、重要な情報をなるべくファーストビュー内またはファーストビューの近くに設置しましょう。

### 見出しとリード文の設定

ページ内の各ブロックがどんな内容なのかユーザーと検索エンジンにわかりやすくするために、適切な見出しの設定が必要です。PC版では見出しと共にブロック内容を説明するリード文が表示されていることが多いですが、スマートフォンは画面領域が少ないため逆に煩雑になりやすいです。無理にリード文は表示せず、各見出しをなるべくわかりやすい文言で設定し、ユーザーが何のページにランディングしたか、どのコンテンツを見ているか、一目でわかりやすくするといいでしょう。また各見出しはh1やh2という見出しタグでマークアップし、ページの大見出し、中見出し、小見出しの適切な構造を作りましょう 図表30-2 。

▶ 見出しの例と設定するときの注意点 図表30-2

1. h1タグはページ内に一度のみ使用する
2. h2、h3、h4タグはページ内で複数回使用できる
3. 見出しタグの構造は一般的なHTMLのルールを守る
4. すべての見出しにキーワードを配置せず、ページ上部のh1、h2タグへ優先的にキーワードを配置する
5. CSSで極端にフォントサイズを小さくしたり、色を薄くしない

### JavaScriptで生成されるブロック

関連リンクやレコメンドなどのブロックはJavaScriptで生成されることが多いです。他にも昨今JavaScript で生成される要素やブロックが増えています。最近のクローラーはJavaScriptをかなり認識することができますが、JavaScriptで生成されるコンテンツはレンダリングされてインデックスされるまで時間がかかる場合があります。不必要に多用することは避けましょう。JavaScriptのクロールについて詳しくはLesson 45も見てください。

### メッシュ型リンクの設置とリンク形式

各ページにどの内部リンクを配置するか決める際には、トップダウンリンク 図表30-3 を設置するだけではなく、検索エンジンが好むメッシュ型のリンク構造を意識します 図表30-4 。メッシュ型のリンク構造とは各ページで上下の階層、同列横階層へのリンクが設置されている状態です。さらに類似したテーマや関連性が高いページ間のリンクがあるとなお良いです。特にスマートフォンでは画面や操作の関係からサイト内の回遊が容易ではありません。PC以上に内部リンクの設計を意識しましょう。またクローラーの精度が上がったとはいえ、確実にクロール、評価してもらうためには重要なリンクは<a href="URL">という形式で設置することが望ましいです。

▶ トップダウン型リンク 図表30-3

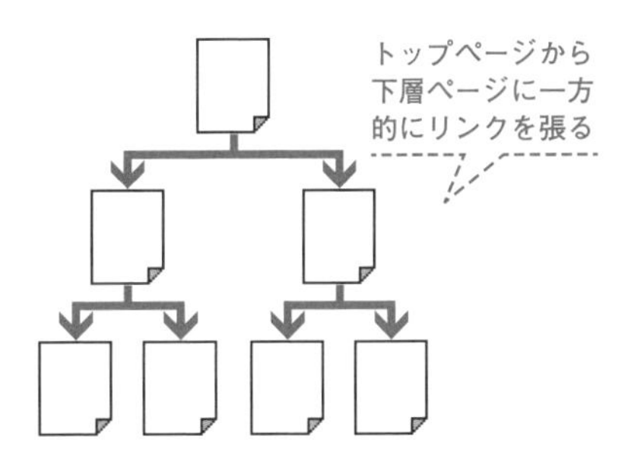


▶ メッシュ型リンク 図表30-4

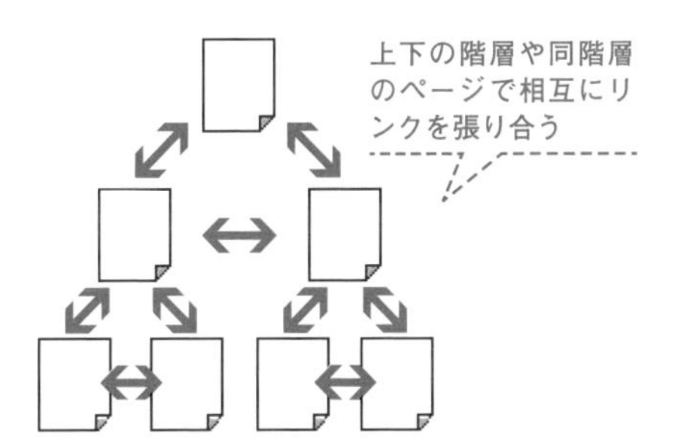


### パンくずリスト

パンくずリストはユーザーと検索エンジンにサイト構造をわかりやすく伝える重要なナビゲーションであり、一般的にはトップページ以外のすべてのページに設置します。トップページから現在地までの経路をわかりやすい階層構造で作り、構造化データでマークアップしましょう。配置位置は、PC版サイトでは上部が定番ですが、ページ下部でもかまいません。利用ユーザーは案外多いので、わかりやすい位置に設置します。

### リンクのアンカーテキスト

ページに表示されるリンクのテキストをアンカーテキストと呼びます。ユーザーがリンクを見て、遷移先のページの内容を想定できるようなアンカーテキストが望ましいです 図表30-5 。以前、アンカーテキストにリンク先ページの対策キーワードを含めることがSEO対策として効果的でしたが、現在その効果はさほど強くなく、逆にキーワードの完全一致リンクが多数あると検索エンジンから評価を下げられるリスクがあります。そのため、すべてのリンクにキーワードを含める必要はなく、ユーザーに役立つ自然な文言にしましょう。

**▶アンカーテキストの良い例（左）と悪い例（右）** 図表30-5

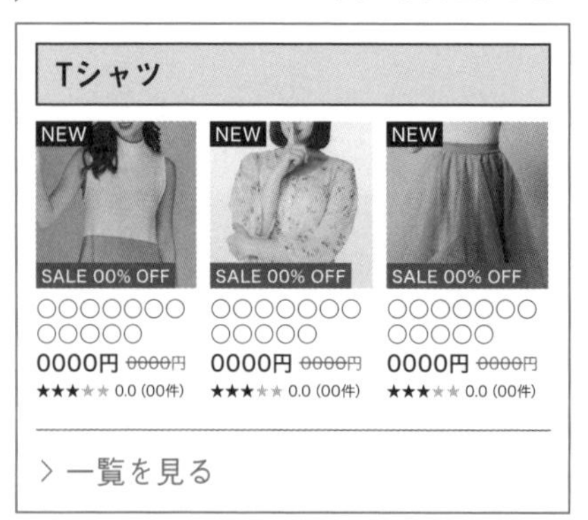

例えばTシャツをフィーチャーするブロックからTシャツ一覧へのリンクをただ「Tシャツ」にするのではなく、「一覧を見る」や「すべてのTシャツ」など、ユーザーに遷移先がわかりやすいアンカーテキストを設定する

以上がサイト全体で共通するポイントです。続いてナビゲーションに関連する要素を説明していきます。

## 全ページに共通するナビゲーションの要素

各ページのワイヤーフレーム設計に入る前にサイト内全ページの共通部分にあたるグローバルナビゲーションとフッターを設計しておくといいでしょう。

### グローバルナビゲーション

グローバルナビゲーションとは、通常ヘッダーに設置されるサイト内の全ページに共通するメインメニューのことです。モバイル版サイトのグローバルナビゲーションの見せ方は、例えばLesson 28で紹介したハンバーガーメニューや横にスワイプで表示する水平スライダーナビ、タブアイコンのナビゲーションバー 図表30-6 、その組み合わせなどさまざまなタイプがあります。見せ方はサイトの構造や業種、ユーザビリティを考慮して決めますが、SEOのために 図表30-7 のポイントを押さえましょう。

▶ 水平スライダーとタブ型ナビゲーション 図表30-6

横スワイプできる水平スライダーのナビゲーション

タブ型ナビゲーション

水平スライダーとタブのナビゲーションが使われているTwitterのモバイルサイト

▶ グローバルナビゲーションのSEOへの対応ポイント 図表30-7

1. グローバルナビゲーションは全ページで共通にする（ログイン後ページは変えてもいい）
2. メニューを見て大まかなサイト構造がわかるようにする
3. ユーザーが少ないタップ数で目的のページへ遷移できることを意識する
4. リンクは、検索エンジンが確実にクロールできるaタグ形式で設置する
5. テキストリンクでなく画像リンクを使用する場合は、適切なalt属性を設定する

## ユーザーの利用に適したナビゲーションの設計

図表30-7 であげたポイントのうち、ECサイトでよく見かけるハンバーガーメニューとナビゲーションバーを組み合わせたグローバルナビゲーションを解説します 図表30-8 。ユーザーが探している商品になるべく早くアクセスできるように、必要なカテゴリーリンクを表示する一方、量が多すぎず見やすいナビゲーションを目指します。リンクをグループ化し、見出しを付けて、下層カテゴリーのリンクを最上層カテゴリー配下にまとめるとわかりやすくなります。

ただし下位のリンクをまとめる場合は、ユーザーが各要素をタップすると展開されるアコーディオンボタンであるか、画面遷移するリンクであるかがわかるように、デザインの工夫をしましょう。

### ▶ECサイトのグローバルナビゲーションの例 図表30-8

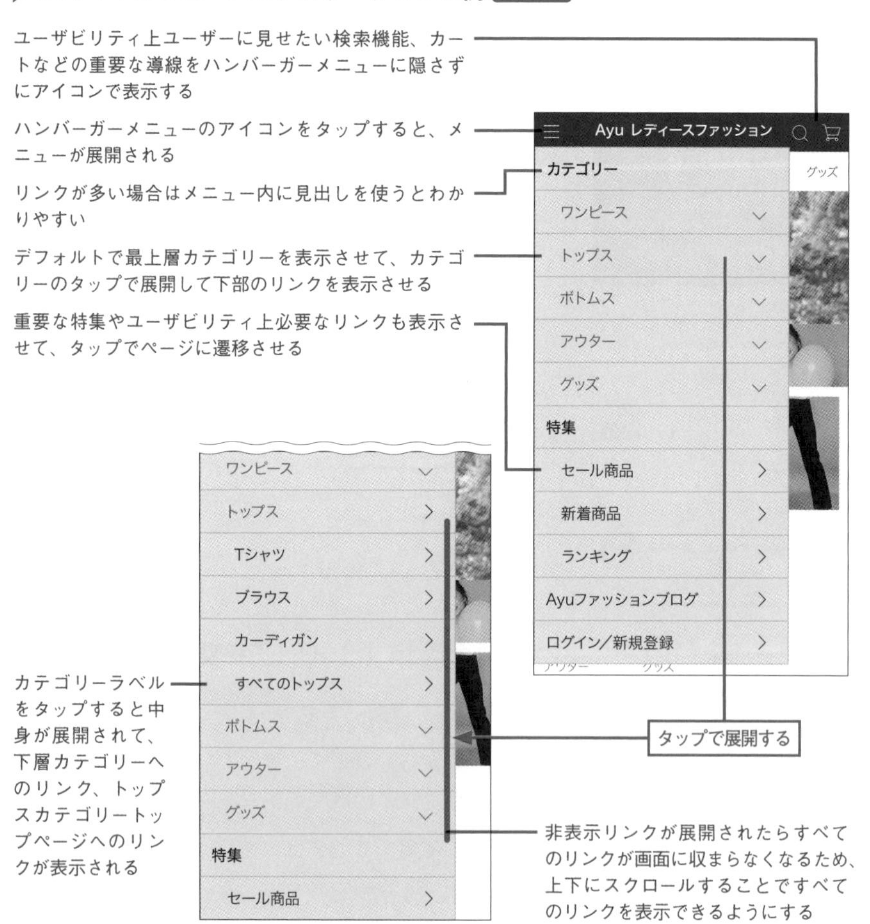

## 共通フッターについての注意点

よく共通のフッターにグローバルナビゲーションと同じリンク、またパートナーサイトへのリンクなど、たくさんのリンクを表示するサイトを見かけます。フッター内のリンクは現在検索エンジンにはほとんど評価されません。共通フッターには本当に必要な最低限のリンクのみ配置し、重要な内部リンクはフッターではなく、メインコンテンツ内に設置しましょう。

▶ **共通フッターの例** 図表30-9

サイトマップ　お問い合わせ
会社概要　プライバシーポリシー
ご利用規約

Copyright @2019 - Ayu Clothes

フッターはSNSのリンク、サイトマップ、プライバシーポリシーなど、必要最低限のリンクを配置する

最適なナビゲーション設計はサイトによって異なります。自社のユーザーを意識して、ベストな設計を考えましょう。また、ナビゲーションを決める際にはアクセス解析のデータを参考にしましょう。

### ワンポイント　ページ内リンク数の評価について

検索エンジンが被リンクを評価するときにはリンク元ページのリンク個数も計算に入れます。リンク元ページに100個のリンクが設置されていれば1/100、10個のリンクであれば1/10のリンク評価が渡されるイメージです。例えばフッターに大量のリンクを全ページ共通で置くとリンク先ページへ渡せるリンク評価も薄まるのです。リンクは多ければいいというわけではありません。特にスマートフォンは画面サイズも限られるので、ユーザーに必要だと思うリンクを厳選して置くように意識しましょう。

Lesson ［モバイル版サイトの画面構成②］

# 31 トップページの画面設計のポイントを確認しよう

このレッスンのポイント

**トップページはWebサイトの顔であり、ユーザーのさまざまな検索ニーズに応える必要がある重要なページです。ユーザーが探しているさまざまなコンテンツを見つけやすくするリンク構造を意識しましょう。**

## トップページの役割について考えてみよう

トップページにはさまざまな目的を持ったユーザーが流入します。レディースファッションのECサイトならば、「レディースファッション　通販」などで検索したユーザーのランディングページになりますが、その目的は「春夏服を買いたい」「セール品探し」「仕事の服」「なんとなく服がほしい」などさまざまです。サイトの顔として「見せたい」コンテンツは多々あるでしょうが、ユーザーに満足してもらうためには、ユーザーが「見たい」コンテンツを優先することを意識します。訪問者が何を求めているかを考慮して、適切なページへ遷移を促す画面設計を目指します。

## ユーザーが求めているコンテンツへの導線を設置しよう

ユーザーが探しているコンテンツを見つけやすくするために、ファーストビューまたはその近くには、ニーズが強いコンテンツへの導線を設置します。

例えばレディースファッションのECサイトであれば、アイテムカテゴリーを掲載したカテゴリー別の商品一覧ページへの導線 図表31-1 を設置します。リンク数が多すぎる場合、下層カテゴリーは畳んだり、一部のカテゴリーのみ表示して「もっと見る」を使うなど、モバイル版ではすべてを表示させる必要はありません。

また、より深い階層にあるコンテンツがニーズに応える場合があります。例えば、人気商品ランキングやセール情報などがユーザーに役立ち、サイト内への閲覧を促す場合があるので、そのようなリンクも設置する場合があります。

トップページに設置されるリンクの評価は高い傾向にあるため、例えば記事コンテンツに力を入れているサイトは記事ブロックを配置するといいでしょう 図表31-2 。

## ▶ トップページのファーストビューと人気ページへのリンク 図表31-1

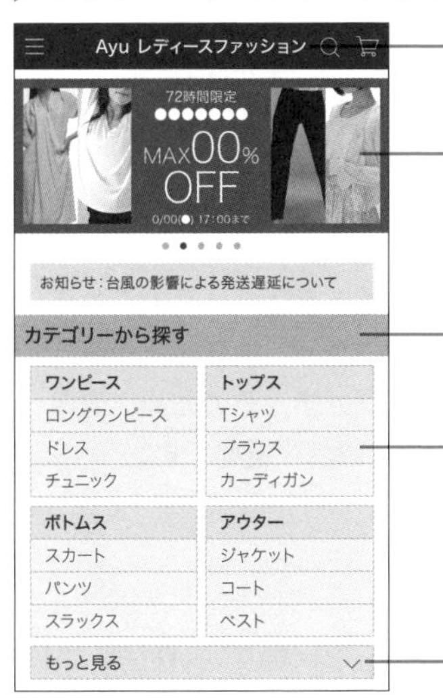


## ▶ 深い階層にあるコンテンツのフィーチャー枠、サブコンテンツと広告 図表31-2

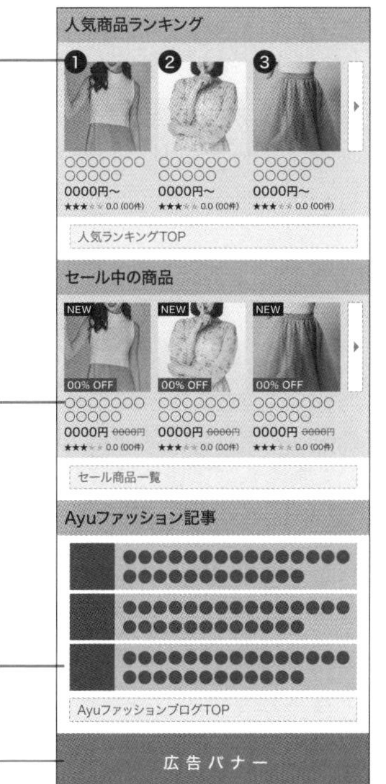

Lesson 32 ［モバイル版サイトの画面構成③］

# カテゴリー一覧ページの画面設計のポイントを確認しよう

このレッスンのポイント

**ユーザーが求めている商品やサービスを見つけやすくすることが目的であることはもちろんのこと、検索結果から、流入の入口となることが多いページです。そのため、表示する一覧の精度とナビゲーションの設計が重要です。**

## カテゴリー一覧ページは多様な遷移を提供する配慮を

カテゴリー一覧ページは、サービスや商品をグループ化して表示するページです。例えばレディースファッションのECサイトでの「トップス」は上階層のカテゴリー、「Tシャツ」はその下階層のカテゴリーに該当します。カテゴリーの一番の役割は、サービスや商品を見つけやすくし、ユーザーをスムーズに詳細ページへと到達させることです。自分の条件に合うものを見つけてもらうため、上のカテゴリーに移動したり、カテゴリーを絞り込むなどさまざまな探し方を提供しましょう 図表32-1 。小さな画面のモバイル版サイトこそ、使い勝手を上げることが重要です。

## サブコンテンツでは内部リンクの設計が最重要

サブコンテンツ（SC）に該当するナビゲーションは、メッシュ型リンク（Lesson 30参照）を意識して下層カテゴリー、同列横カテゴリー、関連コンテンツへのリンクを設置します。商品数の多いサイトでは、絞り込みや並べ替えなども追加しましょう 図表32-1 。特に現在のカテゴリーから下層へ絞り込むリンク（「トップス」から「Tシャツ」、「ブラウス」など）や一覧の並べ替えなどのユーザーがよく使うと思われるリンクは一覧より上に設置します。ただし、それらのメニューが画面を占め商品が見えづらくなると、離脱されてしまうかもしれません。見せ方をコンパクトにし、商品一覧の一部がファーストビューに入るように気を付けます。

ナビゲーションの設置方法はカテゴリー数に応じて決めます。少ない場合は上部に並べていいですし、逆に多い場合は、絞り込みメニューにして畳んでおくこともできます。どの見せ方でも、下層ページへのリンクはaタグで設置しましょう。

## ▶ カテゴリー一覧ページ上部のナビゲーション例 図表32-1

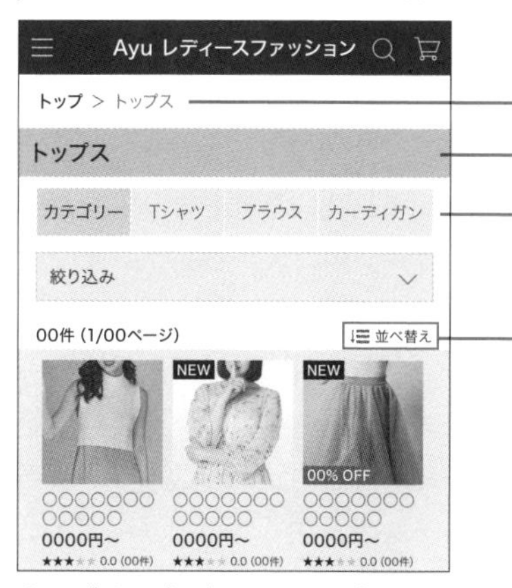


トップページ以外の全ページにパンくずのナビゲーションを設置する。これにより、メッシュ型リンクで必要な上階層のリンクを設置できる

h1大見出しにカテゴリー名を含める

下層カテゴリーが少ないサイトでは、下層へのリンクをそのままページ上部に表示させていい

絞り込みや並べ替えのナビゲーションは基本的にユーザビリティを優先して設計していい。ただし、なるべく商品をファーストビューに含めるようにコンパクトにする

カテゴリーをデフォルトで表示

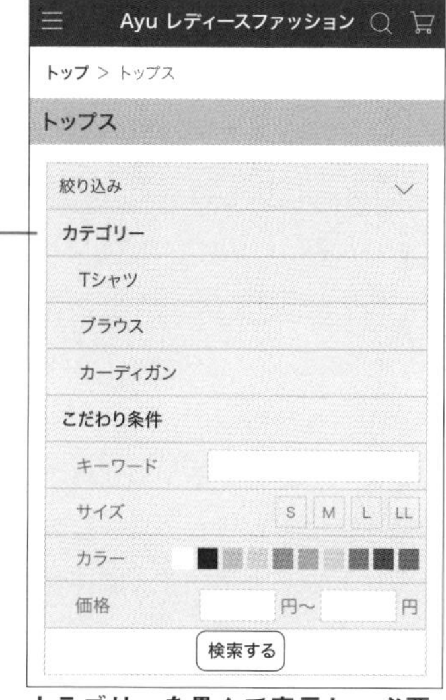


下層カテゴリーを絞り込みメニュー内に含めるパターン（絞り込みを展開したとき）。各カテゴリーへのaタグリンクを配置する

カテゴリーを畳んで表示し、必要によって展開

## ▶ ページ下部のサブコンテンツ 図表32-2

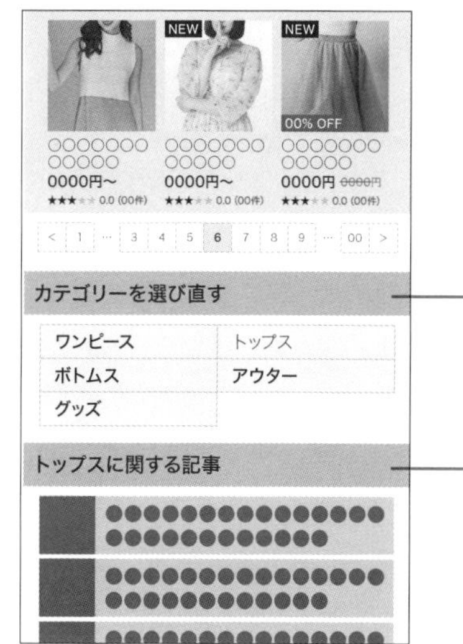


同列横階層ページへのリンクを配置する。ユーザーの混乱を防ぎ、余分なリンクを増やさないために、自ページへのリンクは置かない

記事や特集などの関連性が高いコンテンツがあれば、リンクをページ下部に配置するといい

## カテゴリーキーワードの対策

「トップス」などのカテゴリー関連キーワードでの流入を獲得するために、対象キーワードへの対策も意識します。タイトル・ページの大見出しや中見出し、リード文にキーワード（カテゴリー名）を含めます。大見出しには入れたほうがいいですが、中見出しやリードは入れると内容がわかりやすい箇所にのみ入れましょう。すべての見出しや文章にキーワードを詰め込むのはひと昔前の手法です。また、カテゴリー名とよく一緒に検索される派生語のコンテンツを網羅しましょう。例えば、「トップス　ランキング」という「ランキング」の派生語の検索が多ければ、ページ内に人気商品ランキングのコンテンツを追加します。「トップス　価格」という派生語が人気であれば価格表記は必ずしておきます。ユーザーが何を求めているか派生語から類推し、該当するコンテンツを置くことでユーザーニーズに応えることができるのです。

## カテゴリー一覧の精度が重要

カテゴリーページでは、商品やサービスの一覧がLesson 29で解説したメインコンテンツ（MC）にあたります。1ページ目に並んでいるコンテンツが検索エンジンに最も評価されるため、一覧の精度と並び順はとても大事です。関連性が高いコンテンツか、十分なバリエーションがあるか、在庫がない商品が多く表示されないかなどに注意しましょう。例えば、スニーカーカテゴリーにおいて表示されているブーツは関連性が薄いですよね。また、在庫切れの商品がたくさん表示されていてもユーザーの期待に応えられません。利便性が低いページは検索エンジンに高く評価されない可能性があり、またユーザーの離脱にもつながります。ユーザーの期待を裏切らない良質な一覧ページであることを意識しましょう。

## ページネーションリンクの注意点

商品やサービスが多い場合、ページネーションリンクの設置が必要になります。クローラーは通常後ろのほうのページをなかなかクロールしない傾向にあるため、最初と最後のページ、また画面幅とタップ要素サイズなど、ユーザビリティを考慮して前後3ページほどへのリンクを設置しましょう 図表32-3 。

無限スクロールを実装したい場合はLesson 47を参照し、十分注意点を確認してください。

## ▶商品一覧とページネーション 図表32-3

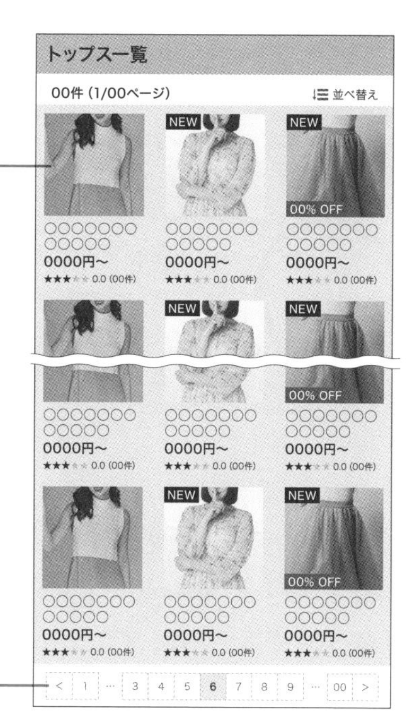


ファッションEC サイトでは、少ないページ数で多くの商品へのユーザーの遷移や検索エンジンのクロールを可能にするために、ページ内に50個程の商品を表示するといい

一覧が2ページ以上ある場合、一覧下部にページネーションリンクを配置する。検索エンジンのクローラーにクロールさせやすくするために、前後3ページ程へのリンク、最初と最後のページへのリンクを設置するといい

### ワンポイント　一覧の1ページ目と2ページ目以降の差別化

カテゴリー一覧ページが複数ページにわたる際、1ページ目と2ページ目以降のページがバッティングせず、ユーザーにも現在地がどこか一目でわかりやすくする工夫をするといいでしょう。例えば2ページ目以降のページのtitle、meta descriptionタグや大見出しに「2ページ目」や「3ページ目」など、ページ番号を含めるといいです。そしてパンくずリストで2ページ目以降を1ページ目配下に置くような経路を設置しましょう。

なお、以前はGoogleが「ページネーションタグ」というタグの設定を推奨していましたが、現在はこのタグのサポートは終了しているので設置しなくても大丈夫です。

Ayu レディースファッション

トップ > トップス > 2ページ目

トップス (2ページ目)

2ページ目以降は、title、meta description、またh1大見出しとパンくずリストを調整することで1ページ目と差別化をはかりましょう

Lesson ［モバイル版サイトの画面構成④］

# 33 詳細ページの画面設計のポイントを確認しよう

このレッスンのポイント

**商品またはサービス詳細ページは、購入などのコンバージョンに一番近いページなので、多くのサイトで最も重要な役割を持つページです。詳細ページではコンテンツの品質とオリジナル性、またユーザビリティで勝負します。**

## 詳細ページの役割について考えてみよう

詳細ページとは、サービスや商品の詳細が載っているサイト最下層のページです。購入や問い合わせなどのコンバージョンポイント直前にある場合が多く、そのままコンバージョンを促す、もしくはユーザーの要望に合わない商品だった場合に他の詳細ページに誘導できることが理想です。ファッション通販サイトであれば、商品をカートに追加またはお気に入りに登録してもらうこと、そうでなければ他の商品への誘導を目指します。詳細ページには、サイト内からの遷移だけではなく、検索結果からの入口ページとしての流入もあります。そのため十分なコンテンツがあり、かつ他の商品やカテゴリーへ回遊しやすい設計が大切です。

## コンテンツの品質とオリジナル性が最重要

詳細ページでメインコンテンツ（MC）にあたるのは商品やサービスの説明文やスペック、画像です。その情報の品質とオリジナル性が決め手です。ユーザーが求めている情報が網羅され、さらにプラスアルファのコンテンツがあるとなお良いです。ファッション通販サイトの場合ならば、商品に関する豊富な情報、そしてサイズや発送に関する疑問を解決する情報が必要です。質を上げるために、商品のイメージがわかりやすく高画質な写真を複数掲載しましょう。

また、オリジナル性も重要です。もし同じ商品やサービスが他サイトでも販売されていると、商品情報だけではオリジナルコンテンツとはいえなくなります。特に型番商品や不動産、求人サイトは他のサイトとデータが共通になりがちです。何か差別化できる情報、例えばファッション通販サイトの場合、口コミやスタッフコメントがオリジナルコンテンツとして活用できるでしょう。

## ▶商品詳細ページのメインコンテンツ 図表33-1

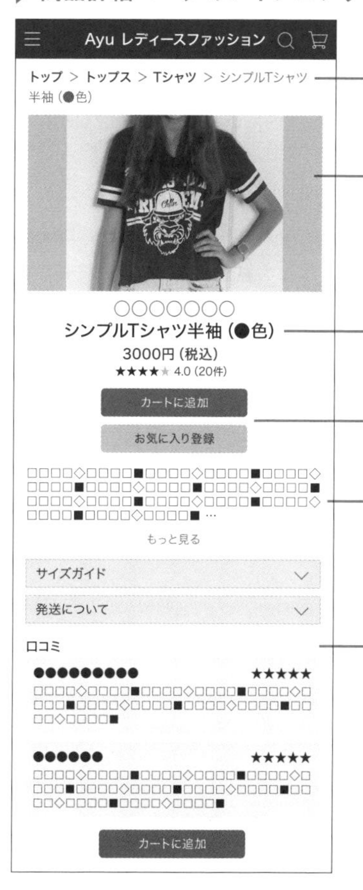


商品が複数のカテゴリーに属する場合、パンくずリストに含めるカテゴリーは関連性が最も高く、または検索で最も人気で強化したいものにする

高画質の画像を使って、各画像の内容を適切に表すaltテキストを設定する

商品名をh1大見出しとして設定する。価格や色、サイズなどのバリエーション情報があればわかりやすく表示。口コミがある場合、評価でページ下部にある口コミへのアンカーリンクがあるといい

カート追加、お気に入り登録などのCTAをユーザーがすぐに見つけやすくわかりやすい位置に配置して、ページが長い場合は上部と下部に2カ所以上配置してもいい

商品の説明文、サイズガイド、発送などについて網羅性がある情報を記載して、必要に応じて一部デフォルトで畳む

特に複数のサイトで共通の商品情報を使っている商材の場合、口コミやスタッフコメントなど、オリジナルコンテンツがあるといい

### ワンポイント 商品名はSEOを意識しましょう

似たような商品がたくさん掲載されているサイトでは大見出しやtitleタグに使われる商品名が似通っている場合があったり、型番がそのままtitleタグとして使われている場合があります。さまざまな細かいキーワードからも商品ページへの流入獲得を目指すためには、商品名を名付ける際にSEOを意識しましょう。ただしSEOを意識しすぎてキーワードを不自然に詰め込みすぎると低評価を受けるリスクがあります。自然でユーザーにわかりやすい商品名にするといいでしょう。

**【商品名の悪い例】**

×：Tシャツ

×：長袖 Tシャツ カットソー トップス 青 ブルー ネイビー ファッション

**【商品名の良い例】**

○：長袖クルーネックＴシャツ（ネイビー）

## ユーザビリティと機能性を意識する

ユーザーを詳細ページから離脱させないため、また検索エンジンにも高く評価されるためにはユーザビリティと機能性が優れているページを目指します。
例えば、カート追加の導線がわかりやすくて買いやすい、関連性が高い類似商品やよく一緒に購入されている商品へのリンクブロックがあるなど、ユーザーに役立つサブコンテンツ（SC）を設けましょう。「関連商品」として表示中の最下層カテゴリーの他商品を数個掲載するのもいいでしょう。また、ページ下部までスクロールしたユーザーに商品が属するカテゴリーリンクを見せると、そこから商品一覧に戻るなどの回遊につながりやすくなります。モバイル版サイトでは、アクションされやすいページ下部のナビゲーションは常に意識しましょう。

**▶関連性の高いサブコンテンツ（ページ下部）** 図表33-2

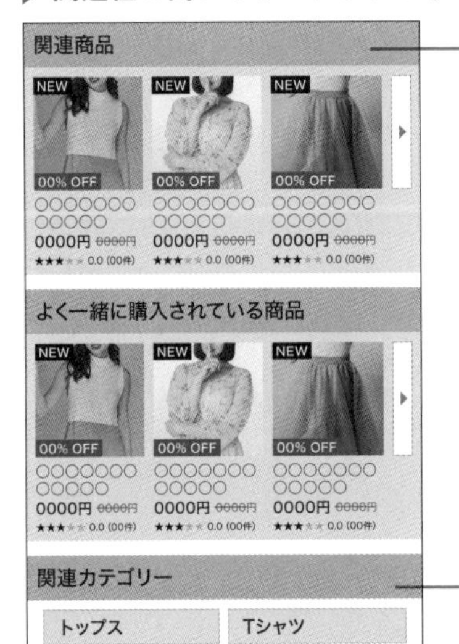


この商品が気に入らなかったユーザーや、他の商品も見たい、選びなおしたいユーザーのニーズに応えるよう関連商品やよく一緒に購入されるレコメンド商品などのブロックを設置する

商品が属するカテゴリーへのリンク

この関連商品、関連カテゴリーがメッシュ型リンクの同列横階層、上階層のリンクに該当します。

Lesson 34 ［モバイル版サイトの画面構成⑤］

# 記事ページの画面設計のポイントを確認しよう

このレッスンのポイント

**記事ページではユーザーニーズに応えるオリジナルのコンテンツで勝負しますが、ユーザーに離脱せず記事を読んでもらい、サイト内の関連コンテンツを回遊してもらうために、画面設計の工夫も大事です。**

## スマートフォン時代の記事コンテンツの重要性

現在検索の半分以上は、情報を探すknowの検索ニーズと言われ、「知りたい」というユーザーニーズに応える記事コンテンツはPC時代よりも重要になってきています。記事が検索エンジンに評価され、検索結果の上位に表示されるようにするためには、ユーザーニーズに応える高品質でオリジナルなコンテンツを掲載することが最重要です（Lesson 23参照）。また、コンテンツに加えてユーザーの離脱率を下げるためのページ側の工夫やサイト内への回遊を促す導線など画面設計も大事なポイントです。

## ファーストビューに入る要素のポイント

記事ページのファーストビューには記事タイトルとメインビジュアルの画像、そして記事のサマリー文を配置します 図表34-1。このサマリー文は非常に重要です。訪れたユーザーがその先を読むかどうかを決める要素であり、またmeta descriptionにも入れた場合はGoogleの検索結果のスニペットにも表示されます。その記事がどのような内容で、読むとどんなことがわかるのか簡潔な一文を作成しましょう。

また、記事公開日や更新日をページ内に記載し、構造化データのマークアップにも含みましょう。すると検索結果に日付が表示されやすくなり、記事が最新であることがわかると検索結果でのクリックにもつながりやすくなります 図表34-2。

次に、記事ページには、SNSで拡散されやすくするためにSNSシェアのボタンを設置しましょう。また、ユーザーが記事の全体像を一目で把握し気になる箇所へ移動しやすいよう、目次を設けて見出しへのアンカーリンクを設置するといいでしょう。特に長文の記事ではユーザビリティ的に有効です。

### ▶記事のファーストビューと本文の冒頭 図表34-1

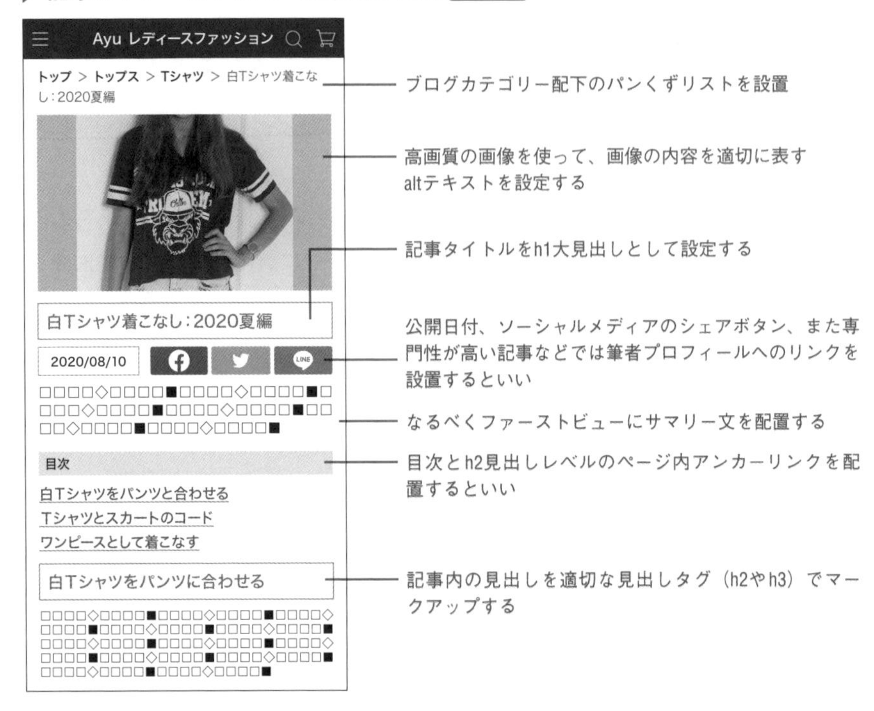


### ▶検索結果で日付が表示される例 図表34-2

https://ayudante.jp › コラム › SEO

今必要なSEO施策とSEO会社の選び方(2019年) - アユダンテ株式会社

2019/09/27 · 今回は2019年時点におけるSEO施策の種類と、サイトごとに必要なSEO施策、それに応じたSEO会社の選び方について考えてみたいと思います。

記事の更新日がわかると、クリックにつながりやすくなる

記事のサマリー文をそのままmeta descriptionに使用する場合、文字数が多すぎると検索結果のスニペットが切れてしまいます。meta descriptionは必要に応じて文字数を調整しましょう。

## サイト内への回遊を促すリンクや広告の配置

記事本文の構成は、記事の内容によっても違うでしょうが、ここでは回遊を促すリンクについて解説します。
まず、記事の文章内から関連記事や詳細ページへのリンクを置く場合、ユーザーに役立つリンクや自然なリンク、多すぎるリンクでなければ問題ありません。一方、「スカート」「トップス」など単語のみへの不自然なリンク、大量のリンクの作成はSEO目的の過剰施策と捉えられ低評価につながる可能性があるので注意しましょう。
記事ページのサブコンテンツ（SC）には、メインコンテンツ（MC）に関連したブロックの設置が有効です。例えば、記事を読み終わった直後にユーザーが興味を持ちそうな関連記事（最下層の同カテゴリーの記事など）を何件か表示するといいでしょう。ECサイトでは、記事に関連し、ユーザーが興味を持ちそうな商品へのリンクも設置するのがおすすめです。
また、記事の本体の途中にはユーザーを邪魔するような関連コンテンツバナーや広告バナーを設置しないようにして、レコメンドや広告はなるべくメインコンテンツの下のほうに設置することが望ましいです。

▶ ページ下部の要素 図表34-3

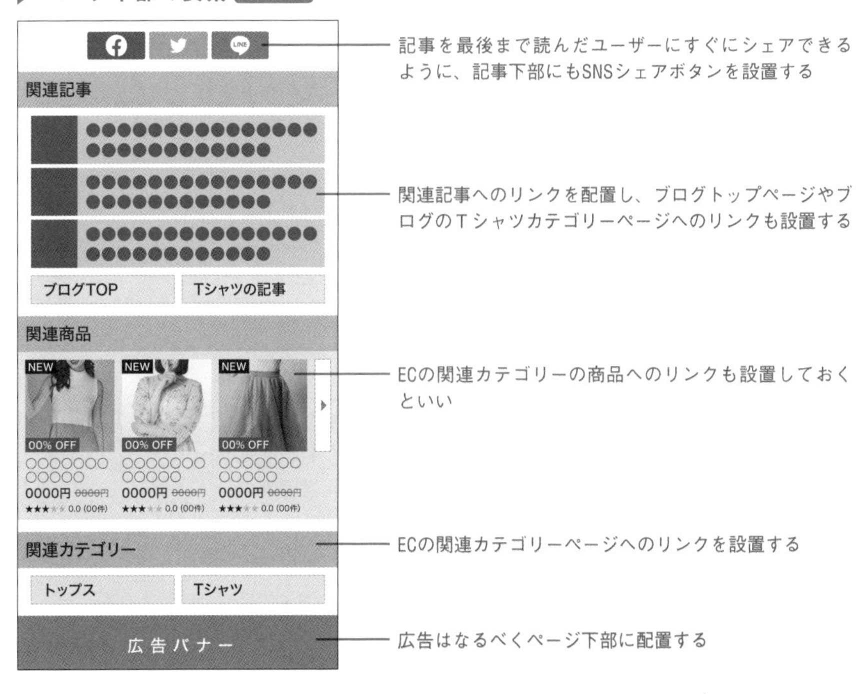

## 質疑応答

**Q どうやったらユーザビリティに優れた画面設計ができますか？**

**A** 画面設計を行う際に、例えばナビゲーションの見せ方やコンバージョンへの導線位置など、複数の設計案で迷うことがあるでしょう。そういうときはA/Bテストを行い、いくつかのデザイン案をテストすれば、コンバージョン率がより良いものを実装することができます。誰でも簡単に試せる無料A/BテストツールにGoogleオプティマイズがあります。以下の3種類のテストがあります。

「A/Bテスト」は、同じURL内にある特定の要素をパターン別にテストできます。ページ内のある要素をテストするときに使います。

「多変量テスト」は、同じURL内の複数の要素の複数の組み合わせパターンをテストすることができます。これによって、要素の組み合わせによる相互作用を確認してベストの状態を探します。

「リダイレクトテスト」は、異なるURLで大きく違うデザインパターンを比較できます。例えば、まったく違うランディングページを用意して効果を比較できます。テストのターゲットユーザーをデバイス、地域や流入元などで絞り、数パーセントのユーザーをテスト対象にすることが可能です。

Googleオプティマイズを使うには、Webサイト側のタグ設置と管理画面側の設定を行います。JavaScriptが多めのページやSPAのサイトの場合、変更がうまく動作しないこと、レイアウトを崩すことになりかねないので、念のため開発担当者が設定を行うといいでしょう。

▶ Google オプティマイズ
https://marketingplatform.google.com/about/optimize/

Chapter

# 5

# モバイルの検索結果を攻略する

モバイルでの検索結果は、PCの検索結果とは機能や傾向が異なります。検索結果の特徴とモバイルで重視したい画像検索や動画検索などについて対策を解説します。

Lesson ［モバイル版サイトの検索結果の多様化］

# 35 スマートフォン時代の多彩な検索結果を知っておこう

このレッスンのポイント

スマートフォン時代ではサイト制作だけでなく、Googleの検索結果の見え方にも注意して対策する必要があります。ここではスマートフォンの検索結果の特徴と、多様なコンテンツを含む「ユニバーサル検索」について解説します。

## 増え続けるゼロクリック検索

以前のGoogleの検索結果は青色の標準的なテキストリンクが10件表示されるのが基本でしたが、最近は特にビッグワードで、テキストリンク以外の画像や地図、動画など情報形態別にさまざまな検索結果が出るようになってきています。

「東京 天気」など、Lesson 18で触れた「know simple」の検索ニーズに対しては、検索結果に回答がそのまま表示される場合もあります。そのためユーザーが検索結果の画面を見た後クリックせずに帰ってしまう「ゼロクリック検索」が増加しています。2019年の調査によると、ゼロクリックの割合は半分以上、広告クリックやGoogle保有のサイトへのクリックを除くと、オーガニック検索結果のクリックが発生したのは40%ほどです 図表35-1 。このためスマートフォンの検索結果では、自社サイトのリンクを目立つ位置やフォーマットで表示させて、ユーザーの注意を引きクリックを集める対策を行っていかなくてはなりません。

▶ Googleのゼロクリック検索の割合 図表35-1

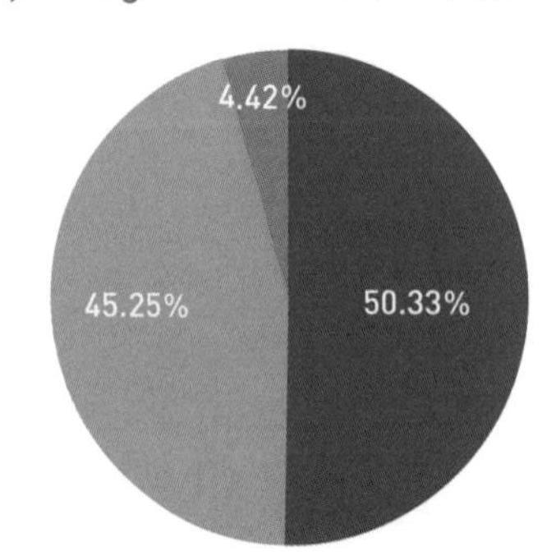


2019年6月の米国のPCとスマートフォンのブラウザで行われた、数百万件の検索に基づく。
出　典：「Less than Half of Google Searches Now Result in a Click」 https://sparktoro.com/blog/less-than-half-of-google-searches-now-result-in-a-click/

## 多彩な情報が表示されるユニバーサル検索の結果

先ほど述べた、Webサイトの検索結果以外に画像や地図などの多様なコンテンツが含まれる検索結果を「ユニバーサル検索」と呼びます。また同じ検索クエリで検索しても、PCと比較してスマートフォンで表示される検索結果ではその種類が多いのです。
スマートフォンでは地図、画像や動画が上位を占めて、テキストリンクがファーストビューに表示されない場合もあります。さらに、ユーザーの目を引くビジュアル要素が増えていることによって、シンプルなテキストリンクが目立たなくなっているため、クリック率への影響もあります。そのためスマートフォンではユニバーサル検索への対応がポイントになります。主なユニバーサル検索には以下のような種類があります。

### ①強調スニペット

ユーザーが情報収集型検索を行ったときに、その質問への回答となるWebページの内容を検索結果の最上部に表示する特別な枠です。通常のテキストリンクよりも上に表示されるので、以前は「0位」とも呼ばれていました。強調スニペットに確実に取り上げられるには決まった対策がありませんが、コンテンツの質と構造を工夫することで選ばれる確率を上げることができます。強調スニペットは、Lesson 38で解説します。

▶ 強調スニペット 図表35-2

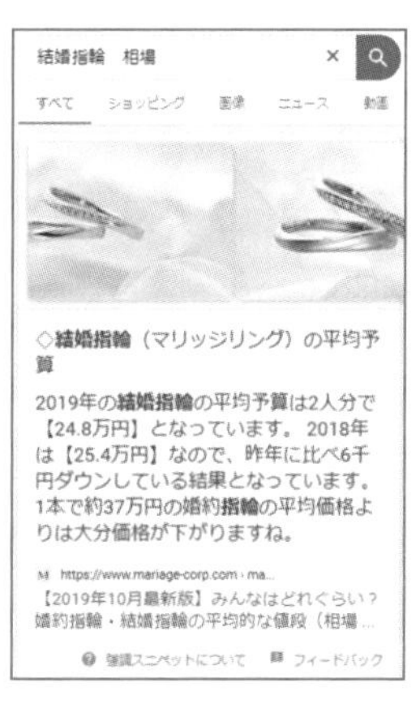


「婚約指輪　相場」の検索で表示される強調スニペット

### ②リッチリザルト

テキスト以外のビジュアル要素があるさまざまな種類の検索結果です。クチコミ情報、ニュース記事、イベント一覧、レシピなど、リッチリザルトの中でも種類がたくさんあり、サイトや検索クエリによって異なる対策が必要ですが、どの種類でもサイト側の構造化データのマークアップ（Lesson 27参照）を行う必要があります。

▶ リッチリザルト 図表35-3

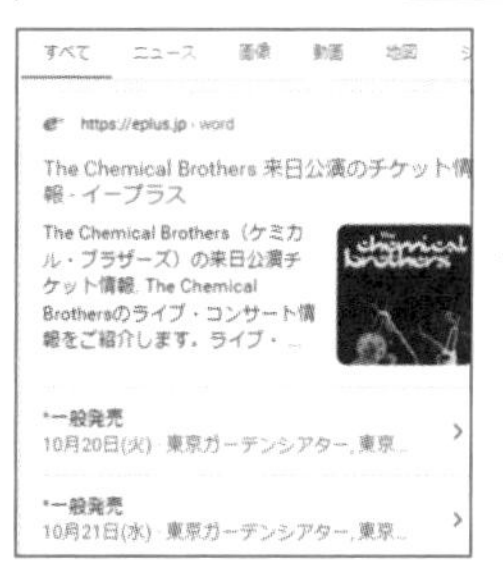


「The Chemical Brothers　チケット」の検索で表示されるイベント情報

### ③ナレッジパネル

ブランドや人物のプロフィールなど、画像と基本情報、関連リンクなどを含む検索結果です 図表35-4 。Googleが自動的に生成するものですが、自社ブランドのナレッジパネルに対して追加情報や調整を行いたい場合、組織の代表者としての認証を行い、検索結果より編集内容を提案できます。

### ④OneBox回答

時間や天気、翻訳関連の検索をしたときに、簡潔な回答を検索結果の最上部に表示する特別な枠です 図表35-5 。Googleが自動生成するものなので、対策はできません。

### ⑤ローカル検索

店舗検索など地域に関係するクエリで地図とビジネス情報が表示される検索結果です 図表35-6 。ローカル検索に表示されるには、Google マイビジネスの登録や、サイト内外のどちらも対策が必要です。Lesson 36で解説します。

▶ナレッジパネル 図表35-4

有名人、スポーツ選手などの名前を検索すると表示される

▶OneBox回答 図表35-5

「ロシア 時差」で表示される

▶ローカル検索 図表35-6

「美容院」の検索で表示される

対策したいキーワードの検索結果を確認して、よく表示されるユニバーサル検索の種類を把握しておきましょう。

Lesson 36 [位置情報とローカル検索]

# 位置情報とローカル検索に対応しよう

このレッスンのポイント

スマートフォンの検索では特に位置情報が重視されており、位置によって検索結果がカスタマイズされ、Google マップと近くの施設が表示されるようになっています。このレッスンでは位置情報と「ローカル検索」について解説します。

## ユーザーの位置情報をもとに変化する検索結果

Googleは、ユーザーが近くの施設や店舗を探していると判断した場合モバイル端末から位置情報を参照し、最適と考えられる検索結果を表示します。例えばLesson 16で解説したように、「近くのヘアサロン」のような明らかに近場の店舗を探している検索クエリでは、ユーザーの近くにあるサロンを結果に表示します。さらに、「ヘアサロン」や「レストラン」などの店舗に関する単体クエリ、「チョコ」や「紅茶」のような実店舗で買う・飲むニーズがありそうな検索クエリでも、ユーザーの現在地の位置情報に基づく検索結果を表示します。

位置情報に応じて変わる、オーガニック検索の結果と、検索結果最上部にGoogleマップと施設・店舗がリスト表示されるローカル検索の概要と対策の有無について、以下に解説します。

## 位置情報のオーガニック検索結果に対する影響

地域に関連するオーガニック検索の結果は、同じ検索クエリでも、検索が発生した場所の位置情報によって変化します。例えば、世田谷区で「ラーメン」と検索すると、検索結果に世田谷区のラーメンに関するページが表示され、目黒区で検索すると、目黒区のラーメンに関するページが表示されます 図表36-1 。

このような検索結果について特別に対策を行う必要はなく、カテゴリーなどの一覧ページにその地域に関する情報を表示して、タイトルや見出しにしっかりエリア名を含めておけば十分です。

## ▶「ラーメン」と検索した場合に表示される検索結果 図表36-1

世田谷区（左）と目黒区（右）で「ラーメン」と検索した場合の検索結果の違い

## ○ 地図と地域の店舗がリストで表示されるローカル検索

ローカル検索とは、位置情報が関連する検索結果でページ最上部に表示される1ブロックを指します。Googleマップの地図と、近くの施設3件をフィーチャーする「ローカルパック」と呼ばれる要素が含まれます。例えば、先ほどの「ラーメン」の検索では、現在地が目黒区であることをもとにいくつかのラーメン店をフィーチャーする地図、近くのラーメン店3件と［さらに表示］ボタンが表示されます 図表36-2 。ホテルなど、一部予約が可能なサービスの場合、価格や宿泊日程によるフィルタが使用できたり、予約へ進むボタンが表示される場合があります。

## ▶目黒区で「ラーメン」の検索で表示されるローカル検索 図表36-2

Googleマップの地図と、3件の施設を含む「ローカルパック」が表示される

ローカル検索は「目黒　ラーメン」など地域名を含む検索でも表示されます。

## ローカル検索に影響する3つの要素

ローカル検索にフィーチャーされるためには別途対応が必要です。まず、Lesson 37で解説するGoogleマイビジネスに登録されていることが大前提です。そして、Googleマップでの表示、ローカルパック内の掲載順位に影響する要素は、「関連性」「距離」「知名度」の3つです。

「関連性」とは、ユーザーの検索意図と検索結果がどの程度一致しているかを指します。Googleマイビジネスの登録情報をより明確に充実させることで、関連性が高いユーザーの検索クエリで表示される確率を高めることができます。

「距離」とは、検索した地域または現在地からビジネスの所在地までの距離のことです。距離が近ければ1位に表示されるわけではなく、関連性や知名度によっては距離が少し離れた施設が優先される場合もあります。Googleマイビジネスや自サイト内の情報、外のポータルサイトなどサイト外の店舗・施設名、住所、電話番号の情報が参照されるので、その情報がすべて最新であることに注意しましょう。

「知名度」とは、ビジネスがどれだけ広く知られているかを指します。オフラインの知名度も、外部リンクやソーシャルのメンションやチェックイン数のようなWeb上の情報も知名度に影響します。Google上のクチコミ数や評価も考慮され、より知られている評判のいいビジネスが上位に表示されやすいです。

### ▶ローカル検索に影響する3つの要素と対策 図表36-3

| 関連性 | 距離 | 知名度 |
| --- | --- | --- |
| ユーザーの検索意図と検索結果がどの程度一致しているか | 検索した地域または現在地からビジネスの所在地までの距離 | ビジネスがどれだけ広く知られているか |
|  |  |  |
| Google マイビジネスの登録で対策 | 店舗・施設名、住所、電話番号の情報を最新に保つ | 認知度や Google のクチコミ数をアップ |

Google マイビジネスの登録と運用については、次の Lesson 37 から解説していきます。

Lesson [ローカル検索への対策]

# 37 施設や店舗はGoogleマイビジネスで対策しよう

このレッスンのポイント

ローカル検索で上位表示を目指すために、またGoogleマップやローカルパックに拠点情報を表示させるために、Googleマイビジネス登録が必要です。このレッスンではその登録と運用のポイントを解説します。

## Googleマイビジネスの登録を行う

Googleマイビジネスとは Google検索やGoogleマップに店舗や会社情報を表示できる無料サービスです。一般ユーザーでも情報修正の提案はできてしまいますが、情報の修正や詳細な情報の登録権限があるのはビジネスオーナーのみなので、ローカル検索対応のため、実店舗がある企業は必ずGoogleマイビジネスの登録を行うべきです。

Googleマイビジネスのアカウントを持っていない場合、はじめにGoogleマイビジネスにログインし、以下の手順でビジネスを登録します 図表37-1 。登録完了後、オーナー確認が必要になります。

▶ Googleマイビジネスへの登録 図表37-1

Google マイビジネス　概要　ビジネス プロフィール　ウェブサイト

Google を使って
ビジネスを無料で
アピール

Google マイビジネスは、Google 検索や Google マップなど Google のサービスにビジネスやお店などの情報を表示し、管理するための無料のツールです。

今すぐ開始

### 1 Googleマイビジネスにログイン

会社のメールアドレスでGoogleにログインし、Googleマイビジネスにアクセスします。
https://www.google.com/intl/ja_jp/business/

1 ［今すぐ開始］をクリックします。

Chapter 5 モバイルの検索結果を攻略する

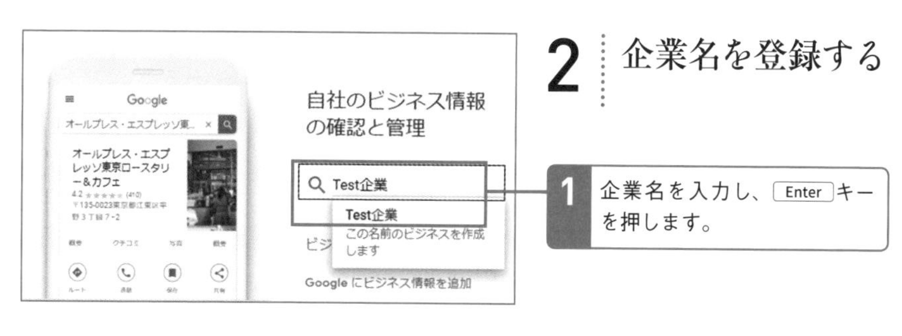


## 2 企業名を登録する

**1** 企業名を入力し、Enter キーを押します。

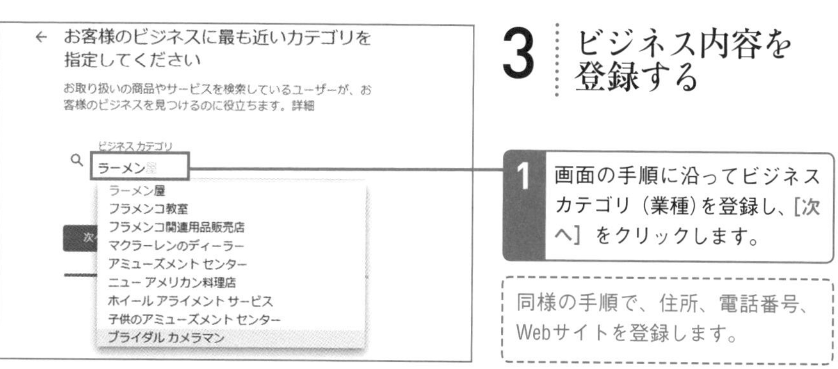


## 3 ビジネス内容を登録する

**1** 画面の手順に沿ってビジネスカテゴリ（業種）を登録し、[次へ] をクリックします。

同様の手順で、住所、電話番号、Webサイトを登録します。

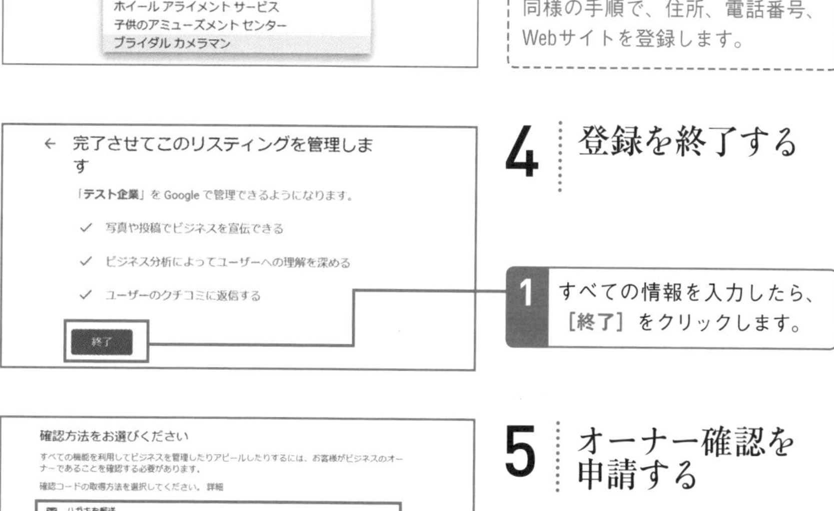


## 4 登録を終了する

**1** すべての情報を入力したら、[終了] をクリックします。

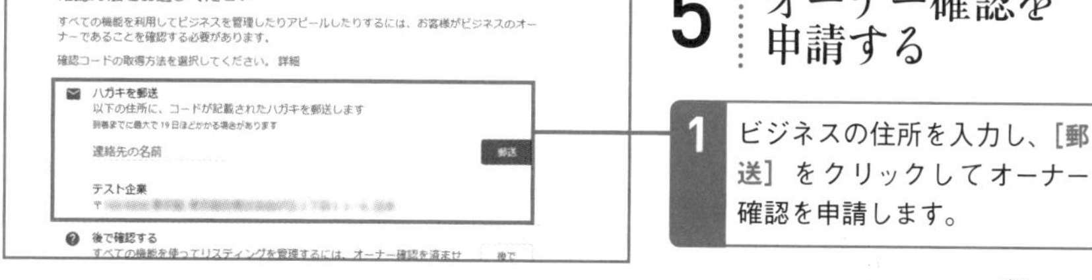


## 5 オーナー確認を申請する

**1** ビジネスの住所を入力し、[郵送] をクリックしてオーナー確認を申請します。

ハガキを受け取り、その住所でビジネスを行っている本人と確認されると、Google マイビジネスのすべての機能を利用できるようになります。

NEXT PAGE →

## 登録情報を充実させよう

検索したユーザーに自身の施設の特徴や情報を十分に伝え、また検索クエリとの関連性を上げる観点からもGoogleマイビジネスの登録情報を充実させましょう。

### ▶ Googleマイビジネスの管理画面から登録できる項目 図表37-2

企業の「カテゴリ」設定

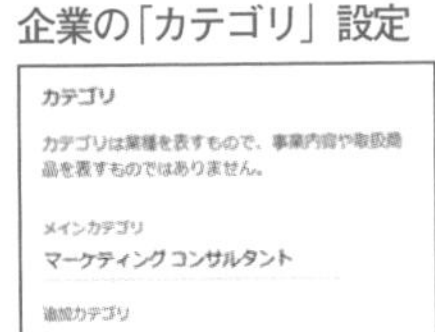


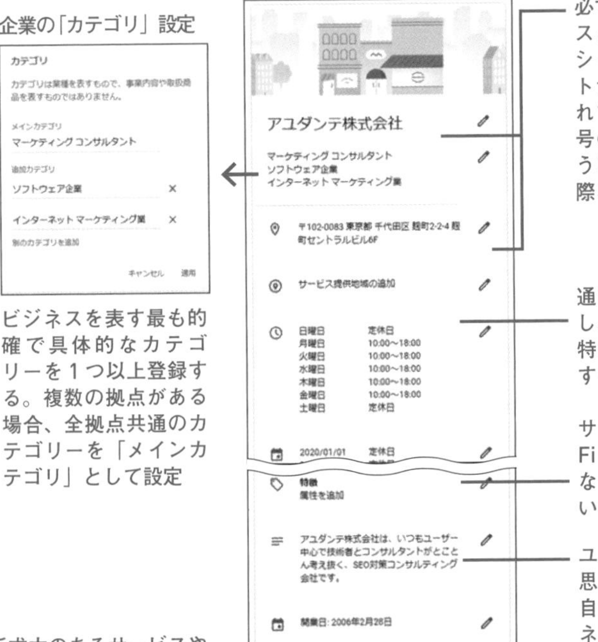


### ワンポイント 積極的にクチコミを管理しよう

ユーザーが投稿する「クチコミ」は、ローカル検索を左右する「知名度」と「関連性」に影響します（Lesson 36参照）。そのため、積極的にクチコミを集め管理することが重要です。Googleマイビジネスではユーザーが投稿したクチコミを確認し、オーナーから返信できます。クチコミを投稿してくれたユーザーに対してきちんと対応することで、ユーザーの満足度が上がることが期待でき、他のユーザーにも丁寧に対応する姿勢が伝わり、ビジネスの存在感を高められます。

また、ユーザーがクチコミを書くためのリンクも作成できます。URLやQRコードを作成し、実店舗、メルマガやSNSでユーザーに共有するなどして、クチコミを投稿しやすくするといいでしょう。

Lesson [強調スニペットへの対応]

# 38 強調スニペットに表示されるように対策しよう

このレッスンのポイント

**検索ニーズの中でも「know」に代表される情報収集の検索クエリに対して、検索結果の最上位に強調スニペットが表示される場合があります。その概要と、取り上げられやすくなるためのポイントについて解説します。**

## 強調スニペットの仕組みと形式

Lesson 35で解説したように、情報収集型の検索クエリ（knowの検索）では検索結果の最上部に強調スニペットというカード型の特別な枠が出ることがあります。これはGoogleがクロールした際に役立ちそうな回答があるページを見つけ、自動的に表示するものです。例えば、言葉の定義、ものの作り方、おすすめ、製品の比較などが表示されます。テキストと別に、画像や動画も表示される場合があります。

強調スニペットのフォーマットは、主に段落、リスト、テーブル式の3種類があります 図表38-1 図表38-2 図表38-3 。

### ▶ 段落スニペット 図表38-1

「○○とは」のような定義の検索など、シンプルな解答がある検索で表示されるテキストの強調スニペット

強調スニペットでフィーチャーされるサイトは、以前は通常の検索結果にも重複して表示されていましたが、2020年からは強調スニペットでのみ表示されます。

### ▶ リストスニペット 図表38-2

種類や手順の検索で表示されるリストの強調スニペット。「車椅子 種類」の検索では、製品の種類がリスト表示され、写真も一緒に表示されている

### ▶ テーブル式スニペット 図表38-3

データや比較の検索で表示されるテーブル式の強調スニペット。「ANA JAL 株価」の検索で表示されている

## ◯ 強調スニペットのメリットとデメリット

強調スニペットはPC版では右側に表示される場合もありますが、モバイル版の検索結果では最上部に特別な枠として表示され、文字だけでなく画像や動画が表示されるケースもあるのでユーザーの注目を引きやすい検索結果の種類です。また、強調スニペットは音声アシスタントで読み上げられる場合があります。

1つのデメリットとして、強調スニペットが表示されるとユーザーの質問への回答が表示されてしまうので、クリックが発生しないシナリオが考えられます。Lesson 35で説明したゼロクリック問題です。しかし、期待されるほどのクリック数ではなかったとしても、やはり検索結果下部にあるリンクよりは強調スニペットのほうが流入につながる傾向も見られ、またブランド名を知ってもらうきっかけにもなるため、デメリットよりメリットが大きいでしょう。

## ◯ 強調スニペットに取り上げられるには

強調スニペットはGoogleが自動で表示する枠のため、確実に表示されるための設定や対策はありませんが、Googleに自社ページのコンテンツが取り上げられやすくするために意識するべきいくつかのポイントがあります。

### 強調スニペットの対策はknowクエリに力を入れる

強調スニペットはすべてのクエリに対して表示されるわけではなく、情報収集しているユーザーのknowニーズに対して検索結果に表示されやすいです。強調スニペットを狙いたい場合、ユーザーニーズの調査を行い、情報収集検索に対応するコンテンツを作成しましょう。

### ユーザーニーズに応える質の良いコンテンツを作る

強調スニペットにフィーチャーされるページのほとんどは、上位5位以内に入るようなページでもあります。このため前提としてユーザーニーズに応える質の良いコンテンツを作り、上位表示を目指しましょう。コンテンツを作成する際にユーザーが気になると思われる質問を想定し、それに対してわかりやすい、簡潔な回答を提示し、さらに付加価値のある情報を含めるように努めます。

### コンテンツのフォーマットを意識する:段落スニペット

コンテンツの基盤として、ページの中身と構造がわかりやすいコーディングとコンテンツ構成を目指しましょう。

「○○とは」のような、言葉の定義に関する検索では、段落スニペットが表示されます。これに対応するには、ユーザーの質問に対してわかりやすく、簡潔な文章で回答を記述します。また、コンテンツの全体的な構成として、まず結論を書き、そこから詳細の説明に入るような順番で作成するといいでしょう。

### コンテンツのフォーマットを意識する:リストスニペット

種類や手順に関する検索では、リストスニペットが表示されます。これに対応するには、コンテンツ内にリストがある場合、適切にulタグ、olタグ、liタグなどのリストタグでマークアップしましょう。また、テキスト内見出し部分もリストとして取り上げられることがあるので、コンテンツ内の見出しをh2タグやh3タグなどの適切な見出しタグでマークアップする必要があります 図表38-4 。

### ▶ 見出しとリスト項目のマークアップ 図表38-4

見出しに該当する項目をh2やh3など適切な見出しタグでマークアップする

見出しテキスト

1. 項目テキスト項目テキスト項目テキスト項目テキスト項目テキスト項目
2. 項目テキスト項目テキスト項目テキスト項目テキスト項目テキスト項目
3. 項目テキスト項目テキスト項目テキスト項目テキスト項目テキスト項目

リストとその項目は適切なulタグ（箇条書き）またはolタグ（番号箇条書き）とliタグでマークアップする

#### コンテンツのフォーマットを意識する：テーブル式スニペット

データや比較に関する検索で表示されるテーブル式スニペットに対応するには、コンテンツをHTMLのテーブル形式で用意すると取り上げられやすくなります。

#### 画像や動画を適切に配置する

それぞれのスニペット形式に画像や動画も表示される場合があるため、関連性が高く、ユーザーに役立ちそうなメディアファイルがあれば配置します。画像はalt属性（代替テキスト）の設定などの対策を行いましょう。画像対策はLesson 40、動画対策はLesson 41で詳しく解説します。

フォーマットはこれらだけに限りませんが、Googleにわかりやすいフォーマットを使用することで、取り上げられる確率を上げることができます。

Lesson 39 [リッチリザルトへの対策]

# リッチリザルトの種類を確認して対策しよう

このレッスンのポイント

**Googleの検索結果でレビューの星や点数、価格、イベントの情報などが表示されているのを見たことがないでしょうか。それがリッチリザルトというものです。このレッスンでは代表的なリッチリザルト の特徴や対策を説明します。**

## リッチリザルトとは

リッチリザルトとは、テキスト以外のビジュアル要素がある、さまざまな形式の検索結果の総称です。以前はリッチスニペットとも呼ばれていました 図表39-1 。その一例はすでにLesson 35でも解説しましたが、リッチリザルトには、すべてのサイトで使えるロゴやパンくずのリッチリザルトから、特定の業種に特化した求人情報や映画、レシピのリッチリザルトまで、29種類が存在します（2020年8月現在）。

視覚的に目立つリッチリザルトは、通常のテキストリンクよりクリック率が高い傾向にあるため、自サイトやページ群に該当するコンテンツがあれば、リッチリザルト対策を行います。リッチリザルトを表示できるようにするにはサイト側で構造化データマークアップの実装が必要なため、開発部門の人と協力しましょう。

### ▶ レシピのリッチリザルトの例 図表39-1

料理のレシピを検索して表示される、レシピのリッチリザルト。画像や調理時間、カロリーなどが表示される

Googleの「検索ギャラリー」を確認して、自社サイトに合うリッチリザルトを見つけて対策しましょう。

### 横にスワイプできる「カルーセル」

カルーセルはテキストリンクの下に画像や動画のギャラリーのような形式で表示され、横にスワイプできるリッチリザルトです 図表39-2 。現在は記事、レシピ、コース、レストラン、映画をカルーセルでマークアップできます。
対策としては、各アイテムが並んでいる一覧ページ（例えばレストランの場合は店舗一覧、ニュースサイトの場合は記事一覧）と詳細ページ（例えば店舗詳細、記事ページ）をカルーセル用の構造化データ「ItemList」でマークアップする必要があります。詳細ページがなく、すべての情報が1ページ内にある場合（例えばマフィンのレシピまとめページ）、そのページのみで構造化データマークアップを行ってください。

▶ カルーセル(レストラン)のリッチリザルト 図表39-2

「居酒屋　渋谷」の検索で表示されるレストランのカルーセル

### ECなどの商品情報を見せる「商品」

商品の画像や価格、在庫状況、クチコミ評価を検索結果に表示できるリッチリザルトです。通常の検索結果にも、画像検索結果にもより多くの商品情報を出せるので、ECサイトではこの対策は必須だと言っても過言ではありません。対策としては、商品詳細ページの構造化データ「Product」でマークアップを行います。

▶ 商品のリッチリザルト 図表39-3

通常の「Google home mini 通販」の検索で表示される商品のリッチリザルト（左）と画像検索で表示されるリッチリザルト（右）

### さまざまな記事コンテンツを目立たせる「記事」

記事のリッチリザルト対策を行うと、自社サイトのサイト単位のカルーセルや、Googleが複数のサイトをまとめて表示するトップニュースのカルーセルに、記事が表示される可能性があります 図表39-4 。さらに通常のサムネイルより大きい画像やロゴ、見出しテキストを表示できるようになります。

記事の構造化データの種類はいくつかあって、一般的には「Article」、ニュースの場合は「NewsArticle」、ブログ記事は「Blog Posting」の構造化データでマークアップします。また、AMPと非AMPで対応方法が異なるため、注意しましょう。

AMPについてはLesson 49で詳しく説明します。

#### ▶ 記事のリッチリザルト 図表39-4

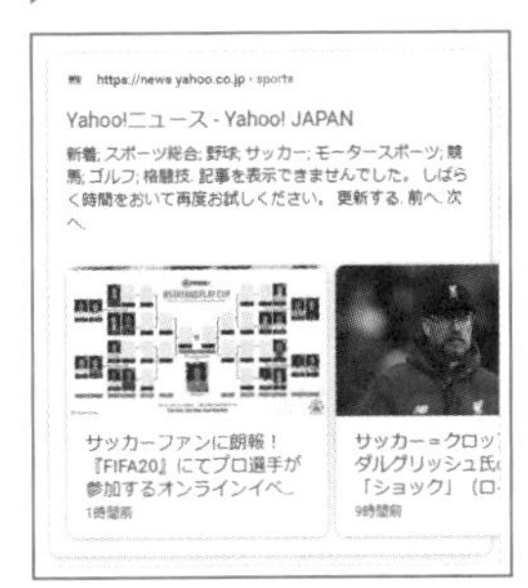

「サッカーニュース」の検索で表示されるサイト単位のカルーセル（左）と、複数のサイトが含まれるトップニュースのカルーセル（右）

### 手順を端的に見せる「ハウツー」

ハウツーは手順や方法の項目をテキスト、画像や動画で検索結果に表示するリッチリザルトです。PCでは表示されず、スマートフォン特有のリッチリザルトです 図表39-5 。

このリッチリザルトに対応するには、ハウツーコンテンツのページで「ハウツー」の構造化データのマークアップを行います。

#### ▶ ハウツーのリッチリザルト 図表39-5

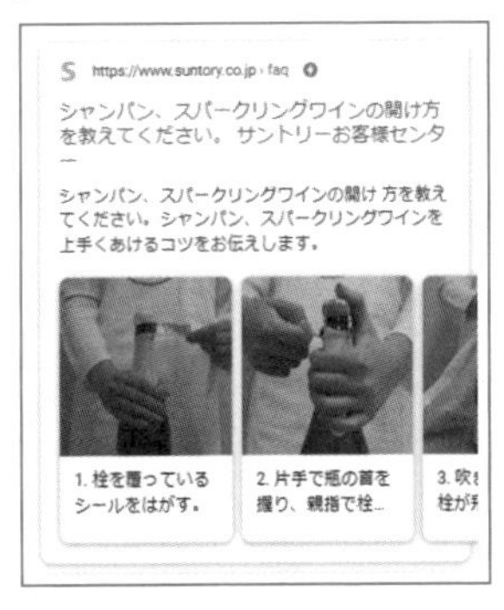


「シャンパン　開け方」の検索で表示されるリッチリザルト

### その他のリッチリザルト

その他のリッチリザルトで、代表的なところでは以下があげられます 図表39-6 。なおGoogleの検索ギャラリーページには、利用できるすべてのリッチリザルトの詳細がサンプルを含めて紹介されています。構造化データの技術情報も用意されているので、参考にしてください。

▶ **検索ギャラリー**

https://developers.google.com/search/docs/guides/search-gallery

#### ▶ その他のリッチリザルト（抜粋） 図表39-6

| 機能 | 概要 |
|---|---|
| パンくずリスト | そのページがサイト階層内のどこに位置するかを示すリストが表示される |
| イベント | コンサートや芸術祭などのイベントリストが表示される |
| よくある質問 | 特定のトピックに関する質問と回答の一覧を掲載したページが表示される |
| 求人情報 | 求人情報を掲載するときに使えるインタラクティブなリッチリザルト。求人検索にロゴ、クチコミ、評価、仕事の詳細を表示できる |
| ローカル ビジネス | ナレッジグラフに表示されるビジネスの詳細情報。営業時間、評価、経路、予約や注文のアクションも表示できる |
| Q&A | 1つの質問の後にその質問に対する回答が続く、質問と回答の形式のページ |
| レシピ | 個別のリッチリザルト、またはカルーセルの一部として表示される |
| クチコミ抜粋 | クチコミサイトからの抜粋。通常は総合評価スコアの平均が表示される。書籍、レシピ、映画、商品、ソフトウェア アプリ、ローカルビジネスの分野で表示される |
| ソフトウェア アプリ（ベータ版） | ソフトウェア アプリに関する情報（評価情報、説明文、アプリへのリンクなど）が表示される |
| 定期購入とペイウォール コンテンツ | 通常のままではGoogleが認識できない定期購読や会員登録を求めるタイプのコンテンツ（ペイウォール内のコンテンツ）を認識させる。また、ペイウォールコンテンツとして明示することにより、Googleのガイドラインに違反するクローキングを行っていないことをGoogleに識別させる（47ページも参照） |
| 動画 | 動画が表示される。再生、動画セグメントの指定、コンテンツのライブストリームも可能 |

ここ数年リッチリザルトの種類が増えてきて、また新しい種類が追加されていく可能性があります。

## リッチリザルト対策の流れ

自サイトの内容をリッチリザルトとして表示させたい場合は、基本的には構造化データマークアップが必要となります。ここでは対策の流れを解説します。

### STEP 1：対応できるリッチリザルトの項目を特定する

リッチリザルトに対策するには、はじめに対応できる項目があるかを確認します。自社のビジネスに一致するリッチリザルトが存在しなかったとしても、サイトの一部にイベント開催情報ページがあったり、FAQページが存在したり、ハウツーコンテンツが存在したりする場合、そのような個別ページだけでもリッチリザルト対策が行えます。

### STEP 2：適切な構造化データでマークアップを行う

Googleのヘルプを確認して、開発部門でサイト側に対策したいリッチリザルトのための構造化データのマークアップを行います（Lesson 27参照）。

### STEP 3：マークアップに問題がないか確認する

Googleが提供しているリッチリザルトテストツールに、対象URLをいくつか入力して、それぞれのマークアップでエラーや警告が出ていないか確認し、必要に応じてマークアップを調整します 図表39-7 。

▶ リッチリザルトテストツール 図表39-7

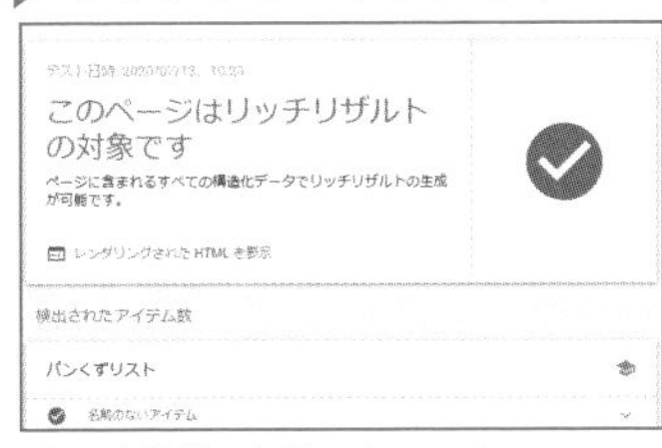


リッチリザルトテストツール
https://search.google.com/test/rich-results?hl=ja

### STEP 4：Search Consoleでモニタリングする

リッチリザルトに対応すると、Search Consoleの「拡張」メニューにそれぞれのリッチリザルトの項目が表示されるようになります。レポートで有効なリッチリザルトのアイテム数や、エラー・警告を確認でき、パフォーマンスをモニタリングできます。Search Consoleについて詳しくはLesson 61～64で解説します。

リッチリザルトが表示されるようにするには、Google の基本的なガイドラインを守る必要があります。Google ヘルプを確認し、誤った情報や画面に表示されない項目をマークアップに含まないように注意しましょう。

Lesson 40 [画像検索からの流入対策]

# 画像検索に対策しよう

このレッスンのポイント

**スマートフォンでは視覚的な情報を入手できる画像検索が増えていると言われます。また、通常の検索結果にも画像がより多く表示されるようになりました。最適化のポイントを押さえて、画像検索に対応しましょう。**

## 画像検索について理解を深めよう

Googleにはユーザーが検索クエリから画像を検索できる画像検索機能があり、スマートフォンの普及と共にその検索が増えています。また、検索クエリによっては通常の検索結果に画像検索の結果の枠が表示されることがあります 図表40-1 。ユーザーは検索結果の画像一覧で画像を確認するだけでなく、その画像をクリックして掲載元のWebページへの遷移もできます。そのため、特にファッション、家具、旅行など画像での検索が多いと思われる特定のジャンルでは画像検索対策が非常に重要です。

▶ 画像検索の結果例 図表40-1

「チュールスカート」の通常の検索結果（左）と画像検索の検索結果（右）。通常の検索結果にも最上部に画像検索の結果枠が表示されている

## 画像検索のための対策ポイント

画像検索で表示されやすくなるためには、画像自体とその画像が埋め込まれているページでの対策が重要です。以下に対策のポイントを解説します。

### 画像はオリジナル性が重要

現在、Googleの画像検索の結果では、同一の画像が複数のサイトに掲載されていると、そのうち1サイトしか表示されません。商品やイメージ写真などで他のサイトでも同じ画像を利用している場合は画像検索に表示されること自体が難しくなります。画像素材サイトで購入した画像でもSEOを行うことはできますが、有効な画像対策のためにはオリジナル素材を利用するのが確実です。

### 画像ファイル作成時のフォーマットや注意点

Googleがサポートしている画像フォーマットはBMP、GIF、JPEG、PNG 、WebPまたはSVGです。HTMLを解析して画像をインデックスに登録しています。背景パターンなどCSSで表示させる画像はインデックスに登録されないため、Googleがサポートしているフォーマットで画像を設置しましょう。

また、写真の場合、高画質のものがクリックされやすいため、なるべく画質にこだわりましょう。ただし、ページの表示速度がランキングシグナルの1つであるため、画質と表示速度のバランスを意識する必要もあります。ページの表示速度に悪影響を与えないため、ファイルサイズを抑える画像の最適化を行い、レスポンシブ画像技術を使用し、高品質で高速なユーザーエクスペリエンスを提供しましょう 図表40-2 。レスポンシブ画像とは、画面幅に応じて画像のファイルを出し分ける技術で、表示速度向上のために重要な手段になります。

▶ レスポンシブ画像を使う 図表40-2

画面サイズに合わせて適切な画像が表示されるようにレスポンシブ画像を使う

### URLとファイル名

Googleは画像ファイルのURL を論理的に構成し、画像の中身がわかりやすいファイル名を使用するように推奨しています。もしもファイル名を変える場合は、画像URLも変わるので注意が必要です。今までの評価を維持するためには、画像を必ず旧URLから新URLにリダイレクトを設定しましょう。

### 画像のキャプション

Google は、画像のキャプションや画像周辺のテキストから画像のテーマに関する情報を抽出します。キャプションはHTML上のfigcaptionタグでマークアップするといいでしょう。

### altテキスト

alt属性に入る代替テキストは画像検索において非常に重要であるだけでなく、スクリーンリーダーを使用するユーザーにも使われます。各画像に画像の内容を表すユニークで具体的なテキストを設定するようにしましょう 図表40-3 。ただし、画像にない言葉や不自然なキーワードの詰め込みは行ってはいけません。

▶ alt属性内容の例 図表40-3

×：猫、キジトラ猫、キャットタワー、猫ハウス

△：猫

○：キャットタワーから覗くキジトラ猫

### 画像を配置するページにおける施策

画像が設置されているページ側でもいくつか対応したほうがいいポイントがあります。

- Googleが画像の掲載順位を決定する際には、その画像が埋め込まれているページのコンテンツ品質も評価するため、文章の品質が高いことも必要です。
- 重要な画像は、ページ上部に配置することをGoogleでは推奨しています。画像検索に表示したい画像は上のほうに置きます。
- サイト内での画像の重複を防ぐことも大事です。同じ画像を複数のページで使用する場合、画像を何度もアップロードして複数のURLを作るのではなく、画像を一度だけアップロードして、全ページで同じURLを参照するようにしましょう。

### 構造化データマークアップに画像を含める

リッチリザルトの対応をする場合、必要に応じて構造化データのマークアップに画像を含めます。例えば、ECサイトで商品をマークアップする際や、メディアサイトで記事をマークアップする際に、画像もあわせて構造化データマークアップに含めます。構造化データマークアップについてはLesson 27を参照してください。

## ワンポイント　画像用サイトマップでGoogleのクロールを促そう

Sitemap.xml（サイトマップ）は、検索エンジンがサイト内のURLを参照できるように一覧化したファイルです（Lesson 51参照）。検索エンジンロボットがWebサイトを効率よくクロールするために、またページの追加や更新をより早く見つけてもらうために使います。

一般的なサイトマップファイルはページのURLを含めますが、画像情報を知らせることもできます。画像用に別途専用のSitemap.xmlファイルを作成して画像のリストを含めるか、画像情報を既存のサイトマップに追加するかの2つの方法があります。

画像用サイトマップを使用することで画像に関する追加情報（例えば、地理的な位置）をGoogleに通知することができ、検出が難しい画像（JavaScriptコードでアクセスされる画像など）も検出してもらえるようになります。

通常のサイトマップは自身のドメイン配下のURLしか含めることができませんが、画像サイトマップは例えばCDN（コンテンツデリバリーネットワーク、画像をホスティングできるサービス）を利用していても、他ドメインの URL を含めることができます。

### ▶画像用サイトマップの例 図表40-4

```
<?xml version="1.0" encoding="UTF-8"?>
<urlset xmlns="http://www.sitemaps.org/schemas/sitemap/0.9"
        xmlns:image="http://www.google.com/schemas/sitemap-image/1.1">
  <url>
    <loc>http://example.com/sample.html</loc>
    <image:image>
      <image:loc>http://example.com/image.jpg</image:loc>
    </image:image>
    <image:image>
      <image:loc>http://example.com/photo.jpg</image:loc>
    </image:image>
  </url>
</urlset>
```

ここではサイトマップのファイルに画像情報を追加している

Lesson [動画検索からの流入対策]

# 41 動画検索に対策しよう

このレッスンのポイント

**動画検索だけでなく、通常の検索結果でもリッチリザルトや強調スニペットなどで動画が露出する機会が増えています。検索からの流入を最大化するために、動画検索に対策しましょう。**

## ○ 動画検索について理解を深めよう

画像検索と同様に、Googleには動画コンテンツを探せる動画検索があります。スマートフォンの普及と共に利用が増えているだけでなく、Googleの通常検索結果でも、動画の出現率が高まっているため対策することは重要です。動画を検索に表示させるためには、条件を満たした動画を用意することはもちろん、いくつかページ側でも押さえるべきポイントがあります。以下、解説します。

▶ YouTube動画などが表示されたGoogleの検索結果 図表41-1

「ラバライト」の検索で表示される動画の検索結果

**動画は特にハウツーやレシピなどの検索クエリに対して、Google がユーザーの検索ニーズに合致すると判断した場合に表示される傾向があります。**

## 動画を検索結果に表示するには

Googleの検索結果に動画を表示するために必要な情報は、動画のサムネイル画像と動画ファイルへのリンクの2つのみです。GoogleのサービスであるYouTubeへ動画をアップロードしている場合は、特別な対策は必要ありません。その他のサイトにホスティングされた動画の場合は、Googleがサポートしているエンコード方式、サムネイル画像とプレビューを用意することで、クローラーに正しく情報を伝えることができます。

## 動画対策に必須の条件

自サイトのページ内に埋め込む動画について、対策のポイントを解説します。まずは必須条件です。

**▶ 動画対策のための必須条件 図表41-2**

| 対策 | |
|---|---|
| 適切なHTMLタグを使う | Googleが動画を見つけやすくするため、適切なHTMLコードで動画を埋め込む。動画がページ上でvideoタグ、embedタグ、objectタグなどのHTMLタグで設置されている必要があり、複雑なJavaScriptやフラグメント識別子を使用する場合はGoogleが動画を見つけられない場合もあるので注意する |
| 高画質なサムネイル画像を用意する | サムネイル画像は、Googleの検索結果で表示されるので、高画質なサムネイル画像を提供することも重要。クリック率も考慮すると、ユーザーの目を引くサムネイルを作成するといい |
| 動画は一般に公開されているページに設置する | 動画はクローラーと一般ユーザーに公開されているページに設置されている必要がある。例えば、ログインしないと表示されない動画、またホストページにrobots.txtやnoindexが設定されているページの動画はGoogleに評価されない |
| 動画の内容とページの内容を一致させる | 動画とその掲載ページの内容は、厳密に関連している必要がある。もしページ内に複数の動画が埋め込まれている場合、最上部の動画のみピックアップされるため、1ページごとに関連性が最も高い動画を1つ含めるか、より力を入れたい動画をページ上部に設置する |
| 動画に関して提供する情報を一致させる | サイトマップや構造化データマークアップで提供する情報は実際の動画の内容と一致する必要がある |

YouTubeの動画でも、Googleの検索結果に取り上げられやすくするために必須条件とベストプラクティスを意識しましょう。

NEXT PAGE ➔

## 最適化のためのベストプラクティス

必須条件をクリアしたら、以下のような対策をしましょう。

### 動画最適化のための対策 図表41-3

| 対策 | 説明 |
|---|---|
| Googleが認識できる動画ファイルの形式を使う | 動画が設置されているホストページだけではなく、動画ファイルのURLがクロール可能になっていることを確認し、また動画自体をクロール可能な形式で作成するといい。Googleがクロール可能な動画ファイル形式は、.3g2、.3gp2、.3gp、.3gpp、.asf、.avi、.divx、.f4v、.flv、.m2v、.m3u8、.m4v、.mkv、.mov、.mp4、.mpe、.mpeg、.mpg、.ogv、.qvt、.ram、.rm、.vob、.webm、.wmv、.xap |
| 埋め込まれているページの品質を意識する | 動画の品質だけでなく、動画が埋め込まれているWebページの品質も検索パフォーマンスに影響する。関連性の高いページに動画を埋め込み、ホストページをユーザーに使いやすくし、動画を見つけて再生しやすいようなページ作りを意識する |
| 動画の内容が理解されるようにテキスト情報で補完する | Googleは、ファイルの音声や映像から動画の中身をある程度理解できるようになってきている。ただし完全ではないので、動画が埋め込まれているページ内にトランスクリプト（書き起こしのテキスト）やメタタグがあると、より正確に内容が伝わる。動画に字幕を付けることも有効。また、動画のタイトルや説明文のテキストは、それぞれの要素に自然な形で対象キーワードを含めると、Googleが動画を理解しやすくなる |
| 構造化データでマークアップする | 構造化データでマークアップを行うことでGoogleに動画についての情報を正確に伝えることができる。Googleの推奨フォーマットは、Schema.orgのVideoObject。検索結果に動画の長さやアップロードした日付、投稿者情報が表示され、動画プレイヤー機能も利用可能になる |
| 動画用のサイトマップを使う | 画像検索同様に、動画用のサイトマップも存在する。サイトマップを利用して、新しく追加された動画や、更新された動画についてGoogleに知らせることができる。動画向けサイトマップを使うことで、普段見つけにくい複雑な埋め込みの動画でもGoogleに見つけてもらいやすくできる |
| 終了した動画、期限の切れた動画を正しく処理する | 使わなくなった動画または期限がある動画は適切に削除し、404レスポンスコードを返し、必要に応じて構造化データまたはサイトマップで有効期限を明示するといい |

Lesson 42 [YouTube内での検索結果の最適化]

# 動画はYouTube内でのSEOも対策しよう

このレッスンのポイント

**動画対策を本格的に行う場合は、YouTubeという世界最大の動画配信サービスを視野に入れるべきです。YouTube内で上位に表示されるロジックはGoogleとは異なるため、このレッスンではYouTube内SEOの基本について解説します。**

## ユーザーニーズに基づいた動画戦略を立てる

YouTubeは世界最大の動画共有サービスであるとともに、最も使われている動画検索サイトと捉えることもできます。動画コンテンツが重要なサイトは、Googleだけではなく YouTube内での対策も必要です。YouTubeのSEO対策の場合も、キーワード調査を行い、ユーザーニーズを把握してコンテンツを作成することが大切です。 キーワード調査ツールの中にはYouTube内の検索数データを調査できるツールが増えており、キーワードの人気度や、よく一緒に検索される派生語の調査ができます。また、YouTube内の検索フィールドに対策したいキーワードを入力し、サジェストで表示される派生語からユーザーの気になるテーマを読み取ることもできます。そのようなデータからユーザーニーズを把握し、それをもとに動画コンテンツの企画を行いましょう 図表42-1 。

また、YouTubeでは「レコメンド」から動画を見つけるユーザーも多く、キーワードに関係なくとも話題になるような動画を作成することが効果的です。自身の業界で配信されている人気動画を定期的にチェックしてトレンドをつかみ、話題になっているテーマでタイムリーに動画を作成することも良い戦略です。

▶ YouTube内の検索 図表42-1

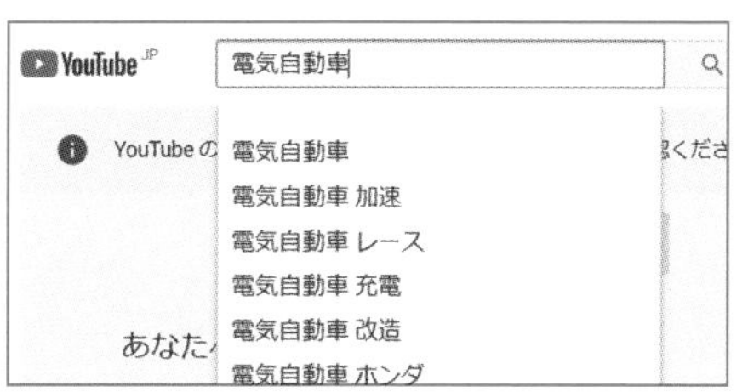


YouTubeの検索フィールドに検索クエリを入れると、それとよく一緒に検索される派生語が表示される

## 動画の作成と管理画面設定のポイント

はじめに、動画を作成する際に考えるべきポイントを解説します。作成した動画をYouTubeにアップロードするときは、図表42-2のポイントを意識しましょう。なおタグ設定については、すでに上位表示できている競合動画のタグが参考になります。対象の動画ページを開いてソースコードを表示すると、「"keywords"」の部分でその動画のタグが確認できます。

### 動画内でもキーワードが発話されるようにする

YouTubeは音声や映像もある程度理解しているため、対象キーワードや関連キーワードが動画内でも音声として記録されるように発話します。

### 動画は適切な長さにする

YouTubeはユーザーに留まってほしいため、長く見られる動画を優先します。この際、合計視聴時間が重要な指標となるため、実際ある程度長い動画が上位表示されやすくなっています。最適な動画の長さはテーマにより異なりますが、対象キーワードで上位表示されている動画の再生時間を参考にしてみましょう。

### 最後まで見てもらえる内容で視聴率を上げる

合計視聴時間には、視聴率も大きく影響します。ユーザーを途中で逃がさず最初から最後まで見てもらえる動画制作を目指すべきです。

離脱を防ぐには、最初の15秒が重要と言われます。特に新規ユーザーの流入を獲得したい場合、はじめに動画の概要を簡潔に紹介したり、コンテンツ提供者としてオーソリティ性を示すコメントを挿入すると興味が持続しやすいでしょう。その後にすぐ本題に入り、ユーザーの課題解決に役立つ品質の良いコンテンツを提供します。

### ユーザーエンゲージメントを高める内容にする

視聴回数、評価数、チャンネル登録数、シェアやコメントのようなエンゲージメント指標も動画のランキング要素になっていると言われています。口頭や画面上のメッセージで動画の評価、シェアやチャンネル登録を促しましょう。コメントに関しては、より具体的なアピール、例えば、動画内で、ユーザーの意見、過去の経験やアドバイスを求めるとコメントが付きやすくなります。

YouTubeでも、コンテンツの品質が重要なシグナルです。ユーザーのニーズを応える質の良い動画を作りましょう。

## ▶ YouTubeの管理画面設定のポイント 図表42-2

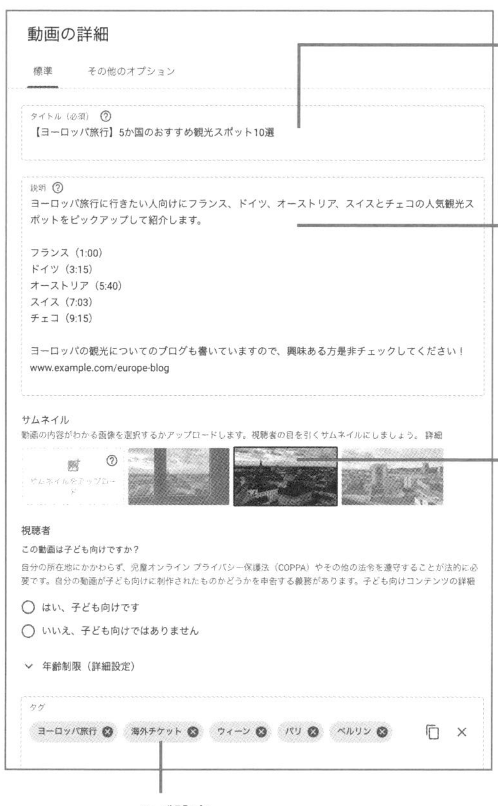


**動画のタイトル**
対策キーワードはタイトルに一度、なるべく先頭に含める。ただし、キーワードの詰め込みはしない、自然でクリックしたくなるようなタイトルを使用する。タイトルが切れないように40文字以内に抑える

**動画の説明**
キーワードを含む動画の簡潔な内容を入力。Googleでは動画の目次とタイムスタンプ（時間指定のリンク）を配置することを推奨している。最後に、自社サイトや関連ソーシャルメディアのURLを記載し、Webサイトやソーシャルメディアへの流入も促すといい

**サムネイル**
動画のクリック率を上げるために、ユーザーの興味を引くサムネイルを意識する必要がある。内容が気になる、またテーマに関連性が高い画像を使用し、目立つ色やフォントのテキストを使用するといい

**タグ設定**
動画のテーマに最も関連性が高いタグをいくつか登録する。タグをもれなく設定することは大事だが、入れすぎには注意が必要

## ○ 公開後は効果測定とさらなる改善を

ジャンルによって最適な動画の長さやサムネイルの使い方などは異なります。YouTubeアナリティクスのレポートを確認し、実験しつつ自テーマに合うベストプラクティスを見つけ出しましょう。YouTube Studioの「アナリティクス」メニューから閲覧できます。

▶ **YouTube アナリティクス**
https://studio.youtube.com/

## 質疑応答

**Q スマートフォンのアプリに対してはどんなSEO対策がありますか？**

**A** スマートフォンアプリの主なSEO対応は「App pack」 に対しての対策と、「Firebase app indexing」という施策です。

App packとは、「音楽アプリ」など、「○○アプリ」のような検索クエリに対して検索結果に表示される、複数のアプリをフィーチャーする特別な枠です。App packに取り上げられるためにはアプリストア側のキーワード対策とアプリの評判への対策を行います。対策したいキーワードをアプリストアの説明文と、可能ならばタイトル（アプリ名）に自然な形で含めましょう。また、評価が高くレビュー数が多いアプリがApp packに取り上げられやすいため、ユーザーを満足させてレビュー投稿を促すといいでしょう。

Firebase app indexingとは、アプリ内のコンテンツをGoogleにインデックス登録させるための対策で、SEO上のメリットは主に2つです。1つ目はすでにアプリをインストールしている既存ユーザーが検索結果をクリックすると、Webサイトではなくアプリ内のコンテンツに遷移し、アプリに誘導できることです。もう1つは、ブランド名で検索したユーザーに対して検索結果にWebサイトのトップページとアプリのダウンロードページの2つの検索結果を表示させられることです。ただしFirebase app indexingを実装するにはアプリ側の開発が必要です。

Chapter

# 6

# スマートフォン時代の環境と技術を知る

スマートフォン時代は、サイトのパフォーマンスを向上する技術も変化しました。特にJavaScriptを使ったサイトなどについてSEO上の注意点と対策を解説していきます。

Lesson 43 [モバイルファーストインデックスへの対応]

# MFIを理解してサイトのタイプ別に対策しよう

このレッスンのポイント

1章で解説したとおり、現在のGoogleはモバイルファーストインデックス（MFI）という方法でWebサイトをクロールしています。MFIでクロールがどう変わり、どんな対策が必要になったのか、改めて詳しく解説します。

## MFIによってGooglebotのクロールが変化する

MFI移行にともない、Googleのクローラー（Googlebot）がWebサイトから情報を集めるためのクロールに変更が生じています。MFI以前は、メインとなるGooglebotはデスクトップ用のものなので、それぞれのサイトが返すPC版サイトをクロールしその内容をインデックスしていました。モバイル用のGooglebotも存在していましたがインデックス対象はあくまでデスクトップ向けでした。

MFI移行後はこれらが逆転し、モバイル用のGooglebotによるクロールがメインとなるため、モバイル版を持つサイトではそちらを返すようになります。インデックス対象としてもモバイル版サイトが優先されるようになるため、モバイル版、つまりスマートフォンサイトの内容に問題がないか、改めて確認する必要があります。

▶ MFI移行による変化 図表43-1

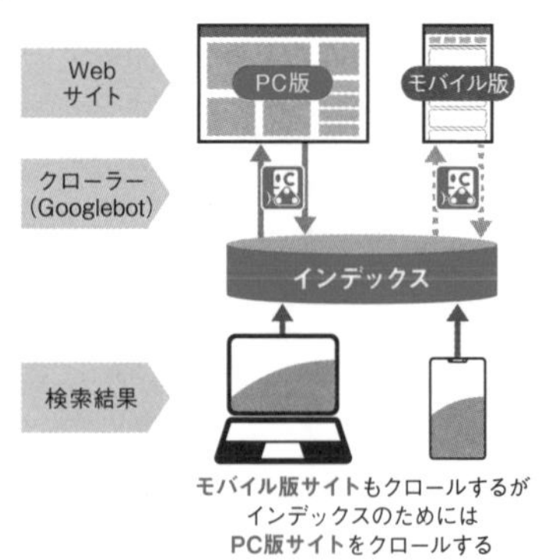


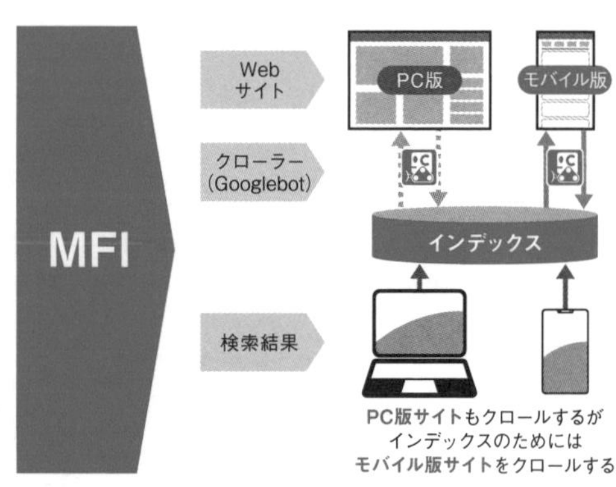


MFIによりインデックス登録のためのメインのクロール先はモバイル版サイトになる

## あくまでインデックスされるのはモバイル版のみ

ここで勘違いしてしまいそうなポイントは、PC版のインデックスに加えてモバイル版のインデックスもあるわけではない、ということです。あくまでインデックスは1つで、MFI移行後はモバイル用のGooglebotに返るページのみがインデックス対象になります。PC版サイトしかない場合もインデックスから削除されるわけではなく、引き続きPC版サイトがインデックスされます。ただしLesson 03で解説したモバイルフレンドリーの要件を満たしていないという点で、評価は下がります。

## モバイル版サイトでMFI移行時に気をつけるべきこと

Lesson 05で解説したように、モバイル版サイトを実装するには、「レスポンシブウェブデザイン」「動的な配信」「別々のURL」の主要な3つの方法があります。

自身のモバイル版サイトで選択している実装方法によって、MFI移行における確認ポイントも異なります。すべての実装方法に共通の必須要素についてはLesson 23、Lesson 28で解説しているので参照してください。

3つの方法のうち、「レスポンシブウェブデザイン」についてはPC版サイトと同一のHTMLを使用するという性格上、MFI対策は強く意識する必要はありませんが、動的な配信と別々のURLの実装方法では注意が必要です。次から解説します。

## 「動的な配信」の場合に注意すべきこと

動的な配信の場合、「閲覧するブラウザのユーザーエージェントでコンテンツを出し分ける」という処理を行うことから個別に以下のような項目に注意が必要です。

### Varyヘッダーの設定

サーバーが返すHTTPレスポンスにVaryヘッダーを追加する必要があります。

Varyヘッダーとは「状況に応じてページ内容が変わる」 ことを表しており、Vary:UserAgentを設定することで「ユーザーエージェントによってページ内容が変わる」ということをGooglebotに通知することができます。

### クローキングに注意

ユーザーエージェントによってページの出し分けを行いますが、あくまでPCかスマートフォンかの判別のみを行い、「Googlebotかどうか」の個別判定は行わないようにしましょう。Googlebotにのみ異なるページを返すようなことがある場合クローキングスパムとみなされる可能性があります。



NEXT PAGE →

### コンテンツを一致させる

PC版とモバイル版でコンテンツを一致させます。PC版で表示しているコンテンツをモバイルで割愛しているサイトもよく見かけますが、両者で差異がないようにし、モバイル版でも明確でわかりやすい見出しとコンテンツを使用します。

## 「別々のURL」の場合に注意すべきこと

別々のURLでサイトを作成する場合、PC版サイト、モバイル版サイトそれぞれのURLのつながりを正しく表す必要があります。以下の項目に気をつけてGooglebotが正しく理解できる形にしましょう。

### アノテーションの設定

PC版サイトとモバイル版サイトのつながりをHTMLのheadタグ内に記載し明確にGooglebotへ伝えます。PC版サイトへは該当するモバイル版ページのURLをrel="alternate" にて設定、モバイル版サイトへは該当するPCページのURLをrel="canonical" にて設定します。この設定をアノテーションと言います。指定するURLはトップページなどではなく、必ずそれぞれ該当するURLを1対1で使用します。

▶ アノテーションの設定例 図表43-2

| 商品一覧（PC版サイト）<br>https://example.com/product/list/ | 商品一覧（モバイル版サイト）<br>https://example.com/m/product/list/ |
|---|---|
| PC版サイトへの記載 | モバイル版サイトへの記載 |
| <link rel="alternate" media="only screen and (max-width: 640px)" href="https://example.com/m/product/list/"> | <link rel="canonical" href="https://example.com/product/list/"> |

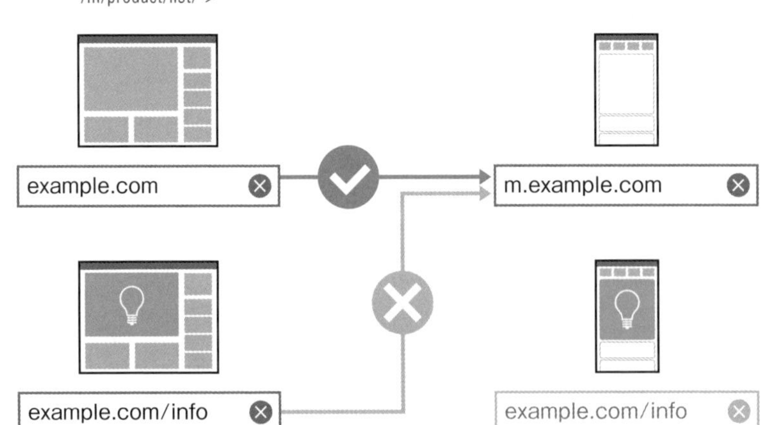


アノテーションの設定は必ず該当するページへ1対1で行う

### 最適なリダイレクトの設定とVaryヘッダーの設定

PC版サイトへスマートフォンからアクセスがあった場合に自動的にモバイル版サイトへリダイレクトする場合は、アノテーションの設定と同様に必ずアクセスされたページに該当するモバイル版ページにリダイレクトするようにします。またその場合は「ユーザーエージェントによるコンテンツの出し分け」になるため、Varyヘッダーも忘れずに実装しましょう。

### エラーページのステータスを統一すること

例えばPC版サイトでは問題なく表示されており、モバイル版サイトでは404エラーとなるようなページはインデックス登録されません。対となるページのエラーステータスは統一しましょう。

### モバイル版サイトのURLにてフラグメント(#)を使用しないこと

https://example.com/list/#color など、フラグメント（#）を含むURLは使用せず、https://example.com/list/color/ やhttps://example.com/list/?sort=color などで表現するようにしましょう。フラグメントを含むURLはインデックス登録されません。特にJavaScriptを使用した画面遷移を実装している際に多く見られるため、注意が必要です。

### 複数のPC版サイトでそれぞれに該当するモバイル版サイトを準備すること

例えばECサイトとメディアサイトの2つのPC版サイトがある場合、モバイル版サイトもECサイトとメディアサイトで分けて作成する必要があります。
メディアのモバイル版サイトがない場合に、PC版メディアサイトからモバイル版ECサイトへとリダイレクトするような実装をまれに見かけますが、この設定は関連するページがインデックス登録されない危険性があります。そのような場合はメディアのモバイル版サイトができるまで無理なリダイレクトはしないでおきましょう。

▶ モバイル版へのリダイレクト 図表43-3

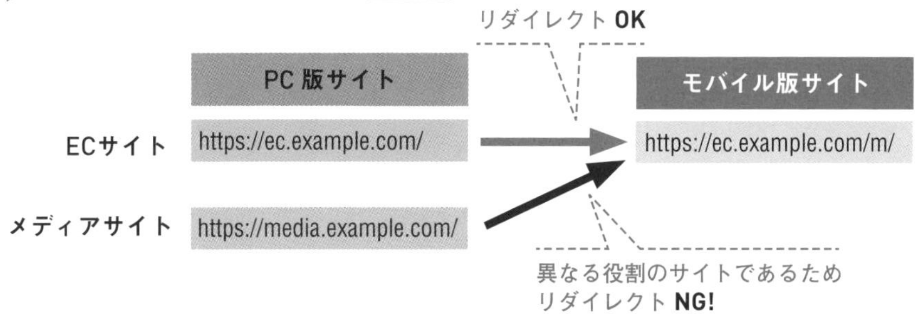


サイトごとに必ず対応するモバイル版サイトを作成する

### サイトの多言語対応設定を確認する

多言語対応しているサイトの場合、以下のようなhreflangリンク設定を行っていると思います 図表43-4 。
この際hrefで設定するURLはPC版サイトの場合は該当言語のPC版サイトURL、モバイル版サイトの場合は該当言語のモバイル版サイトURLを指定するようにしましょう。

▶ 多言語設定の例 図表43-2

```
<link rel="alternate" hreflang="en" href="英語向け該当ページURL">
```

### モバイル版サイトを設置するサーバーの処理能力に注意しよう

MFI移行にともない、モバイル版サイトへのクロール頻度が高くなる可能性があります。モバイル版サイトをPC版サイトとは別のサーバーに設置している場合、その処理能力に問題がないかあらかじめ確認しましょう。

### robots.txtの内容を確認しよう

robots.txtにはクロールブロックしたいURLなどが記載されているかと思いますがPC版サイト、モバイル版サイトいずれも意図した通りのブロック状態であることを確認しましょう。またモバイル版サイトのドメインが異なる場合（例：m.example.com）にはそちらにもrobots.txtを置きましょう。

すでに自身のサイトがMFI移行しているかどうかはLesson 04を参照して確認してください。まだ移行していない場合、もしくは移行していてもサイトの作りが「動的な配信」「別々のURL」の場合はこのレッスンのチェック項目を改めて確認しましょう。

Lesson 44 [スマートフォンSEOとJavaScript]

# JavaScriptとクロールの関係を理解しよう

このレッスンのポイント

**画面表示の調整からマーケティングやサイト分析用のタグなどあらゆるサイトで広く利用されているJavaScript。スマートフォンサイト構築においては切っても切れない技術ですが、ここではSEOに与える影響について理解しましょう。**

## なぜJavaScriptが重要か

JavaScriptの利用が増えている背景にはJavaScriptでできることが増えているという技術的進歩もありますが、スマートフォンからのWeb利用者の増加も大きく影響しています。スマートフォンはPCに比べ画面の形状、サイズ、通信の安定性などに制約があり、それらの解決のためにJavaScriptが多く利用されています。メニューを開閉するアコーディオンメニューや、商品一覧などでスクロールとともに商品を読み込む無限スクロールなどがその一例です。

MFIによりモバイル版サイトが主にクロールされるようになる以上、JavaScriptとSEOの関係を理解しておくことが重要になります。

## JavaScriptが実行される仕組み

まずWebサイトに実装されているJavaScriptがどのように実行されるのかを理解しましょう。

ブラウザでWebサイトにアクセスすると、サーバーからHTMLファイルが返ってきます。ブラウザはそのHTMLに書かれている内容を読み込み、追加で必要なCSSファイルやJavaScriptファイル、画像ファイルなどがあればそれらもサーバーから取得します。その際取得したJavaScriptファイル、もしくはHTMLファイル内に記載されたJavaScriptはブラウザ上で実行されます 図表44-1。

このようにJavaScriptの実行はブラウザ、つまりクライアント側で行われるため、取得したJavaScriptの処理が実行できるか、実行される際のパフォーマンスはクライアント環境に依存します。



NEXT PAGE →

▶ JavaScriptがブラウザで実行される仕組み 図表44-1

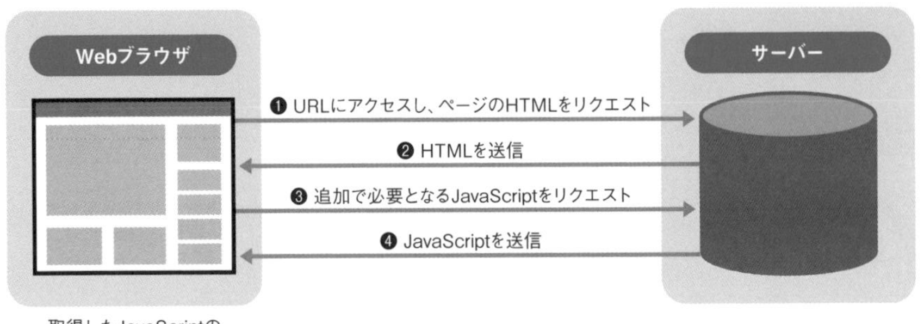


取得したJavaScriptのソースコードの実行はブラウザ上で行う

## クローラーもJavaScriptを実行できる

クローラーについても基本的な動きはWebブラウザと同じで、サイトのHTMLを取得し、その記載内容に応じて順次処理を行います。

以前はクローラーのJavaScriptエンジンが貧弱であったため、Webブラウザでは正しく動いているのにクローラーにはうまく認識されないJavaScriptというものが多数存在していました。しかし、2019年夏にGooglebotのJavaScriptエンジンがアップデートされ最新のGoogle Chrome（以下Chrome）と同等程度になり、かつ、随時更新されることになったので、クローラーはこれまでに比べ多くのJavaScriptを理解できます。2020年7月現在では最新のChrome、Googlebotともにバージョンは「84」と一致しています。ただしCookie関連など、JavaScriptエンジン以外のところでクローラーが実行できない処理が依然存在します。詳しくは後述します。

## インデックスのファーストウェーブとセカンドウェーブ

では、ユーザーからのアクセスに対しベースとなるHTMLやCSSを返し、コンテンツ部分はJavaScriptで生成するようなJavaScriptベースで構築されたWebサイトの場合はどうなるでしょうか。従来の静的なHTMLページであればクロールされた結果がインデックス登録されますが、JavaScriptの実行が必要なコンテンツについてはクロールされた結果、「JavaScriptを実行した結果のHTMLを再度取得する」という行程が追加されます。この初回のクロール処理を「ファーストウェーブ」、その後行われるJavaScriptの実行結果の取得処理を「セカンドウェーブ」と呼びます 図表44-2。

## ファーストウェーブとセカンドウェーブ 図表44-2

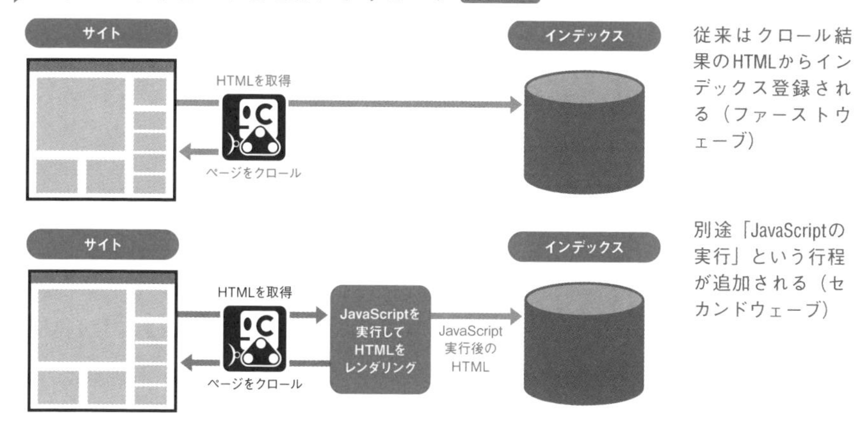


## Googlebotには実行できない処理が存在している

Googlebotで多くのJavaScriptを実行できるようになったとはいえ、ユーザーにアクセス許可を求めるリクエストはすべて拒否されます。例えばブラウザが位置情報取得の許可を求めたりするサイトがありますが、このようなリクエストは拒否されるため、これらに依存するコンテンツは正しく表示されない可能性があります。また、GooglebotはCookieやローカルストレージを保持し続けることもできないため、これらを使用してコンテンツを出し分けている場合は注意が必要です。

## レンダリングキューの待ち時間がかかる

セカンドウェーブの処理は状況に応じて「レンダリングキュー（処理待ち）」が発生します。この待ち時間は数秒間またはそれ以上とされており明確ではありませんが、JavaScriptがあるとインデックス登録に少なからず時間がかかると考えられます。
またGoogleの限られたリソースで処理している以上、クロールバジェット（Lesson 50参照）と同様に、サイトの知名度や有益性をもとに処理の優先度が調整されていると筆者は想定しています。このため、重要なページや更新頻度が高くインデックス更新を早めたいページは、JavaScriptを使わず静的なHTMLでページを作成するのが良いと言えるでしょう。

Googlebot が理解できないページは SEO 上好ましくありません。次の Lesson 45 では JavaScript が Googlebot にレンダリングされているかの確認方法を解説します。

Lesson 45 [JavaScriptのレンダリングの確認]

# クローラーがJavaScriptを読み込めているか確認しよう

このレッスンのポイント

ページ内の重要なコンテンツをJavaScriptで表示している場合、クローラーがそれらの情報に正しくアクセスできているかは非常に重要です。クローラーがページをどのように認識しているかを確認する方法を知っておきましょう。

## ○ モバイルフレンドリーテストを使って確認する

Lesson 26でも採り上げたモバイルフレンドリーテストは、指定したURLのページがモバイルフレンドリーかどうか判定するためのツールですが、あわせてクローラーがレンダリングしたそのページのスクリーンショット、JavaScriptを実行した後のHTMLソースコードを確認することができます。

注意点としてここで表示されるスクリーンショットはレンダリングが追いつかず表示できていないだけということがあり、100%正確ではないとされています（そのため表示もファーストビューのみ）。

より正確な確認のためにはHTMLソースコードに問題なくJavaScriptが反映されているかをチェックするようにしましょう。

▶ モバイルフレンドリーテスト 図表45-1

https://search.google.com/test/mobile-friendly?hl=ja

テストしたいページのURLを入力するだけで簡単に確認できる

## ○ 想定通りJavaScriptが実行されているかチェックする

JavaScriptのエラーやリソースの読み込み失敗についてはモバイルフレンドリーテストの「ページの読み込みに関する情報」から詳細を確認できます。エンジニアと一緒に確認しましょう。

▶ モバイルフレンドリーテストの結果 図表45-2

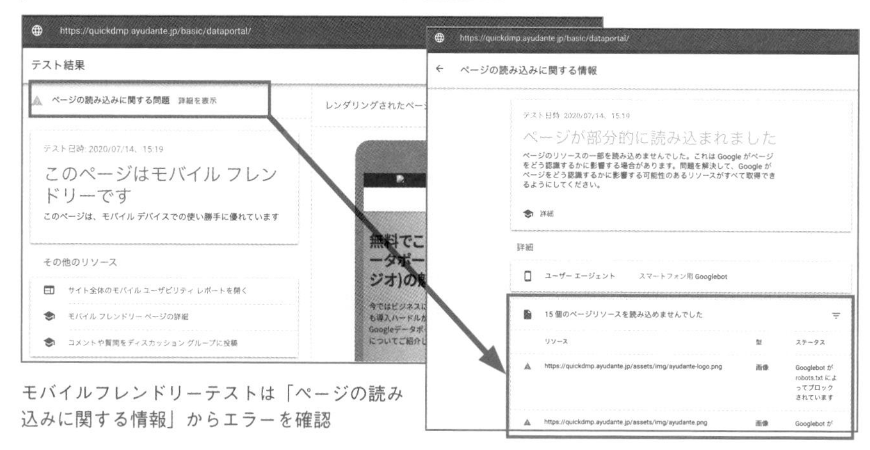


モバイルフレンドリーテストは「ページの読み込みに関する情報」からエラーを確認

### ワンポイント Search ConsoleのURL検査でもチェックできる

対象のサイトをSearch Consoleに登録している場合は、「URL検査」という機能で確認することも可能です。
モバイルフレンドリーテストはテストを実行した時点でのリアルタイム結果を取得するのに対し、URL検査ではすでにGoogleがインデックス登録しているキャッシュ情報が表示されるため、タイムラグには注意が必要です。ただし、URL検査ツールでも「公開URLをテスト」という機能を使うことでその時点のレンダリング結果を得ることもできます。この操作手順についてはLesson 62で解説しています。

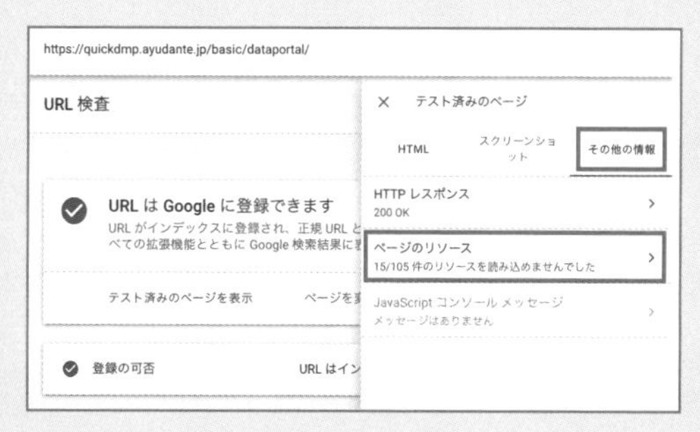


モバイルフレンドリーテストの「ページの読み込みに関する情報」で得られるエラーの内容は、URL検査ツールでは「その他の情報」から確認できる

## 想定通りJavaScriptが実行されていない場合は対処する

### 表示に必要なリソースにクローラーがアクセスできない

JavaScriptの実行に必要な外部JavaScriptへのアクセスをrobots.txtなどで制限し、クローラーがアクセスできなくなっている場合、当然JavaScriptは実行されません。ブロックするのをやめましょう。

### クローラーはデータの保持は行わない

クローラーはCookieやローカルストレージなどを保持し続けることはありません。クロールさせたいページではこれらによる表示制限は避けましょう。

### 一部機能のアクセス許可リクエストは拒否される

普段Webサイトを閲覧しているとマイクやカメラ、位置情報などの許可を求めるWebサイトがあると思います。クローラーではこれらのリクエストは拒否されるため、拒否されてもページが表示できる方法を検討しましょう。

### クローラーがすべてのJavaScriptを実行できるわけではない

Lesson 44で解説したようにクローラーのJavaScript実行エンジンは非常に強力なものになりましたがそれでも制限事項はあるため、内容によっては代替処理などを準備する必要があります。

JavaScript を使用するページではこのレッスンで解説したツールを積極的に活用してレンダリング状況を確認しましょう。具体的にどのような JavaScript の処理に注意する必要があるのか、次の Lesson 46 から見ていきます。

### ワンポイント　クローラー向けのダイナミックレンダリング

クローラーが実行できるJavaScriptはどんどん高度なものになっていますが、それでも現状JavaScriptの処理をすべてのクローラーが完全に理解するのは難しいです。そこでGoogleは通常のユーザーには従来のHTMLとJavaScriptを返し、クローラーに対してはあらかじめサーバーサイドでJavaScriptを実行しレンダリングが完了した静的HTMLを返すように出し分けを行うダイナミックレンダリングという手法を回避策として推奨しています。容易に実装できるものではありませんが解決策の1つとして覚えておきましょう。

▶ Google 公式ヘルプ（ダイナミックレンダリングを実装する）
https://developers.google.com/search/docs/guides/dynamic-rendering?hl=ja

Lesson 46 [遅延読み込みとSEO]

# 遅延読み込みをSEO的に正しく実装しよう

このレッスンのポイント

**JavaScriptを使った遅延読み込みはページのパフォーマンス向上のために使用されることが多いですが、安易に実装してクローラーが該当コンテンツを正しく認識できなくなればSEOに影響します。安全に実装する方法を解説します。**

## 遅延読み込み(Lazy Load)とは

SEOにおいて、サイトにアクセスしたときの表示速度などのパフォーマンスは非常に重要な要素ですが、スペックや通信状態の制限があるモバイル環境では、PC環境より一層パフォーマンスを意識する必要があります。遅延読み込みはパフォーマンス改善に使用されるメジャーな方法です。
では、遅延読み込みはどのような処理でしょうか。Webブラウザは通常、HTMLを読み込んだ時点でページ内のすべての画像やコンテンツの取得を試みますが、実際に表示できる領域はサイトの上部のみであり、すべての画像が即座に必要なわけではありません。こういった即座に読み込まれる必要のないコンテンツを、サイトへのアクセス時ではなく“要素が表示領域に入ったタイミング”などで遅らせながら読み込ませる処理を、遅延読み込みといいます。

▶ 遅延読み込みの仕組み 図表46-1

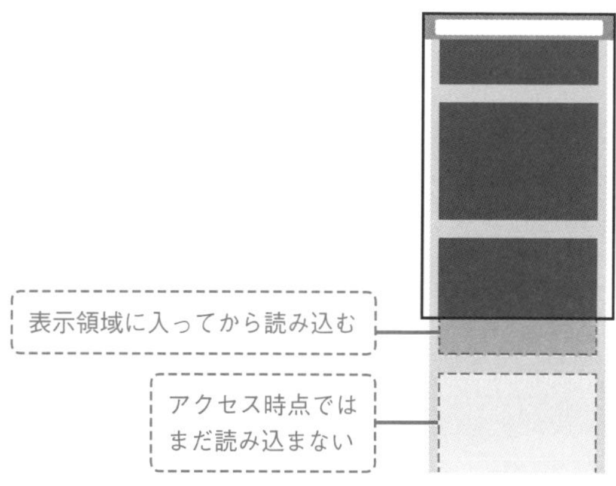


表示領域に含まれないコンテンツを遅延読み込みで制限する。遅延読み込みは画像だけでなく文章等も可能

## 遅延読み込みを実装する最適な方法

遅延読み込みは通常JavaScriptを使用して実装します。実現方法はいくつかありますがGooglebotが理解できない方法で実装してしまうと対象のコンテンツが読み込まれない状態でページがクロールされてしまう可能性があります。こういった事態を避けるためGoogleは次のような実装方法を推奨しています。

### 画面に表示されたときに読み込まれるように設定する

遅延対象としたコンテンツを読み込むタイミングとしては、時限制御、スクロール量などいろいろなパターンが考えられますが、Googleは実際に画面上に表示されたタイミングで読み込みを行うことを推奨しています。要素が画面上に表示されたタイミングをコンテンツの読み込みタイミングとすることで、いろいろな画面幅（高さ）に対応することができます 図表46-2 。

これは、Googlebotにはスクロールという概念がなく、縦に非常に長いブラウザでページを読み込んでいるイメージであるためです。この実装方法であれば、スマートフォンでは表示に合わせて画像が読み込まれ、Googlebotでは最初に画面全体が表示領域に入るため、通常通り全画像やコンテンツが読み込まれるというように、非常に都合のいい棲み分けが行われます 図表46-3 。

▶ 遅延読み込みのタイミング 図表46-2

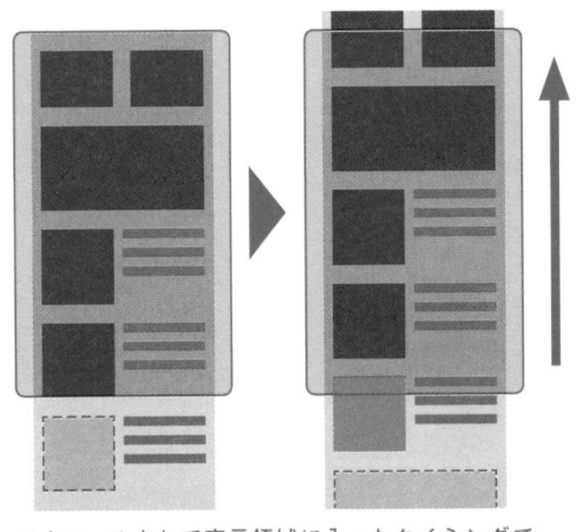

スクロールされて表示領域に入ったタイミングではじめて画像を読み込む

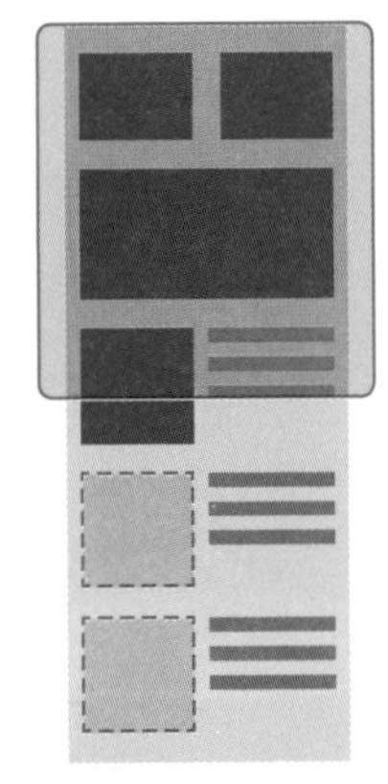

表示領域に入ったタイミングで読み込むことであらゆる画面サイズに対応できる

### ▶ Googlebotの読み込みイメージ 図表46-3

| 通常のWebブラウザのイメージ | Googlebotのイメージ |
| --- | --- |

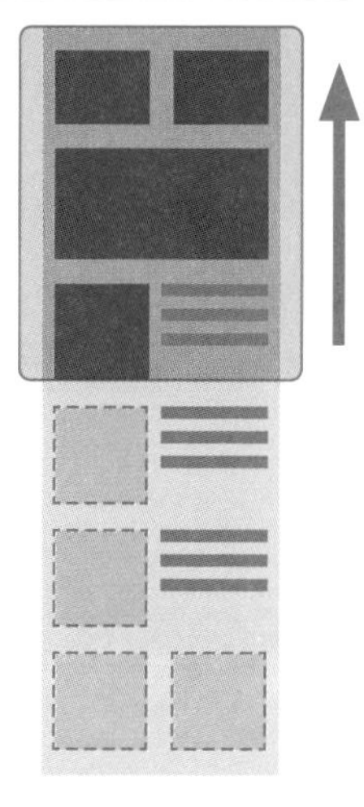
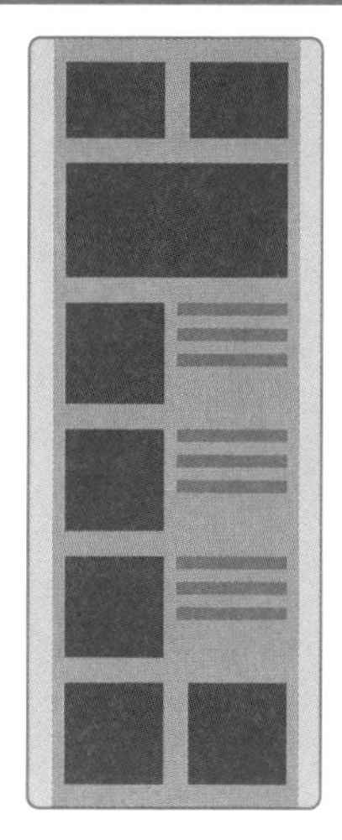

Googlebotは縦に大きいブラウザでページ全体を一括で表示しているイメージ

## IntersectionObserver APIの利用

Googleが推奨している実装方法は、IntersectionObserver APIを使用する方法です。IntersectionObserver APIとはJavaScriptから利用可能なWebブラウザの機能で、「要素同士の交差を監視する」機能です。このAPIを使うことで、遅延読み込みするべき要素が表示領域に入ったかどうか（表示の境界と画像などの要素が交差したか）を判別できます。Googleは公式に、GooglebotがIntersectionObserver APIをサポートしていることを明言しているため、最も安全な方法です。

## Polyfillを利用することを推奨

IntersectionObserver APIがサポートされているとはいえ、Google以外のクローラーや古いブラウザではIntersectionObserver APIを実行できないことがあります。そのような場合に活躍するのがPolyfill（ポリフィル）です。Polyfillとは古いブラウザなどが未対応のJavaScriptにアクセスした場合に、代替となる類似処理を提供するためのJavaScriptです。IntersectionObserver APIに対応しないブラウザへはPolyfillを提供することでより安定して遅延読み込みを提供することができます。

IntersectionObserver APIに限らず下位互換が必要なJavaScriptを実装する際はPolyfillの実装についてエンジニアと相談しましょう。

## 遅延読み込みをGooglebotが認識可能かを確認

遅延読み込みを実装したら、遅延対象の要素をGooglebotが正しく取得できているかを確認しましょう。Lesson 45で解説したモバイルフレンドリーテストやURL検査ツールでHTMLを取得し、対象要素が問題なく確認できていれば問題ありません。

例えば、特定の画像を遅延読み込み対象としている場合、モバイルフレンドリーテストの「ページの読み込みに関する情報」などから対象の画像が読み込まれているかを確認することができます。

▶ モバイルフレンドリーテストの「ページの読み込みに関する情報」 図表46-4

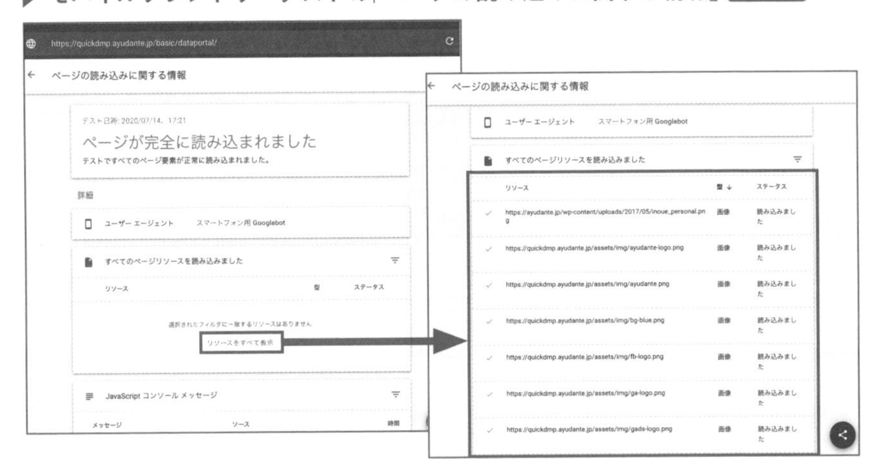


遅延対象の要素が読み込まれていない場合は再度確認しよう

遅延読み込みは、Lesson 48で解説する速度改善においてとても活躍します。特に画像を多く使用しているサイトでは積極的に導入するといいでしょう。

### ワンポイント 遅延読み込みに関する技術情報

遅延読み込みは画像を多く使う商品リストや記事コンテンツなど重要なページで使われることも多いと思います。エンジニアと協力し確実にクローラーに認識される構成を目指しましょう。

▶ **読み込みの遅いコンテンツを修正する**
https://developers.google.com/search/docs/guides/lazy-loading

Lesson 47 [SPA(Single Page Application)、無限スクロール]

# JavaScriptでページ内容を書き換える実装には注意しよう

このレッスンのポイント

**クリックやスクロールでページの内容がすばやく書き換わったり、追加でコンテンツが読み込まれるサイトがあります。それらはJavaScriptで実装され、使い勝手は快適ですが、反面SEOでは少し課題もあります。**

## JavaScriptでページの内容を書き換える技術

ECサイトの商品一覧ページやTwitterのフィード画面のようにユーザーのスクロールアクションに応じて続きを読み込み、次から次へとコンテンツを表示するページを目にしたことがないでしょうか。それらは「無限スクロール」と呼ばれるものですが、このように新たなHTMLのロードをともなわずページの内容を大きく変える技術が特にモバイル版サイトでは利用されることが増えています。この手の技術を使用する場合のSEO上の注意点を「SPA（Single Page Application）」や「無限スクロール」という代表的な技術を例に見てみましょう。

## サイトパフォーマンスを向上させる「SPA」

サイト全体のパフォーマンス向上を主な目的として「SPA（Single Page Application）」という技術を使用して構築されているサイトが非常に増えてきています。SPAとは、初回のアクセス時に土台となるHTMLやJavaScript、CSSなどを読み込み、それ以降の画面遷移はJavaScriptによるHTMLの書き換えのみで行う表示方法です。本来画面遷移の際には都度サーバーに新しいHTML全体をリクエストしてロードする工程が必要ですが、SPAではJavaScriptによる最小限の情報更新で済むため、非常にスムーズに画面遷移させることができます 図表47-1。

## ▶ SPAのイメージ 図表47-1

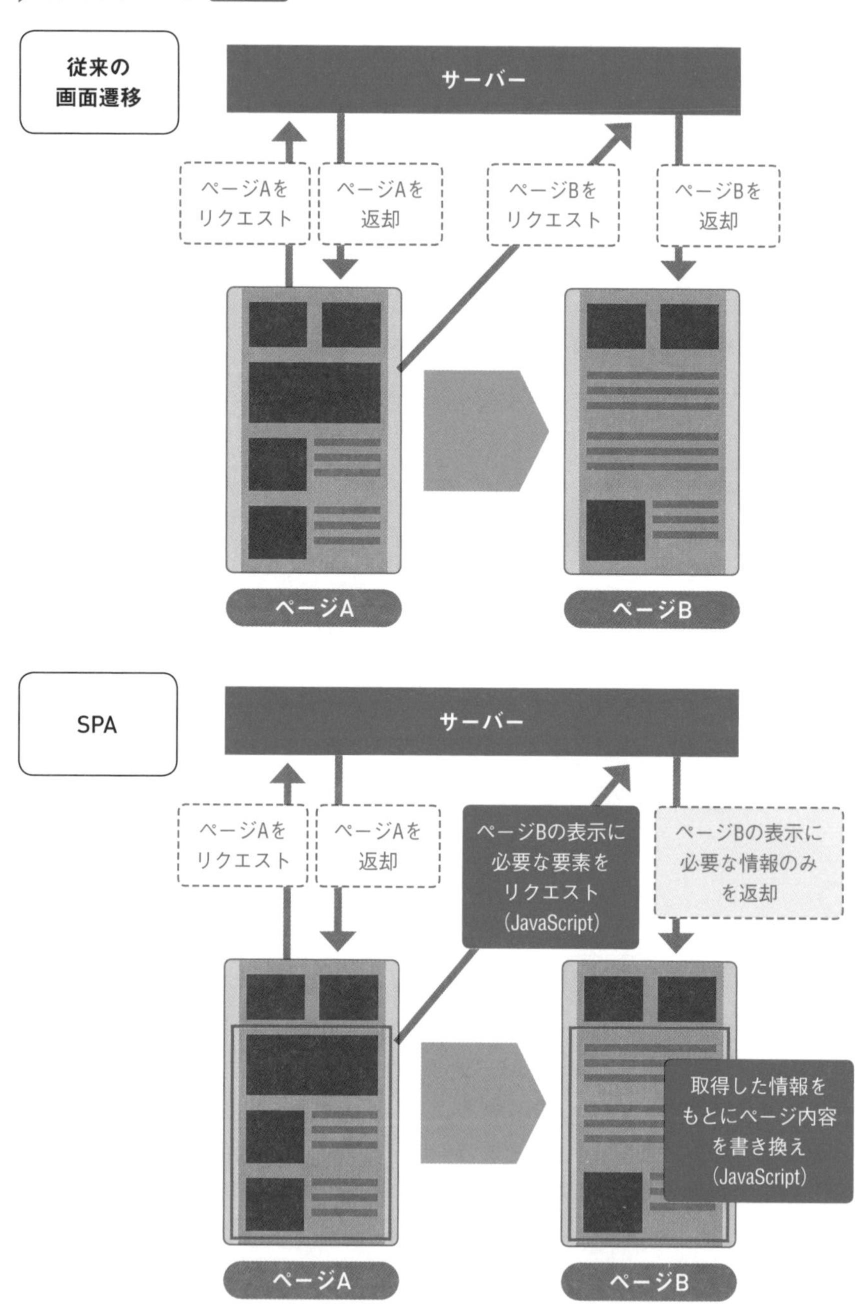


従来のWebサイトではページAからページBに遷移する際にはサーバーにリクエストしてページ全体を書き換える(上)が、SPAでは画面遷移に必要な最低限の情報のみJavaScriptで取得し、レンダリングする(下)

## SPAのSEO的な問題点と対策

このようなSPAのサイトをGoogleはどのように評価するのでしょうか。最も気をつけるべきポイントとして、SPAでは実装方法によってはページを遷移しているにも関わらずURLが変化しないことです。1つのURLでページの内容だけが変わっていくのです。Lesson 44で解説したように昨今のGooglebotはある程度のJavaScriptを認識することができますが、インデックス登録はURL単位で行われるため、必ず該当ページへ直接アクセスするためのURLが必要となります 図表47-2 。ですからSPAを使うサイトでのSEOに必須の条件は、JavaScriptによる画面遷移をしても「各ページへ固有のURLを割り当てる」こととなります。

非常に重要なポイントとして、そのURLはフラグメント（#以後の文字列による区別）ではないURLで、ユニークである必要があります。フラグメント（#）を使用したURLの差別化はGoogleには正しく認識されません。

▶ SPAでも固有のURLを割り当てるようにする 図表47-2

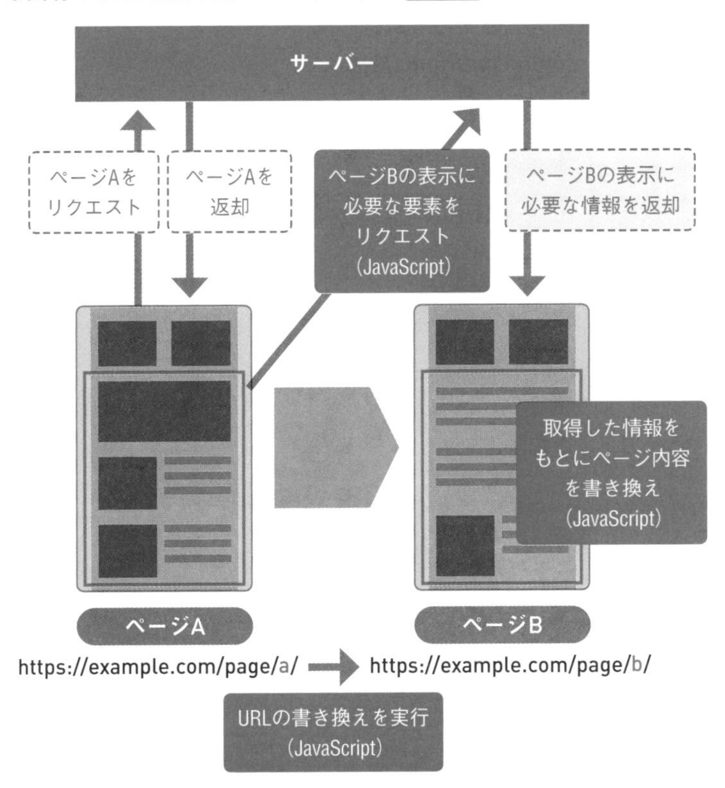


画面遷移時にURLも書き換わるようにする。さらにページBのURLに直接アクセスした場合にはページBが表示されることが重要

## 「無限スクロール」の問題点と対策

ユーザーのスクロールアクションにより、次々と新しい要素を読み込む「無限スクロール」。こちらはSPAよりも目につくことが多いかもしれません。非常に便利な機能ではありますが、SEO的にはいくつか懸念もあるので、ここで確認しましょう。

### スクロールにより追加読み込みが行われるごとに固有のURLを割り当てる

無限スクロールにおいても固有のURLを割り当てることが非常に重要です。一般的なページネーションと同じように、スクロールにより追加ブロックが読み込まれる度に2ページ目、3ページ目と遷移していくイメージで固有のURLを割り当てる必要があります。固有の各URLへ直接アクセスした場合も該当するリストが表示されるように調整しましょう。また、もし実際に存在しないページURLに直接アクセスされた場合には正しく404を返すようにしましょう。

**例：2ページ目のURLを**
**https://example.com/items/2/**
**https://example.com/items/?page=2**
**など固有のURLにする**

**例： 30ページ目（https://example.com/items/30/）までしか存在しないにもかかわらず100ページ目（https://example.com/items/100/）にアクセスされた場合は404を返す**

### 1スクロールごとに読み込まれるアイテムのルールを決めておく

1スクロールで追加読み込みされるアイテム数、表示順を固定し、固有のURLで表示されるリストが頻繁に変動せず、また異なるページ間で表示アイテムが重複しないようにしましょう。

せっかく作成したページでもURLがなければクローラーはインデックスすることができません。快適な機能を提供しつつ、必ず固有のURLを付与し、それぞれのページへ直接アクセスできるようにすることを心がけましょう。

### 直接各ページにアクセスできる固定のページネーションリンクを設置する

無限スクロールに加えて、各ページ番号へ直接遷移できるページネーションリンクを設置すると、JavaScriptが実行できない環境であっても画面遷移を行えますし、また好きな箇所に遷移しやすいためユーザーにとっても使い勝手が良くなります。そしてリンク要素を設置することでクローラーもページを把握しやすくなるでしょう。

▶ ページネーションリンクを設定 図表47-3

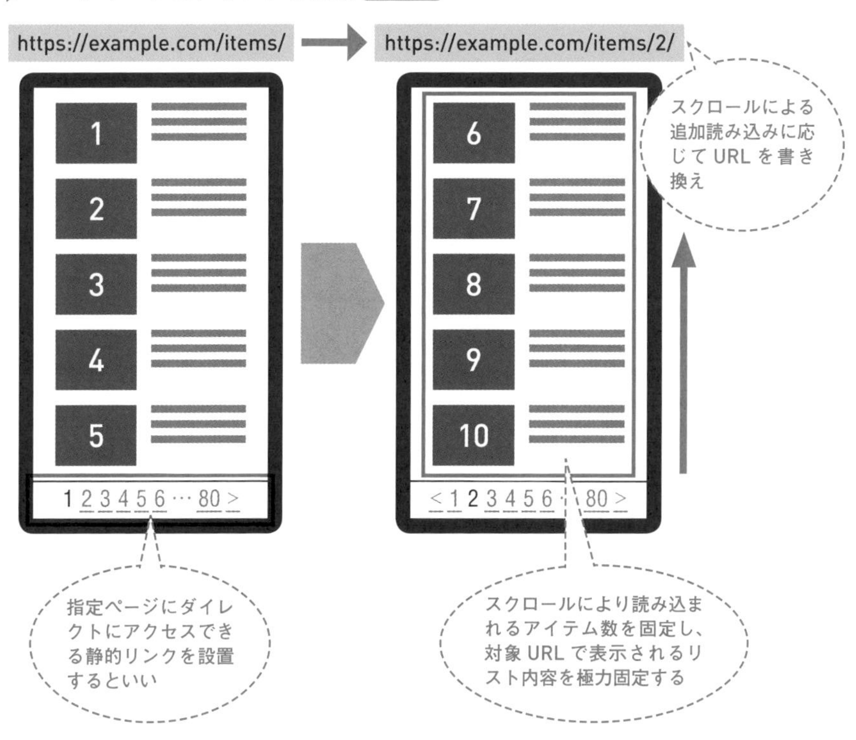


ページをきっちり分割しそれぞれのページへ直接アクセスできることがクローラーに対して重要。無限スクロールという操作だけはそのまま提供し、ユーザーはストレスなく閲覧することができる

以上の注意事項とあわせて、Lesson 45 で取り上げた通り、JavaScript で実装したページをクローラーがきちんとレンダリングできるかも忘れずに確認しましょう。

Lesson 48 [スマートフォンSEOと高速化]

# 表示速度を調査して改善しよう

このレッスンのポイント

SEOにおいてページの表示速度は重要な要素の1つですがスマートフォンサイトについても同様です。自身のサイトはどれほどのパフォーマンスがあるのか、調査、改善のためのポイントを解説します。

## 表示速度の重要性を理解する

Googleはスマートフォン時代を見据えて表示速度を非常に重視しています。2018年7月には「スピードアップデート」というモバイル版ページの読み込み速度をモバイルの順位のランキングシグナルとして使用するアップデートをリリースしました。これは表示の遅いページのみ順位に影響があるアップデートです。またSEOだけでなく、表示速度が遅く操作性に優れないサイトは訪問後の行動にも影響があると言われています。買おうと思ってもやめてしまう、記事を読み終わって回遊せずに離脱してしまう、そして二度と訪問されないといった問題を避けるためにも、表示速度はスマートフォン時代において非常に重要なファクターです。PC版サイトでは速くてもモバイル版サイトでは遅い、そんなサイトも見かけます。必ずモバイル版サイトでの速度をチェックしましょう。

## 表示速度のチェック方法

ページの表示速度をチェックする方法はいくつかありますが、最も手軽で信頼できるのはGoogleが提供する「PageSpeed Insights」というツールを使う方法です。結果がわかりやすいためおすすめです。PageSpeed Insightsにアクセスし、検査対象のURLを入力、「分析」をクリックするだけで簡単に結果を得ることができます。図表48-1 はモバイルでのスコアになります。100点満点中36点という点数での結果が出てきます。PC版サイトでの結果に切り替えることもできます。

▶ PageSpeed Insights 図表48-1
https://developers.google.com/speed/pagespeed/insights/

Webブラウザ上で簡単に
測定可能

## 便利なAPIやChrome拡張機能を利用する

PageSpeed InsightsはWebページ上での実行のみでなく、プログラムから呼び出すためのAPIも提供しています。少数のページであればWebページ上の検査で問題ありませんが多くのページを検査したい場合、1つ1つWebページから検査を実行するのは手間がかかります。PageSpeed InsightsのAPIを利用するプログラムを作成すれば複数ページの検査も自動化することができるでしょう。

またPageSpeed Insightsは「Lighthouse」というWebページ検査ツールをベースに動作しています。このLighthouseはPage Speed Insightsと異なり現状日本語化はされていませんが、Google Chromeの拡張機能からも呼び出せるため、もう少し汎用的に使えます 図表48-2 。

PageSpeed InsightsではLighthouseの検査項目のうち「パフォーマンス」のみを検査しますが、Lighthouseを使用するとその他に「アクセシビリティ」や「ベストプラクティス」なども確認することができます。

▶ PageSpeed Insights API 公式ヘルプ
https://developers.google.com/speed/docs/insights/v5/get-started?hl=ja

▶ Lighthouseを実行 図表48-2

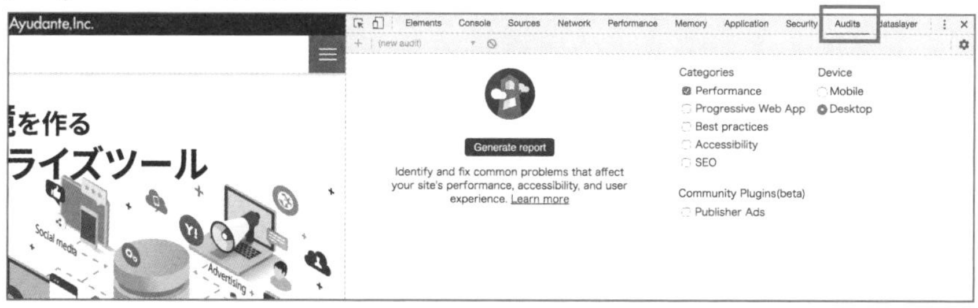


Google Chromeのデベロッパーツール内の［Audits］メニューから簡単にLighthouseを実行可能

## ▶Lighthouseのインストール 図表48-3

Google Chromeの拡張機能でも提供されており、インストールして実行可能

## ▶Lighthouseのスコア画面 図表48-4

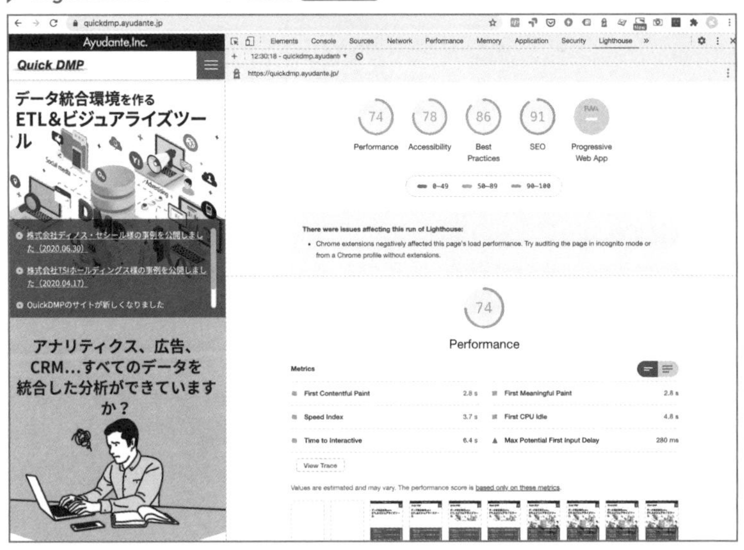


Lighthouseではパフォーマンス以外のスコアもあわせて確認できる

## ○ その他の確認方法

表示速度のチェックには図表48-5 図表48-6のようなツールもおすすめです。いずれもチェックしたいページのURLを指定することで分析を行えるWebサービスであり、PageSpeed Insightsと同じような検査を行うことができます。

検査対象がモバイル版サイトのみで、結果については速いか遅いかがわかればいいという場合は「Test My Site」が最もシンプルです。検査結果から速度改善のためのヒントを多く得たい場合は「GTmetrix」が使い勝手が良いでしょう。PageSpeed Insightsは結果が日本語でわかりやすいことに加え、日本語で書かれた関連ブログが多く情報を得やすく、見るべき結果指標もまとまっているため筆者は最もおすすめします。徹底的に速度改善を試みる場合は複数のツールでチェックし、すべてで高得点を目指すという選択もありでしょう。

### ▶ Test My Site 図表48-5

https://www.thinkwithgoogle.com/intl/ja-jp/feature/testmysite/

PageSpeed Insightsと同じくGoogleが提供する検査ツール。他の検査ツールに比べて結果レポートは大まかなものなのでライトに検査したい場合向け。モバイル版サイトの検査のみに対応する

### ▶ GTmetrix 図表48-6

https://gtmetrix.com/

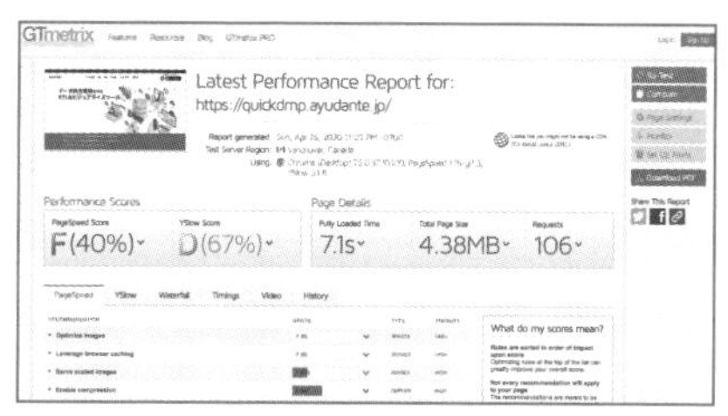


カナダCarbon60社が開発するツール。直近30日以内にGTmetrixで計測された、他のサイトに比べて自身のサイトのスコアがどうなのか、ページ上のリソースがどのような順序で読み込まれているかなど、より細かく技術的な検査結果が得られる。エンジニアの方にとってより多くの情報が得られるツールと言える。多くの情報を得ることができるが日本語化はされていない

## ワンポイント PageSpeed InsightsとLighthouseの結果が違う？

PageSpeed InsightsはLighthouseをベースに動作しますが、それぞれのスコアは必ずしも一致しないことに注意が必要です。理由は大きく2つあります。

1つはスコアリングに使用するデータの差で、Lighthouseはテストを実行した時点でそのサイトのパフォーマンスデータ（ラボデータと呼びます）を取得しスコアリングしますが、PageSpeed Insightsはラボデータに加えて、フィールドデータもあわせて利用します。フィールドデータとは世界中のChromeブラウザユーザーによる実際の利用情報に基づいた統計情報であり、Googleにより自動的に集計されています。フィールドデータによるスコアリングはGoogleの集計タイミングで更新されるため、サイトを修正しても即時反映はされません。また、アクセスの少ないサイトではフィールドデータが存在しないことがあります。

もう1つは検査を実行する環境の差です。例えばPageSpeed InsightsはGoogleのクラウドサーバー上で指定したURLの検査を実行するのに対し、Lighthouseは自身のPC上で実行します。このようにサイトを検証する環境自体にも差があるため当然結果にも差が出てきます。実際の利用者は端末のスペックやネットワーク状態もバラバラでデスクトップPCよりも安定していないことがほとんどだと思います。得られたスコアを鵜呑みにするのではなく、自サイトにアクセスの多い端末で実際にサイトにアクセスしてみるといったことも大切にしましょう。

## ○ PageSpeed Insightsの結果指標を理解し改善に役立てる

PageSpeed Insightsの結果画面に表示されるラボデータ（分析結果）の各指標をもとに、その意味を理解し、どの項目に改善の余地があるのか把握しましょう。それぞれの指標の意味を理解して、表示速度に大きく影響しているのは何かを調査しましょう。

### ▶PageSpeed Insightsの各指標の意味と改善方法 図表48-7

| 指標名 | 意味と改善方法 |
|---|---|
| First Contentful Paint (FCP) | 略してFCPとも呼ばれ、ブラウザ上に画像やテキストなどのコンテンツを、いずれか1つレンダリングし始めるまでの時間を示す。ページそのもののサーバーレスポンスはもちろんCSSの軽量化、JavaScriptコードや画像の最適化などによって縮めることができる |
| インタラクティブになるまでの時間 (TTI) | Time to Interactive（TTI）とも呼ばれ、ユーザーがページ上の全要素の操作を行えるようになるまでの時間を示す。改善のためには、ページ上で呼び出されているが、不要であったり、効率の悪いJavaScriptが主な原因となるためコードの内容も含めて見直す |
| 速度インデックス | いかに速くページ内の多くの割合を表示するかを示すスコア。他の指標とは少し毛色が異なるが、ユーザーが体感するページの表示速度に近いと考えていい。FCPなど他の指標の改善を試みれば同じく改善される傾向にある |
| 合計ブロック時間 (TBT) | Total Blocking Time（TBT）とも呼ばれる。上記のFCPからTTIまでの間に発生したブラウザの処理をブロックする50ミリ秒以上のタスクの合計時間を示す。TTI同様、ページ内のJavaScriptを見直すことで改善する |
| 最大コンテンツの描画 (LCP) | Largest Contentful Paint（LCP）とも呼ばれる。ページ内の最も大きな要素（画像、動画）が表示されるまでの時間を示す。ユーザーがページから意味のある情報を得られるまでの時間の目安になる。優先度の低い要素に関するJavaScriptやCSSを後回しにしたり、対象となる画像、動画をキャッシュしたりすることで読み込みを早めるといった対応が考えられる |
| 累積レイアウト変更 (CLS) | Cumulative Layout Shift（CLS）とも呼ばれ、一度表示された要素がどれほど移動するかを表した指標。リンクなどをタップしようとした際に違うエリアの要素が読み込まれてレイアウトがずれ、タップに失敗するといった場合のレイアウトのずれの多さを把握できる。もちろん小さいことが望ましい。読み込む画像の幅、高さを忘れずに指定する、遅れて読み込む要素はあらかじめそのエリアの領域を確保するといった方法で、一度読み込んだ要素がずれないように対策する |
| Max Potential First Input Delay (FID) | ページに対して、ボタンのクリックなどユーザーが何らかの操作を行った際にページが応答できる時間をFirst Input Delay（FID）と呼び、このFIDのうち最も長い時間を表す。ページ上のアクションについての指標なので、操作性の判断基準になる。TBTで対策したように、使用しているJavaScriptを最適化して改善する<br>※PageSpeed Insightsではこの指標の算出にフィールドデータを使用する。自身のサイトのフィールドデータが存在しない場合はLighthouseを使用して確認しておく |

▶ Webページが読み込まれるまでの流れ 図表48-8

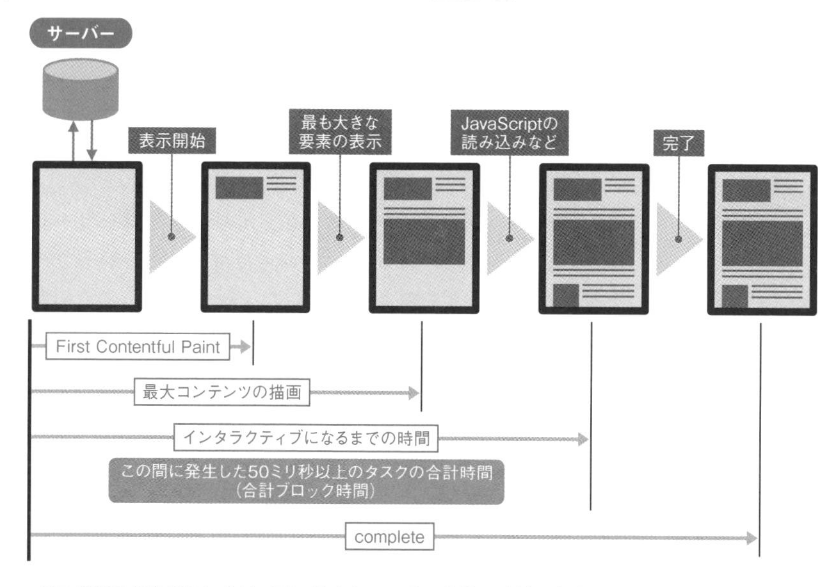


ページの要素は何段階かに分けて読み込まれる。どの段階に改善の余地があるのか、PageSpeed Insightsの各指標をもとに検討する

## ワンポイント ユーザー体験の向上を目指すCore Web Vitals

Lesson 23で解説したように、2021年からCore Web Vitalsを検索ランキングシグナルに組み込むというアナウンスがGoogleからありました。Core Web Vitalsはサイト利用者の体験を向上させるための取り組みであり、先ほど解説した指標のうち、LCP、FID、CLSをもとに算出されるものです。LCPはサイトの速度、FIDは操作性、CLSはページの安定性を図るものであり、この3つの指標をもってより良いユーザー体験を提供しているサイトを評価するというものでしょう。このアナウンスに合わせ、これらの指標の状況はSearch Console上でモニタリングできるようになったのでまずはそこから課題を見つけてもいいでしょう。詳しくはLesson 64を参照してください。

特に通信状況など速度が遅くなる要因の多いスマートフォン環境では、速度改善により一層注力したほうがいいでしょう。Core Web Vitals の向上を目指して、サイトのパフォーマンス上の課題を改善していきましょう。

Lesson 49 [AMPの実装]

# パフォーマンス改善にAMPを活用してみよう

このレッスンのポイント

**モバイルページの表示を高速化し、より快適なユーザー体験を提供する技術であるAMP。昨今では導入しているサイトを見かけることも増えてきました。AMP導入による影響や、SEO上の注意点を押さえてぜひ活用してみましょう。**

## 高速にページを表示できるAMP

AMP（アンプ：Accelerated Mobile Pages）とは、Googleなどが中心となって立ち上げたオープンソースプロジェクトによる、モバイル版Webページを高速化するための手法です。従来のHTMLとは異なるルールに則ってページを構築することで、非常に高速なページ表示を実現します。反面、実行できるJavaScriptの制限などに厳格なルールがあり、従来のモバイルページ（正規ページ）とまったく同じ作りのページをAMPで作成するのは難しく、正規ページとAMP版モバイルページの両方を展開するサイトが多いです。

▶ AMPに対応しているページ 図表49-1

https://blog.evsmart.net › 2020-...

2020年、日本に登場する電気自動車は？【新春まとめ】 | EVsmartブログ

2020/01/02 · 日本の庶民として最も期待感が大きい新登場の電気自動車が、昨秋の東京モーターショーで日本初披露となった『Honda e』です。日本発売は ...

AMP対応ページは検索結果画面にカミナリアイコンが表示される

### ワンポイント AMPページで作成するウェブ ストーリー

AMPページをベースとし、いくつかの画像や動画をつなげて見せる「ウェブストーリー（旧AMPストーリー）」というものも最近はあります。まだ頻繁に目にすることはありませんが、AMP公式サイトでは成功事例などが紹介されているので今後どのように活用が進むかもチェックしておいたほうがいいでしょう。

▶ AMP 公式サイト 成功事例
https://amp.dev/ja/success-stories/ameba/

## AMP導入のメリットと上がる可能性がある評価

AMP導入のSEO的メリットの1つは、検索結果への影響です。GoogleはAMPの導入有無が直接ランキングに影響することはないとしながらも、ページスピードの判定はAMPと従来のページを同一基準で判定します。そのため、スピードに優れるAMPはパフォーマンス面は優位になるでしょう。

また、AMPの実現には厳格なルールがあるため、Core Web Vitals（Lesson 48参照）にも良い影響があります。高速であるため「LCP」「FID」はもちろん、ユーザーの意図しないレイアウト変動も起きづらいため「CLS」も良好です。AMP対応は今後ますます重要度が増すかもしれません。

またAMPページを作成すると、Googleの検索結果やYahoo!の検索結果、TwitterなどSNSからの流入もAMPページが使用されます。広告の誘導先ランディングページにもAMPページを指定することもあり、SEOのみでなくあらゆるチャネルからの流入の高速化が実現できます。

## AMP導入のデメリット

AMP導入のデメリットとして考えられるものとしては、

1. コンテンツの管理が正規版、AMP版の二重になる
2. AMPではリッチな表現が困難である
3. Googleアナリティクスや広告タグでは独自の対応が必要、場合によっては実装不可となる

などが考えられます。1についてはCMSなどを使用して動的に管理すればよく、2については演出などを除外しても高速化することが目的であるためある程度は切り捨てる必要があります。ログインボタンなど重要な要素を設置できない場合は、正規ページへの導線を準備するなど代替案を検討しましょう。

3はツールに依存して解決できない場合もありますが、これを理由にAMPの導入を見送るのはユーザー獲得の機会を減らす本末転倒な選択です。

本書ではAMPページの構築における技術情報までは触れませんが、AMPが出てきた当初はページ上で実現できることもかなり限られていたため、対応するのはニュース記事やブログに限られていました。現在はできることも少しずつ増え、レシピサイトやECサイトでもAMP化しているサイトが出てきています。自身のページがAMP化できそうかエンジニアと共に確認しましょう。

AMPは、Googleがサイトのパフォーマンスを重視するスマートフォン時代にマッチした技術です。積極的に導入することをおすすめします。

## ○ 作成したAMPページを検索結果に出すために

作成したAMPページをGoogleに正しく認識させ検索結果に表示させるための、必要事項があります。

### linkタグの設定

AMPページには 図表49-2 のような記述をheadタグ内に記載することでそのページの正規ページURLを明示します。同様に正規ページ側では 図表49-3 のように記述します。これによりGoogleが正規ページとAMPページの関係を認識できます。

▶ AMPページのHTMLのhead内に記載 図表49-2

```
<link rel="canonical" href="正規ページのURL" />
```

▶ 正規ページのHTMLのhead内に記載 図表49-3

```
<link rel="amphtml" href="AMPページのURL">
```

AMPページのURLはユーザーが見て正規ページとの関連性を理解しやすいURLが望ましいとされています。

良い例 ○
正規ページ: https://example.com/blog/
AMPページ: https://amp.example.com/blog/

良い例 ○
正規ページ: https://example.com/blog/
AMPページ: https://example.com/blog/amp/

悪い例 ✕
正規ページ: https://example.com/blog/
AMPページ: https://sample.com/blog/

### 正規ページとコンテンツの内容を合わせる

AMPのポリシーとして正規ページとAMPページのどちらも提供している場合、ユーザーがどちらにアクセスしても同じコンテンツを利用できるよう、それぞれのページのコンテンツを同等とすることが義務づけられています。

まれにAMPページでは記事の全文を記載せずに、全文を見たいユーザーへは正規ページへのリンクを誘導するサイトを見かけますが、このような場合、検索結果にAMPページが出なくなる可能性があります。この問題をGoogleが発見した場合、Search Consoleに登録していればGoogleからのメッセージで通知されます。メッセージがあれば早急に対応するようにしましょう。

### AMPテストツールで確認

Googleが提供するAMPテストツール（https://search.google.com/test/amp）にて作成したAMPページに問題がないかを確認しましょう。AMPページのURL指定、ソースコード、どちらでも確認することができます。

▶ AMPテストツール 図表49-4

URLを指定するだけで簡単に検査可能

### AMPページをブロックしていないか

robots.txtファイルにてAMPページ自体、またはAMPページで使用する画像などのリソースをブロックすることがないように注意しましょう。

### 構造化データの実装

AMPページも構造化データ（Lesson 29参照）に対応しています。AMPページも構造化データを実装することで検索結果のリッチリザルトに対応させることができます 図表49-5 。AMPページに構造化データを実装する場合は正規ページにも忘れずに構造化データを実装しましょう。

▶ リッチリザルトに対応 図表49-5

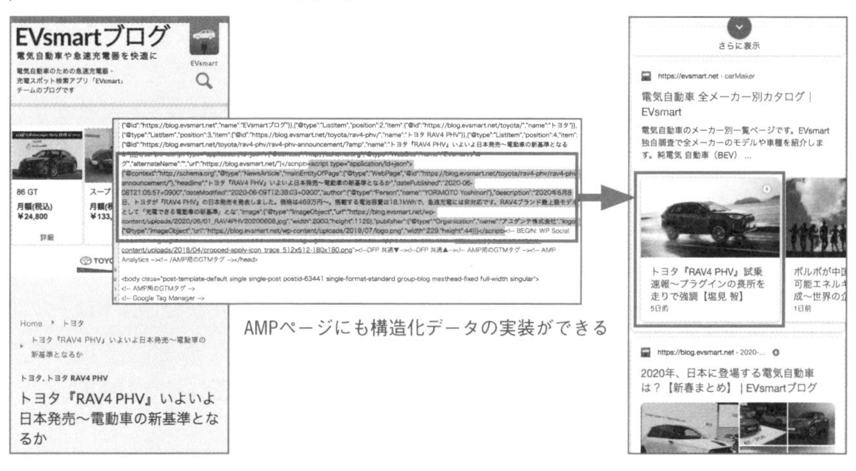


AMPページにも構造化データの実装ができる

### AMPページの分析や監視

Search Consoleを使用すれば作成したAMPページがGoogleに正しく認識されているか、実際に検索ページで表示できているかを確認することができるのでぜひ活用しましょう。またAMPページもGoogleアナリティクスを使用してアクセス数を計測することができます。これらのツールについては8章で解説します。

Lesson 50

[クロールバジェットとクロールの制御]

# 適切にクロールされるようにコントロールしよう

このレッスンのポイント

ここまでGooglebotによるクロールについて触れてきましたが、クロールを行うためのGoogleのリソースにも限度がないわけでありません。ここではクロールをコントロールするためのポイントを押さえましょう。

## 大規模サイトではクロールバジェットも意識しよう

Googlebotによるクロールはいつでも無制限に、高速に行われるものではありません。この制限についての具体的な条件は公表されていませんが、主に対象のサイトの応答速度やアクセス負荷への耐性と、サイトの知名度や更新性、有益性などの指標をもとにGoogleがクロール数や頻度を調整しています。これを「クロールバジェット」といいます。

ページ数の少ない小・中規模のサイトであればクロールバジェットはほとんど気にする必要はありませんが、百万単位のURLがある大規模なサイトであれば無駄なクロールをさせないための工夫が必要です。もっと効率的にサイトをクロールしてほしいと考えるならば、クロールバジェットを意識してクロールをコントロールする必要があります。 例えば、GooglebotはHTMLのみではなく画像や動画、CSS、JavaScriptなどもクロールするためリソースを無駄に費やしてしまう可能性があります。モバイル版サイトではJavaScriptやCSSなどより多くの外部リソースを参照している可能性があるため、注意が必要です。

クロールされるページのコントロールについてはrobots.txtを使用します。記載方法については 図表50-1 にまとめました。

▶ robots.txtのクローラー可否の指示 図表50-1

| | | |
|---|---|---|
| 対象 | Use-agent:* | 対象のユーザーエージェントを指定。通常はすべての意味の「*」 |
| アクセスの指示 | Disallow: | クローラーのアクセス拒否 |
| | Allow: | クローラーのアクセス許可。デフォルトではアクセス許可 |
| 対象ディレクトリの指示 | /<br>/page1/<br>/page1/index.htmlなど | アクセスの指示の後に記載 |

### robots.txtの記載例

例えば、サイト内検索結果のURLが https://example.com/search/?keyword={検索キーワード} のパターンになっており、配下へのクロールを制限したい場合は 図表50-2 のように記載します。

クロール対象をrobots.txtで制御することは非常に重要ですが、同時に、主要なページや主要なページの表示に必要なJavaScriptやCSSファイルを誤ってブロックしてしまうと致命的な問題となる可能性があります。利用にあたっては必ずエンジニアの方と相談の上実施しましょう。robots.txtの詳しい利用方法については公式ヘルプページを確認してください。

▶ robots.txt ファイルを作成する
https://support.google.com/webmasters/answer/6062596?hl=ja

▶ robots.txtの記入例(/search/以下をクロールしない) 図表50-2

```
User-agent: *
Disallow: /search/
```

robots.txt とは、クローラーに対してクロールの方法を記載するファイルです。

## noindexやcanonicalはクロールバジェットには無関係

robots.txtに指示する代わりにHTMLのheadタグにnoindexやcanonicalを記述するのは、誤りです。noindexはページを「インデックス登録させない」、つまりGoogleの検索結果に出さないことが目的です。クロール自体は行われるためクロールバジェットの節約になりません。

canonicalも同様でクロールバジェットの節約にはなりません。canonicalは、複数のURLから同じページにアクセスできる場合に発生するURLの重複を解消するためのタグです。canonicalをクロールコントロールに使うのはそもそも誤りです。

## クロール状況はSearch Consoleで確認する

Googlebotによるクロール状況を確認するには、Search Consoleの「カバレッジ」レポート（Lesson 64で手順解説）を利用します。「カバレッジ」レポートでは、サイトをクロールした結果インデックスされたのかエラーとなったのか、noindexなので除外されたのか等、ステータスごとのボリュームが把握できます。通常はサイトに存在するページのうちクロールを許可しているページ数と「カバレッジ」レポートで記録されている件数の合計は一致するはずです。表示される件数が多すぎたり少なすぎたりしないかを確認しましょう。

Lesson 51 [サイトマップによるクロールの効率化]

# 内容に応じたサイトマップでクロールを効率化しよう

このレッスンのポイント

**サイト内に存在するページや画像、動画を記載したサイトマップファイルを設置しておくことで、Googleのクロールをより高度なものにすることができます。サイトマップを効率的に運用するためのポイントを押さえましょう。**

## ○ サイトマップとは

サイト内のページや画像、動画などのURLやそれに付帯する情報（ページであれば更新頻度や優先度など）をクローラーに伝えるためのファイルがサイトマップ（sitemap.xml）です。クローラーはページ内のリンクをたどってサイト内のページを見つけることができますが、より効率的なクロールを促すためにサイトマップを活用します。スマートフォン時代となり、手元で楽しめる動画や画像コンテンツも増えていますから、これらをより確実にクロールさせることができれば動画検索、画像検索などからも流入が見込めるようになります。

サイトマップは、小規模（1,000ページ以下）、かつホームページからリンクをたどればすべてのページにアクセス可能なサイトや、動画や画像が多くないサイトは必ずしも必要ではありません。ただし、大規模なサイトや、画像や動画などのメディアを多く利用するサイトではサイトマップを作成しましょう。

**より早くより確実に自身のページをインデックスさせるために、大規模なサイトや動画やメディアを多く利用するサイトはサイトマップを利用してみましょう。**

## サイトマップの作成

サイトマップにはサイトマッププロトコル（https://www.sitemaps.org/ja/）に則ってページごとの情報を記載します。サイトマップはクロールさせたいすべてのページの最新の情報を記載する必要があるのでエンジニアの方に相談の上、動的にサイトマップファイルを生成する仕組みを準備しましょう。サイトマップを自動生成するWebサービスもありますが、ページ漏れが発生することがあります。サイトの一部しか送信していないとクロールに偏りが出るのでよくありません。また、静的なサイトマップの作成をしている場合も見られますが、運用工数がかかりますし、すでに404となったページをいつまでも掲載し続けてしまうリスクもあります。

サイトマップはRSS、Text、XML形式などで作成できます。それぞれURL情報のみを通知する、更新情報のみ通知する、などできることが異なりますが、サイト全体のページ情報を記載するXML形式が最もスタンダードです。

## サイトマップの分割

サイトマップには「1つのサイトマップサイズが50MB以下（非圧縮状態）かつURLが50,000件以下」という制限があります。この制限を超える場合には、サイトマップを分割して複数作成し、分割されたそれらのサイトマップ情報をまとめたサイトマップインデックスファイルを作成します。サイトマップの分割は、サイズオーバーの懸念がない場合にも、サイトマップをURLのカテゴリーごとに分割することでサイトマップの更新負荷を最小限に抑えることができる、Search Consoleの「サイトマップ」レポートでファイルごとにクロール状況が確認できるといったメリットが得られるため、サイズ制限内でも検討する価値があります。

▶ サイトマップの分割例 図表51-1

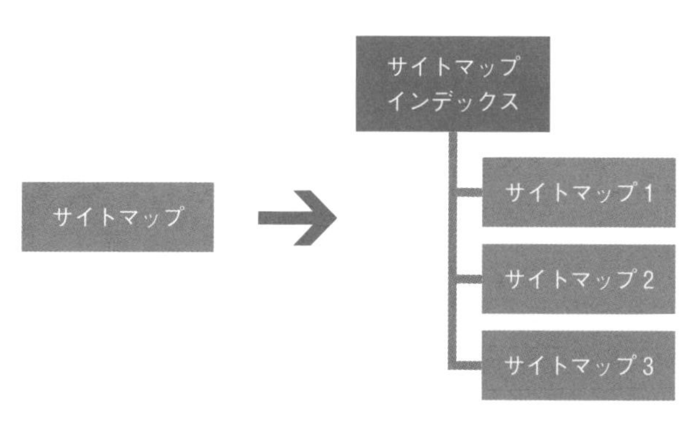


分割後に各サイトマップがサイズ制限未満であればいい

## サイトマップの送信

作成したサイトマップは、Googlebotに認識してもらうためrobots.txt内にサイトマップの設置箇所を記載した上サイトのルート直下に配置するか、Search Consoleの「サイトマップ」レポートから送信します 図表51-2 。

Search Consoleから送信すると正しくサイトマップが送信されたか、エラーが発生していないかを一覧で管理することができます。またサイトマップを分割しているとどの部分でエラーが発生しているのかが把握しやすくなります。

▶ robots.txt 内のサイトマップ URL の記述

```
Sitemap: https://example.com/sitemap_index.xml
```

▶ サイトマップの送信 図表51-2

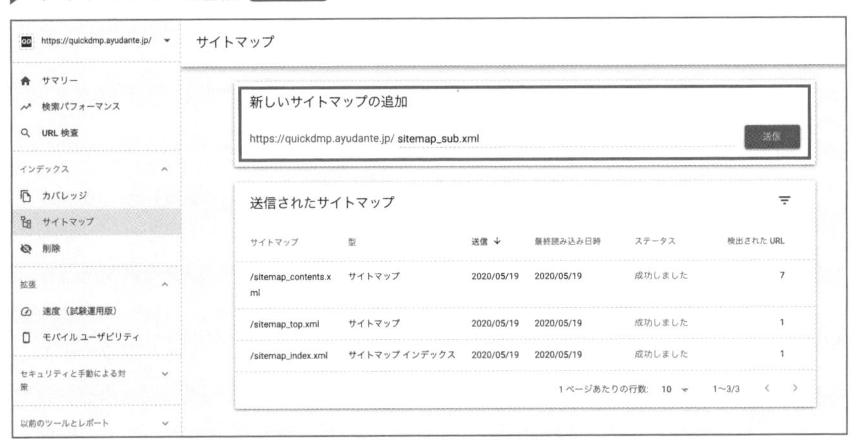


Search Consoleの「サイトマップ」レポートから送信する

## スマートフォン時代のコンテンツとサイトマップの拡張

Googlebotは、ページ情報以外に、拡張機能として動画、画像、ニュースコンテンツ用のサイトマップをサポートしています。クロールだけでは得られないこれらの付帯情報を付与することで、構造化マークアップ同様Googleによるリッチリザルト生成（Lesson 27参照）を促すことができます。次のページを参考にしてみてください。

なおサイトのインデックス登録を促すために重要なサイトマップですが、漠然と準備するのではなく、作成、管理のしやすさも考慮して準備しましょう。

### 動画サイトマップ

動画サイトマップでは、動画の説明やサムネイル画像URL、動画の再生時間、視聴期限、有料／無料など多数の情報を定義できます。多くの通信量が発生する動画は、リッチリザルトとして検索結果で多くの情報がユーザーに伝わることが特に望ましいため動画を豊富に使用しているサイトでは積極的に活用しましょう。Lesson 41の動画検索についても合わせて参照ください。

▶ **動画サイトマップとサイトマップの代わり**
https://support.google.com/webmasters/answer/80471

### 画像サイトマップ

画像サイトマップを実装することで、例えばJavaScriptで読み込まれクロールされづらい画像のインデックスを促すことができます。また動画サイトマップほど数は多くありませんが画像のキャプションやライセンスURLなど付帯情報も付けられます。詳しくはLesson 40で解説しています。

▶ **画像サイトマップ**
https://support.google.com/webmasters/answer/178636

### ニュースサイトマップ

動画、画像とは少し毛色が異なりますが、ニュースサイトに適したサイトマップであり、サイトマップを更新し送信するとGoogleニュースに検出されやすくなります。このサイトマップにはニュースの発行元情報や言語、公開日、タイトルなどを記載します。検索以外にGoogleニュースからの流入も促進できるためニュースサイトでは積極的に活用しましょう。

▶ **Google ニュース サイトマップを作成する**
http://support.google.com/webmasters/answer/9606710

サイトマップは一部のサイトにとっては非常に重要なものですがインデックスを約束するものではありません。サイトマップに加えて、対象のページに被リンクが存在しているかなど、SEO にとって基本的なところもしっかりと押さえるようにしましょう。

Lesson 52 ［モバイル版サイトのチェック］

# デベロッパーツールでモバイルの表示を確認しよう

このレッスンのポイント

Webブラウザのデベロッパーツールは主にエンジニアが使用することが多いツールです。モバイル版ページのHTML構造やHTTPステータスコードが容易に確認できるので、その基本を押さえておきましょう。

## デベロッパーツールを使おう

サイト運用をしているとモバイル版サイトをPCで見たいということが頻繁にあります。実現するにはいくつか方法がありますが、現状最も簡単な方法はWebブラウザのデベロッパーツールを使用する方法です。デベロッパーツールはあらゆるWebブラウザで標準的に実装されている機能ですが、ここではGoogle Chromeを採り上げます。Chromeのブラウザメニューから［その他のツール］-［デベロッパーツール］でデベロッパーツールを表示できます 図表52-1 。

### ▶ Google Chromeのデベロッパーツールの起動方法 図表52-1

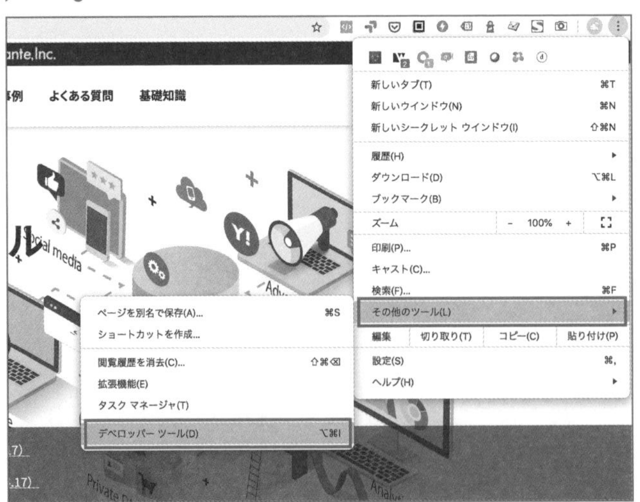


Windowsは F12 キーか Ctrl ＋ Shift ＋ I キー、Macは ⌘ ＋ option ＋ I キーのショートカットキーでも呼び出し可能

## モバイルエミュレートでモバイル版サイトを表示しよう

まず、Chromeのデベロッパーツールを使い、PCからもモバイル版サイトを表示する代表的な方法を解説します。数クリックでモバイル版サイトとPC版サイトの表示を切り替えることができます 図表52-2 。

### ▶ デベロッパーツールでモバイル版サイトを表示する方法 図表52-2

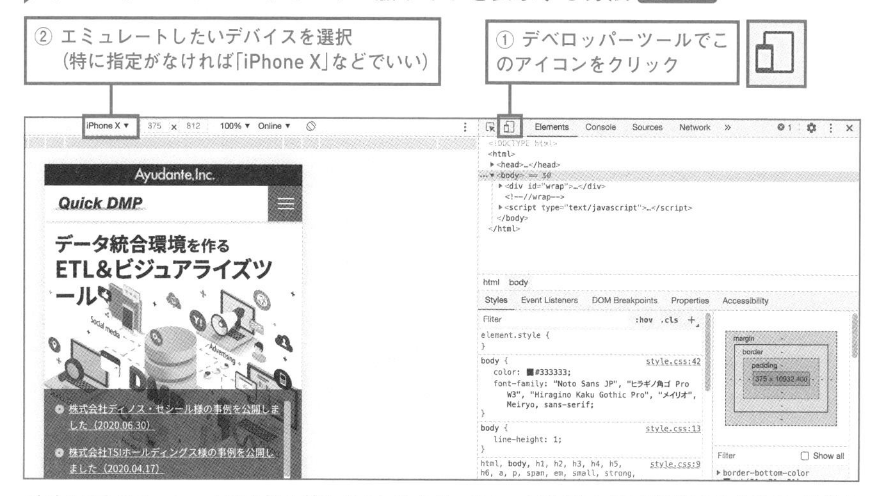


デバイスをエミュレートする切り替えボタンをクリックし、対象デバイスを選択するだけで、簡単にモバイル版サイトの表示状態を確認できる。図はiPhone Xの画面をエミュレートしたところ。リストから他のデバイスを選択したり、追加デバイスを編集したりできる

### モバイルエミュレートの基本原理

この機能は、言ってしまえばユーザーエージェントと画面サイズの偽装です。ユーザーエージェントとはブラウザの種類を表す識別子で、多くのサイトではユーザーエージェントを見てPC版／モバイル版のサイト表示を決めるため、この方法でエミュレートが有効になります。ただし中にはユーザーが初回訪問時にPC版／モバイル版のどちらを見たかCookieに記録し、以降はユーザーエージェントに関わらずCookie情報で表示するサイトも存在します。このようにユーザーエージェント以外で切り分ける仕様のサイトではエミュレートできない場合があります。

## [Elements]パネルでHTML構造を確認しよう

[Elements] パネルでは、現在表示されているページのHTML構造を確認することができます 図表52-3 。h1、h2などの見出し要素が想定通りに設定されているか、画像のalt属性が問題なく設定されているかを確認しましょう。

### ▶ [Elements]パネルを開く 図表52-3

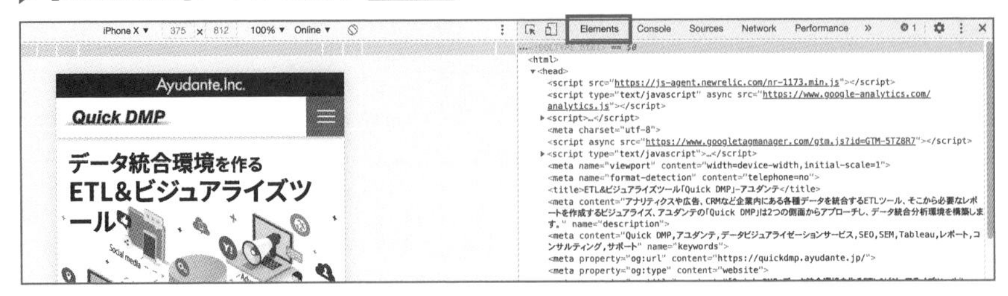


[Elements] パネルには、表示中ページのHTMLが表示される。モバイルエミュレート状態のときはモバイル版のHTMLを見ることができる

### ▶ HTML要素を選択し確認する 図表52-4

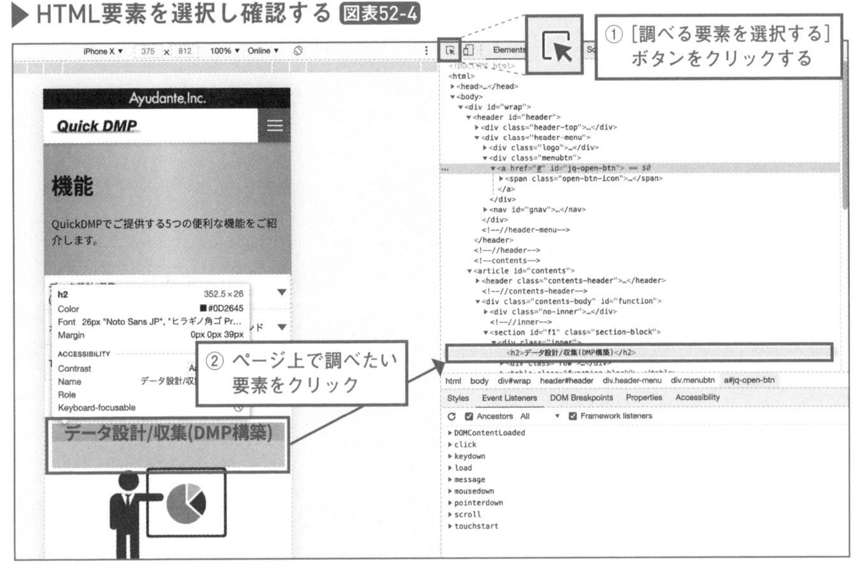


ページ内の要素をクリックで指定し、該当箇所を容易にHTML内から見つける

## [Elements]パネルを見る際の注意

この [Elements] パネルの内容について注意が必要なポイントとして、表示されているHTML構造はサーバーがユーザーのリクエストに対してレスポンスしたHTMLではなく、現在ブラウザ上で表示されているもの、つまりJavaScriptなどが実行された状態のHTML構造であることを理解しておく必要があります。例えばページ内の一部要素をJavaScriptにより生成している場合、そういったHTML要素についても構造を確認できます。

サーバーがレスポンスしたHTMLそのものを確認するには、ページ上で右クリックして [ページのソースを表示] をクリックすると表示できます。SPAサイトなど直接HTMLを見ても構造が把握しづらいページは [Elements] パネルから確認しましょう。

## ◯ [Network]パネルでHTTPステータスコードを確認しよう

[Network]パネルでは、そのページで発生しているすべての通信を把握することができます。ページそのもののHTMLはもちろん別途読み込んでいる画像やCSSなどの外部リソース取得用の通信なども記録されます 図表52-5 。SEOのチェックで必要な「200（正常）や404（存在しない）、503（メンテナンス中）などページが正しく想定通りのHTTPステータスを返しているか」「301、302などのリダイレクトが想定通りか」などの情報を個々に確認できます。

▶ [Network] パネル 図表52-5

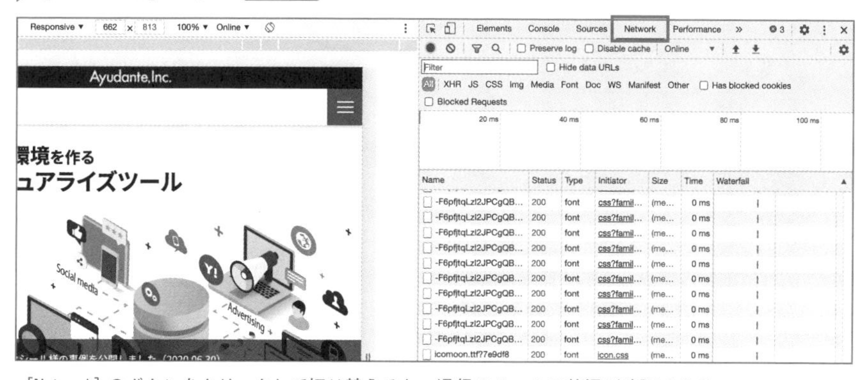


[Network] のボタンをクリックして切り替えると、通信ステータス状況が確認できる

### [Network]パネルを使った確認方法

[Network] パネルはデベロッパーツールを起動してからの通信が表示されるので、利用時には、デベロッパーツール起動後、（Windowsの場合は Ctrl ＋ F5 キー、Macの場合は ⌘ ＋ shift ＋ R キーを押して）スーパーリロードしましょう。
この機能もモバイルエミュレート状態でも使用できます。スマートフォンサイトの作りが動的な配信や、別々のURLの場合はモバイル版にした状態でもチェックしましょう。
パネル上には1リソース1行でその通信状況が記録されていますが基本的にページ本体のHTMLについてのHTTPリクエストは最上部にあります。 図表52-6 ではhttps://quickdmp.ayuudante.jp/へのリクエストが正しくHTTPステータス200で処理されていることが確認できます。
図表52-7 は、http://quickdmp.ayudante.jp/へリクエストした結果、https://quickdmp.ayudante.jp/への301リダイレクトとなり、最終的に200を返していることが確認できます。特にドメインやページのURLが変更する際のリダイレクトに関しては新しいURLへ1回のリダイレクトで遷移しているかをしっかり確認することをおすすめします。

## ▶ステータスの確認 図表52-6

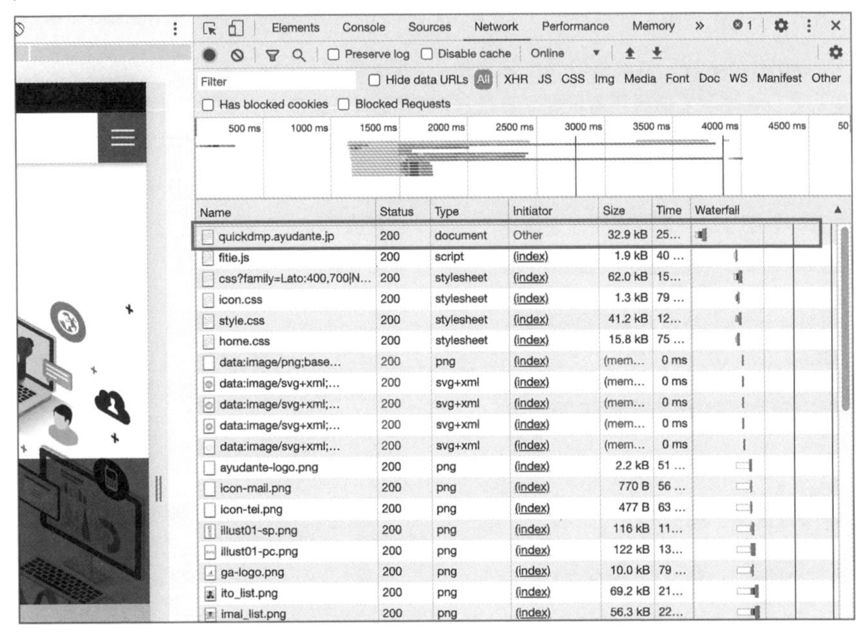


https://quickdmp.ayudante.jp/へのHTTPリクエスト

## ▶リダイレクト後に200を返している 図表52-7

| Name | Status | Type | Initi… | Size | Time | Priority | Waterfall |
|---|---|---|---|---|---|---|---|
| quickdmp.ayudante.jp | 301 | text/html | Other | 310 B | 76… | Highest | |
| quickdmp.ayudante.jp | 200 | document | quic… | 32.7 kB | 14… | Highest | |
| fitie.js | 200 | script | (index) | 1.9 kB | 20… | High | |
| css?family=Lato:400,700\|Noto+Sans+J… | 200 | stylesheet | (index) | 62.2 kB | 19… | Highest | |
| icon.css | 200 | stylesheet | (index) | 1.3 kB | 19… | Highest | |
| style.css | 200 | stylesheet | (index) | 41.2 kB | 27… | Highest | |
| home.css | 200 | stylesheet | (index) | 15.8 kB | 37… | Highest | |

http://quickdmp.ayudante.jp/へのHTTPリクエスト

デベロッパーツールはここで紹介しきれないほど多機能ですがうまく使えば作業をぐっと効率化できます。Google Chrome 以外のブラウザでも類似の機能があるのでお使いのブラウザで調べてみましょう。

## クローラーに偽装してサイトにアクセスする

モバイルエミュレートに関連して解説したように、サイトにアクセスするブラウザには必ずユーザーエージェントがあります。同じようにクローラーにもユーザーエージェントがあります。デベロッパーツールを使用すればクローラーに偽装してサイトにアクセスすることも可能です。通常のユーザーとクローラーに異なるコンテンツを返すサイトもたまに目にしますが、クローキングに該当する可能性もあるため、心配な場合はこの方法でチェックしましょう。またLesson 45で解説したダイナミックレンダリングを確認する方法として使うこともできます。

### ▶ [Network conditions]からGooglebotを選択する 図表52-8

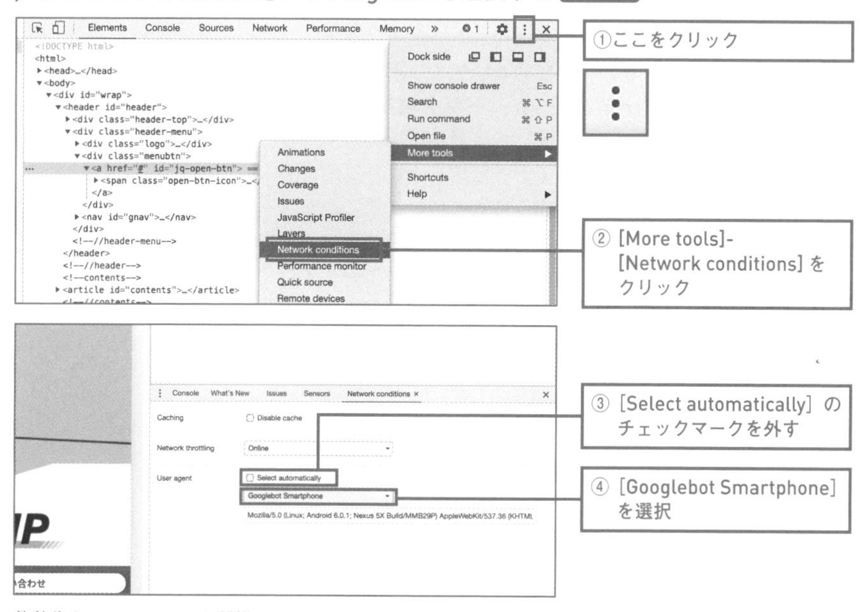


偽装先としてGooglebotを選択し、クローラーになりすます

### ワンポイント Googlebotにどう見えているかは別のツールで確認

このレッスンで解説した、[Elements] パネルで表示されるJavaScript が実行された状態のHTMLや、Googlebotに偽装した状態のHTMLはあくまでも閲覧者のブラウザのものです。Googlebotが実際に見ているHTMLやJavaScriptレンダリングはLesson 47の方法で確認する必要があるので注意しましょう。

# 質疑応答

## Q SEOの最新情報を集めるには どうすればいいですか？

**A** Googleの最新動向と対策は公式のドキュメントを確認するといいでしょう。

Googleはここ数年で飛躍的な進化を遂げています。クローラーが進化したことで、以前はクロールできなかった動的なURLや、解析できなかったJavaScriptを使ったページも理解できるようになっています。そして言語処理能力が上がり、ユーザーの検索している意図をかなり正確に汲み取ることができるようになっています。またページの内容をより詳細に理解して検索結果に活用する構造化データも続々とリリースしています。そんなGoogleの最新の動向や対策方法はすべて公式のドキュメントとして公開されています。ぜひ目を通してみてください。

▶ **Google 検索の仕組み**
https://www.google.com/intl/ja/search/howsearchworks/

▶ **Google ウェブマスター**
https://www.google.com/intl/ja_jp/webmasters/

▶ **検索エンジン最適化（SEO）スターター ガイド**
https://support.google.com/webmasters/answer/7451184?hl=ja

▶ **Google ウェブマスタコミュニティ**
https://support.google.com/webmasters/community?hl=ja

▶ **Google ウェブマスター向け公式ブログ**
https://webmaster-ja.googleblog.com/

▶ **Google 検索デベロッパー ガイド**
https://developers.google.com/search

Chapter

# 7

# WordPressのSEOを攻略する

スマートフォンでSEOを成功させるためのベストなCMS（コンテンツ管理システム）はWordPressです。WordPressでのスマートフォンSEOのポイントを学びましょう。

Lesson 53 ［スマートフォンSEOに適したCMS］

# WordPressがスマートフォンSEOに向く理由

このレッスンのポイント

Webのコンテンツを管理するCMS（コンテンツ管理システム）は数多くありますが、WordPressはその中で最もSEOに向いています。WordPressでスマートフォンのSEOを成功させましょう。



## ○ Webサイト構築CMSのWordPress

CMSとはコンテンツ管理システムの略で、Webサイトを構築するために必須の機能が全部揃っているシステムです。CMSを導入することにより、多少のエンジニアの支援は必要であるものの、比較的簡単にWebサイトを立ち上げて、維持管理することが可能です。

CMSの中で一番スマートフォンSEO対策がやりやすいのはWordPressです。この章では、すでにWordPressがセットアップ済みである方を対象にしています。

これからWordPressを導入される方は、技術者の支援を受けながら、最適なレンタルサーバーや契約などを選択しましょう。WordPressのプリインストールがされているか、簡単にインストールできるレンタルサーバーが使い勝手が良いでしょう。　最も手軽な導入方法として、WordPress.comもあります。こちらもビジネスプラン以上であれば、SEOに必要な独自のプラグインを使うことができますが、リスクがあるので、必ず技術者の方に相談するようにしてください。

▶ WordPressサイトの例 図表53-1

本書で画面例として何度か登場するEVsmartブログも、WordPressで構築されたレスポンシブウェブデザインのサイトである

## WordPressがスマートフォンSEOに強い3つの理由

WordPressでは、Webサイト内のページをトップページ、カテゴリーページ、個別ページ（WordPress用語では投稿）というように分類して管理しています。個別ページは言うまでもなく、「会社概要」のようなページや、ブログのようなサイトであれば記事のページとなります。カテゴリーページとは、記事をいくつかのグループに分類したページで、サイトの来訪者が「これに関連する情報をもっと読みたい」と思ったときに利用するページです。自然と個別ページをテーマごとに分類できるため、WordPressはSEOに強いと言われています。ただし、素のままでは、SEOに必要な要件がすべて対応できるわけではないので、簡単なカスタマイズをしなければなりません。さまざまなCMSがある中でWordPressがスマートフォンSEOにおいて有利である理由は以下の3点です。

### 1. プラグインによる拡張性

WordPressでは「プラグイン」という仕組みを用いて、機能を増やせるようになっています。SEOに必須である機能が、プラグインで簡単に追加できます。

### 2. テンプレートの豊富さと変更の容易さ

本書の読者の方には、一からデザイナーにサイトの設計を依頼する方も、デザインは既存のものを使用し、画像や色味だけ変更する方もいらっしゃると思います。一からサイトを設計する場合にも、ベースとなる「ひな形」をもとにし、編集して目的のデザインに近づけるほうが、開発コストを削減できます。このひな形のことをテンプレート（WordPress 用語ではテーマ）と呼んでいます。すでにWordPressで開発されたサイトをお持ちであればテンプレートはそれをそのまま使います。

### 3. スマートフォン対応・モバイルフレンドリー

WebサイトがPCでもスマートフォンでも閲覧しやすいモバイルフレンドリーの重要性は、Lesson 26で解説しました。
WordPressでは、テンプレートにより、モバイルフレンドリーかどうかが大まかに決まります。モバイルフレンドリーなテンプレートを使ってサイトを作ることにより、サイトは自動的にスマートフォン対応となり、モバイル版とPC版のSEOに対応したサイトを構築することができます。

新規でサイトを構築する場合でWordPressを使う予定があるなら、スマートフォンに対応したデザインのテンプレートをもとにして構築するといいでしょう。

Lesson 54 [WordPressの導入前に知っておくべきこと]

# WordPressでできることと、できないことを知ろう

このレッスンのポイント

CMSの中で最も人気があるWordPress。しかしWordPressは、ボタン1つで使えるシステムではありません。スマートフォン対応サイトを継続的に運用していく上でのメリット・デメリットを理解しておきましょう。



## メリット①:レスポンシブでWebサイト作成ができる

Lesson 24で解説したレスポンシブウェブデザインで作られたサイトはモバイル版とPC版でURLが同一であり、HTMLも同一になります。WordPressの標準テンプレートはレスポンシブに対応しています。標準以外のテンプレートも、レスポンシブ対応のものが公開されていて、レスポンシブサイトを手軽に構築できます。

## メリット②:SEO要件を満たせる

WordPressはSEOの要件となる機能を標準では完備していませんが、テンプレートの修正やプラグインを用いることで、SEO要件を満たすことができます。

有料・無料で公開されているテンプレートにはSEO要件に対応したテンプレートも存在します。SEO用のプラグインを使うことにより、metaタグ設定（Lesson 25参照）、パンくずリスト設置（Lesson 30参照）、構造化マークアップ（Lesson 27参照）、Canonical URL、XMLサイトマップ作成（Lesson 51参照）、ソーシャルメディア向けのOGP作成や、スマートフォンで重要なAMP対応（Lesson 49参照）、画像のサイズの自動縮小（Lesson 58参照）など、数あるSEO要件を満たすことができます。

特にAMPは、通常のページと別にAMP用ページを生成するもので、モバイル版のページ表示速度を著しく向上させます。記事があるメディアサイトや、レシピ、レストラン情報などスマートフォンからの流入の多いサイトでは重要な機能となります。

## デメリット①：レンタルサーバーなしで運用するのは難しい

WordPressそのものをレンタルサーバーにインストールすることは割と簡単ですが、特にシステムに詳しくない場合は、WordPressがプリインストールされているか、簡単にインストールできるレンタルサーバーを選びましょう。レンタルサーバーに加え、独自ドメインも必要です。詳しくは、技術者の方に相談してください。

## デメリット②：カスタマイズには上級の知識が必要

WordPressテンプレートはソフトウェアの一種なので、HTMLやCSS、ある程度のソフトウェアの知識がないとカスタマイズできません。
自力でカスタマイズが難しい場合には、カスタマイズはせず、可能な限り既存のテンプレートを使いましょう。参考までに本書の姉妹書である『いちばんやさしいWordPressの教本 第4版』では、「Lightning」という有名なテンプレートを使用しています。どのテンプレートも気に入らない、もしくは機能が不足している場合には、プロのデザイナーやデザイン会社に依頼して、既存テンプレートをカスタマイズしたり、一からテンプレートそのものを開発してもらうことも可能です。

## デメリット③：セキュリティには常時気を使う必要がある

WordPressは多くのサイトで利用されており、便利なプラグインをどんどん追加していきがちですが、プラグインの中には頻繁に更新がされていないものもあります。また、WordPress自体も過去のバージョンにはセキュリティ脆弱性が存在する場合があります。
このようなセキュリティ脆弱性を放置しておくとハッカーからの攻撃の対象になりやすく、データ流出・サイトの改ざんや利用者へ危害を加える可能性があります。現在のWordPress本体はある程度、自動更新が行われる仕組みとなっており、重大な脆弱性については勝手に修正するようにはなっていますが、もし企業サイトなどで非常に多くの方がアクセスする場合には、WordPressの知見がある制作会社などに依頼したほうが安全です。

WordPress のアップデートを放置すると脆弱性によりサイトをハッキングされるリスクがあります。SEO にはセキュリティも重要です。ハッキングされると Google には非常にヒットしづらくなります。定期的に WordPress やプラグインのアップデートを行いましょう。

Lesson 55 ［SEOに役立つプラグインの使い方］

# WordPressに必須のプラグインを知って活用しよう

このレッスンのポイント

WordPressにはさまざまなプラグインがあり、機能を充実させたり、見せ方や内容を変えることもできますが、スマートフォン対応のSEOを施策するうえで必須のプラグインをご紹介します。



## SEOに必要な機能がプラグインで追加できる

WordPressはプラグインで便利な機能を追加できるのが特長です。WordPressを運用している人はプラグインを使っているでしょう。

このレッスンでは具体的なインストール方法は解説できませんが、ここではスマートフォンSEOに必須の5つのプラグインを紹介します。

| プラグイン名 | 機能 | 参照 |
|---|---|---|
| ① Yoast SEO | SEO関係の記述を一括管理して運用できる | 218ページ |
| ② AMP | AMPページを自動的に配信可能にする | 221ページ |
| ③ AddToAny | シェアボタンをまとめて設置できる | 222ページ |
| ④ EWWW Image Optimizer | 画像のファイルサイズを最適化できる | 223ページ |
| ⑤ Markup (JSON-LD) structured in schema.org | Google推奨の「schema.org」「JSON-LD」に準拠した構造化マークアップが自動で行える | 226ページ |

## ①Yoast SEO：SEO関連の記述を一括管理運用

SEOにおいて重要なmeta descriptionタグや、FacebookのOGPを設定できるプラグインです。OGPとはOpen Graph Protocolの略で、WordPressなどで作られた記事をSNSでシェアする際、SNSがどのようにその記事を表示するかを決めるための規格です。SNSで記事がシェアされると、それらは検索エンジンに言及として認識され、言及の質や量が多ければSEO効果があります。このため、SNSでの見え方には気を使いましょう。

図表55-1 は記事の編集画面ですが、Yoast SEOには3つのタブがあり、SEOに関係するのは［SEO］タブと［ソーシャル］タブです。図表55-2 にSEOタブの各要素を解説します。

## ▶Yoast SEOの[SEO]タブ 図表55-1

「Googleプレビュー」で「モバイルの結果」を閲覧しながら、meta descriptionを設定できる

検索エンジンの検索結果は順位だけではありません。クリック率を高めるために、クリックしたくなるようなmeta descriptionを活用しましょう。

## ▶[SEO]タブの各設定要素 図表55-2

| 項目名 | 設定内容 |
|---|---|
| フォーカスキーフレーズ | 重要そうに見えるものの、入力しても出力されるHTMLには実は影響はない。Yoast SEOの「SEO解析」という内部の改善点が列挙される機能を使うためのフィールドだが、SEO解析は本書執筆時点で日本語に対応しておらず、入力の必要はない<br>※著者は、将来的にYoast SEOが日本語対応の解析機能を実装した場合に備え、自分のためのメモの意味も含め、ページのキーワード入力している |
| SEOタイトル | 検索結果に表示されるタイトルのYoast SEOでの設定。都度入力するのではなく、ダッシュボードの[SEO]-[検索での見え方]-[コンテンツタイプ]タブで開く、[SEO title]欄で設定する。おすすめの設定は[Title][Separator]。Separator（区切り文字）の種類は[検索での見え方]-[一般]タブの[タイトル区切り]欄で選択できる<br><br>検索での見え方 - Yoast SEO<br>一般 コンテンツタイプ メディア タクソノミー アーカイブ パンくずリスト RSS<br>このページの設定で任意の種類のコンテンツに対するデフォルトの検索での見え方を指定できます。検<br>Yoast SEO メタボックス<br>表示 非表示<br>SEO title<br>Insert snippet variable<br>Title Separator EVsmartブログ |
| スラッグ | 記事のURLを指定する。WordPressはタイトルから自動的にURLを生成するが、日本語タイトルの場合は日本語のURLが生成されるため、ここで英字小文字と数字、ハイフンだけからなるURLを入力しておくといい。日本語のURLは長くなり視認性が劣るだけでなく、Twitterでは文字数制限に引っかかったり、メールでシェアされた場合に途中で改行されクリックしてもサイトに飛ばなくなったりするリスクがある |
| メタディスクリプション | meta descriptionタグの内容を入力する。ページの内容を表す簡潔な一文を入れる。meta descriptionの作り方については、Lesson 25を参照 |

NEXT PAGE ➔

## Yoast SEOのソーシャル設定

［ソーシャル］タブの各要素については、Facebookのユーザー（40代以上中心、高齢者・男性多い）が重要な場合は、記事ごとにカスタマイズしたほうがいいです。例えば、meta descriptionは適切な文字数に制限がありますが、Facebookは一般的に説明文が長いほうが高いエンゲージメントが得られるとされています。もちろん長い説明文を読んでしまうとリンクをわざわざクリックしてサイトに訪れてくれる来訪者の数も減ってしまう可能性もあるため、よく検討しましょう。

FacebookもTwitterも表示される画像はそれぞれ最適なサイズが決められています。シェアされたときに端が切れたりするのを避けたい場合には、ブログ用のアイキャッチ画像以外に、FacebookやTwitter専用の画像を用意するほうがいいでしょう。

## Yoast SEOでのパンくずリストの作成

パンくずリストはSEO上重要なので、PC版のサイトでもモバイル版のサイトでも組み込んでおくのがいいでしょう。詳しくはLesson 30で解説しています。利用しているテンプレートにパンくず機能が含まれていない場合には、技術者に依頼してテンプレートにパンくずリストを埋め込んでもらいましょう。

Yoast SEOにもパンくずリストの作成やRSSフィードの作成機能があります。ただしこのパンくずリストを組み込むためにはPHPの知識が必要で、かつWordPressのテンプレートの編集が必要です。Yoast SEOを使ってそれを改良することも、自作で作ることも費用はほぼ同等と筆者は考えます。

### ワンポイント　Yoast SEOのパンくずリスト機能を利用するには

Yoast SEOのパンくずリスト機能を利用すると、多階層のカテゴリーや、1記事が複数のカテゴリーに割り当てられるようなケースをサポートできます。

［SEO］-［検索での見え方］-［パンくずリスト］の画面で、パンくずリストを有効にします。その後、技術者の方に依頼して、下記のコードをsingle.phpとpage.phpに追加してもらい、念のため、技術者の方と一緒にパンくずリストが正しく表示されているか、確認してください。

この修正を間違えるとWordPressが起動しなくなったり、サイトがまったく表示されなくなる可能性があるので、十分注意して行います。

```
<?php if ( function_exists('yoast_breadcrumb') ) { yoast_breadcrumb( '<p id="breadcrumbs">','</p>' ); } ?>
```

## ②AMP:AMPページを自動的に配信可能に

Lesson 49で解説したAMPページにWordPressを対応させるプラグインです。AMPは、Googleが中心となって立ち上げた、スマートフォンでのWeb閲覧を高速化するための技術で、プラグインを入れるだけでAMPページが自動生成され、スマートフォンで検索した際にAMPページが表示されます。

サイトにより、AMPのみでサイトを構成すること（本書では「AMPファースト」と呼ぶことにします）も、通常ページとAMPページを1:1で作ることも可能ですが、AMPページではJavaScriptが使えないなど制約が非常に大きいため、AMPファーストはおすすめしません。推奨の設定は図表55-4です。

### ▶ AMPプラグインの設定 図表55-3

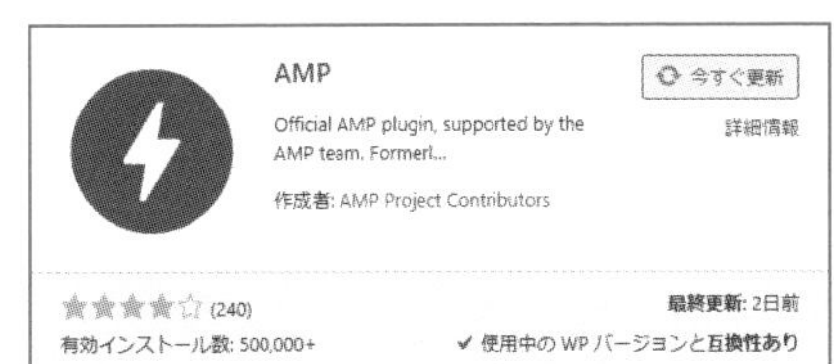


AMPを名乗るプラグインはたくさんあるので、間違えないように注意する。AMPを開発しているAMP Project Contributorsが開発した公式のプラグインを選ぶ

### ▶ AMPプラグインの設定 図表55-4

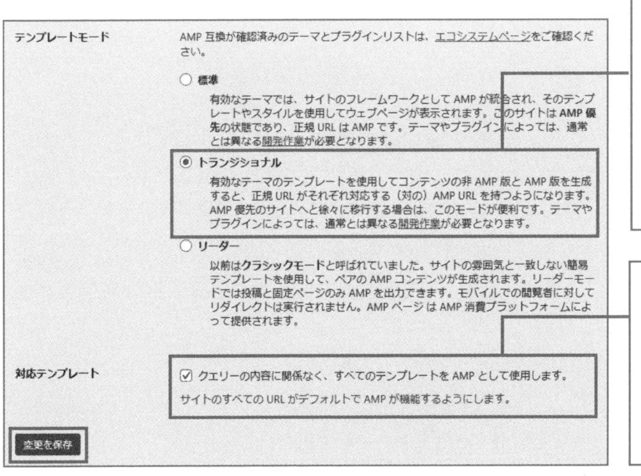


［テンプレートモード］は［トランジショナル］を選択する（通常ページとAMPページの両方を1:1で作るモード）。［標準］はAMPファーストとなる

［対応テンプレート］は、［クエリーの内容に関係なく、すべてのテンプレートを AMP として使用します。］にチェックマークを付ける

［対応テンプレート］のオプションを設定する理由は、テンプレートによって一部のページ（例えば記事ページ、トップページなど）しかAMPに対応していない場合があるため。比較的新しいテンプレートでは、すべてのテンプレートでのAMP表示をサポートしている。また、AMP対応がされていないテンプレートを使用している場合は、このチェックマークを外すと、ページ単位でAMPを出力するかどうかが設定できる

### ワンポイント AMPプラグインで生成されたAMPページ内のリンク

AMPプラグインを使用すると、元の記事のURLに「?amp」というパラメータを付与したAMP用のURLが自動的に生成されます。そして、AMPページ内のサイト内リンクは、すべてAMPページに自動的にリンクしてしまうようです（2020年8月現在）。

AMPページではJavaScriptが使えないため、一部の要素が丸ごと抜けるなどSEO的に優れない内容になることも多くあります。そのためAMPページからのサイト内リンクは、非AMPページ（元のページ）にすることを推奨します。設定するためには、AMPページから対応する非AMPページにリンクするよう技術者の方に依頼し、以下の行をfunctions.phpに追加してください。

```
add_filter( 'amp_to_amp_linking_enabled', '__return_false' );
```

## ③AddToAny：シェアボタンをまとめて設置

Twitter、Facebook、LINE、はてなブックマークなどのシェアボタンを設置するためのプラグインです。サイトやそのコンテンツはSNSでシェアされることで友人や同じ興味・趣味を持つ人に広がっていきますが、FacebookやTwitterなどの公開されたSNSは、SEOにも有効なケースがあります。このプラグインでは、主要なシェアボタンを一括して設置可能です。図表55-5のように、世界中のサービスから選択できます。FacebookとTwitterのシェアボタンは形違いで2種類あり、Facebookについては「いいね」数を表示する機能もあります。

**▶［設定］-［AddToAny］のシェアボタン選択 図表55-5**

追加できるシェアボタンがたくさんあるが、ボタンを追加すれば追加するほどページの速度は遅くなるため、3～4個までに絞るのがいい。ただしスマートフォンでユーザーが多いLINEは必ず入れておく

他にもシェアボタンを設置できるプラグインは多くありますが、選択する際は「希望するSNSボタンがあるか」「AMPにも対応しているか」「レイアウト表示が崩れないか」をしっかりチェックしましょう。

## ④EWWW Image Optimizer：ファイルサイズを最適化

EWWW Image Optimizerは、簡単に画像を圧縮してサイトの表示速度を高速化することに貢献します。サイトの表示速度はSEOにとても重要なので、画像の質にこだわり、データを1つ1つ圧縮調整しているサイトでなければ、ぜひ導入してください。
画像最適化以外にも、画像内の余分なメタデータの削除が可能です。画像内のメタデータには撮影場所や時刻などセンシティブな情報が含まれていることがありますが、このプラグインを使うことで削除できます。
なお、プラグインは無償ですが、画像の圧縮率をさらに上げたい場合には、APIキーを購入する必要があります。当レッスンでは、有料版を購入するステップも解説します。



### ▶ APIキーを入手する 図表55-6

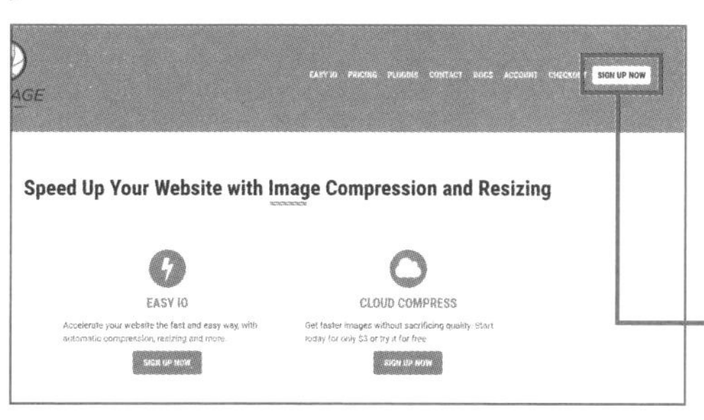


### 1 サインアップする

EWWW Image Optimizerの公式サイト、https://ewww.io/にアクセスします。

1 右上にある［SIGN UP NOW］をクリックします。

### ワンポイント EWWW Image Optimizerのプラン選択に注意

次のページの手順2の画面では、「Compress API key」と「Easy IO」という2つの料金プランが表示されています。この2つはまったく異なるサービスです。「Easy IO」はCDN（コンテンツデリバリネットワーク）の一種で、画像ファイルをそもそもWordPressのホスティングされているレンタルサーバーに置かず、別の高速なサーバーに配置してくれるというサービスです。巨大な画像が多いサイト等では、これによりサーバー負荷を減らしたり、画像が複数の地域やネットワークに存在するサーバーに分散されることにより、画像を含むページのロードを最適化して、速度を向上させることができます。
しかし注意してください。CDNを使うと、画像は独自ドメインではなくなってしまうことが多く、その場合Google画像検索で画像がヒットしにくくなります。画像検索はスマートフォンとの親和性も高く今後利用者が増えることが想定されるので、気にしておくといいでしょう。「Easy IO」ではDeveloperプランを購入することにより、月15ドルで独自ドメインが使えますが、コストを考えると中・大規模サイトでない限り少々もったいないかもしれません。

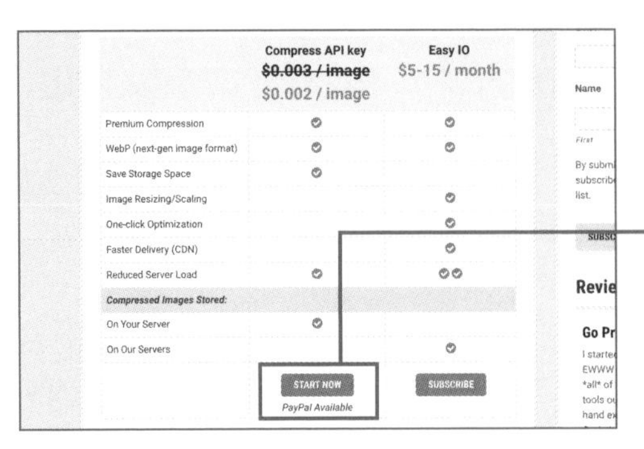


## 2 Compress API keyを選択

**1** Compress API keyの下にある[START NOW]をクリックします。

画像単位で課金されるCompress API keyのほうを使います。

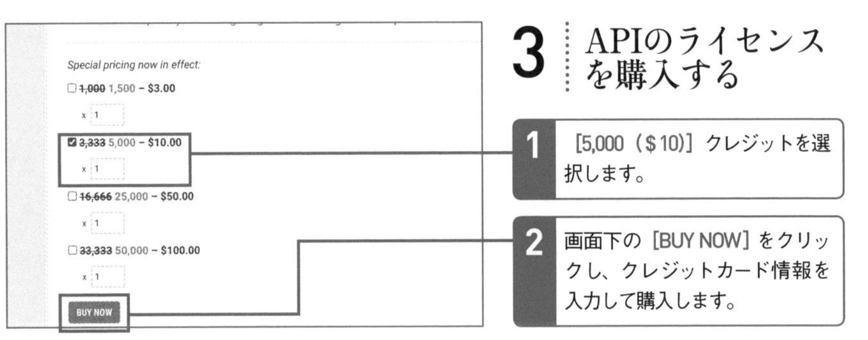


## 3 APIのライセンスを購入する

**1** [5,000（$10)] クレジットを選択します。

**2** 画面下の［BUY NOW］をクリックし、クレジットカード情報を入力して購入します。

画面では、[5,000 - $10.00]という選択肢にチェックマークが付いています。これは、10ドル（約1100円）で5,000個の画像を圧縮できる契約です。1画像あたり約0.22円。50,000画像を購入しても1画像あたりの単価は同じなので、まずは5,000から始めればいいでしょう。この5,000は「クレジット」と呼ばれ、画像を1つ圧縮するたびに1クレジット減ります。有効期限はありません。

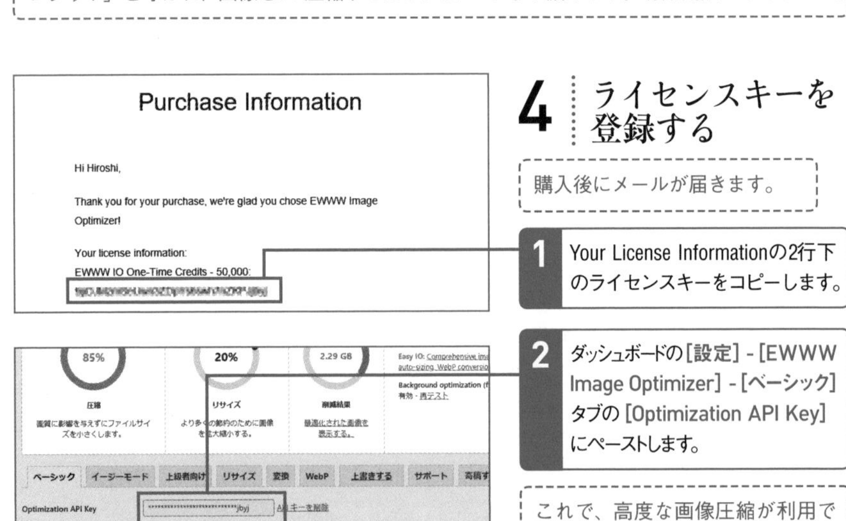


## 4 ライセンスキーを登録する

購入後にメールが届きます。

**1** Your License Informationの2行下のライセンスキーをコピーします。

**2** ダッシュボードの[設定] - [EWWW Image Optimizer] - [ベーシック]タブの[Optimization API Key]にペーストします。

これで、高度な画像圧縮が利用できるようになります。

## ▶ 画像の最適化の設定画面 図表55-7

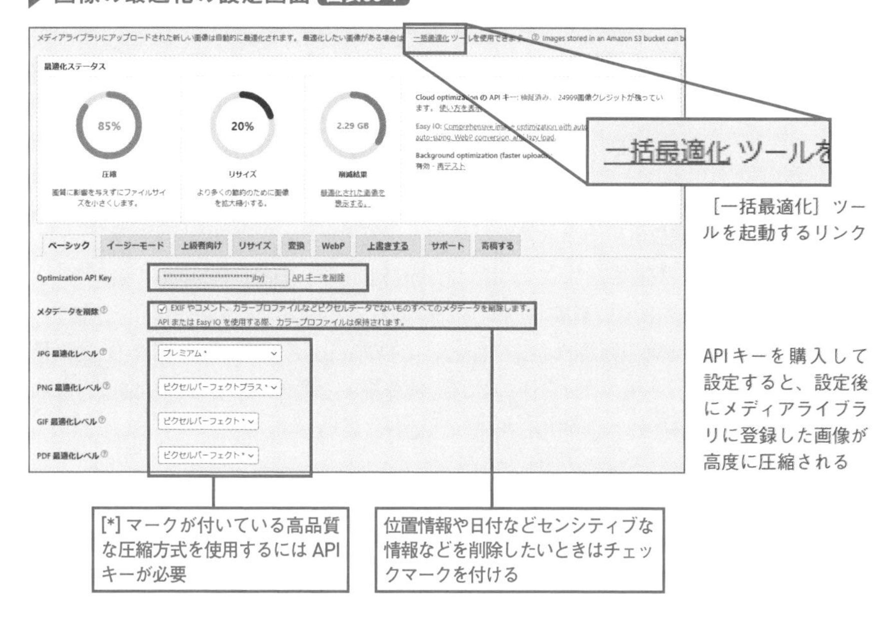


## ▶ [一括最適化] ツールで過去に登録した画像も高圧縮できる 図表55-8

ダッシュボード画面の上部にある [一括最適化] のリンクをクリックするとツールを起動できる

[再最適化を強制] にチェックマークを付けて、一番下にある [最適化されていない画像をスキャンする] をクリックすると、メディアライブラリにあるすべての画像がスキャンされる

スキャンが完了すると、画像の総数が表示される。クレジット数が足りていれば、すぐに全画像の最適化を実行できる。[○○点の画像を最適化] ボタンをクリックすると画像の最適化が始まる。処理には数時間単位の時間がかかるので、時間に余裕のあるときに行うといいだろう

## ⑤Markup（JSON-LD）：構造化データのマークアップ

検索エンジンは、コンテンツの見た目だけでなく、意味を理解して検索ユーザーに正しいコンテンツをヒットさせるように工夫をしています。そのため、コンテンツ内に文章と画像以外にも検索エンジンのために追加の情報を入れることがSEOでは必要になってきています。

例えば、図表55-9 ではGoogleのニュース検索の検索結果に、メディアサイトのロゴやアイキャッチ画像などが正しく表示されています。これらの情報を正しく付加するのに使われるのが「構造化データ」であり、Googleが推奨している構造化データの形式の仕様が、schema.org（スキーマ・オルグ）とJSON-LD（ジェイソン・エルディー）というものになります。

Markup（JSON-LD）structured in schema.orgというプラグイン（以下、Markup（JSON-LD）と表記）は、この仕様の構造化データのマークアップをほぼ自動的に行うものです。

### ▶ Googleのニュース検索結果 図表55-9

ニュース検索結果は、通常の検索結果画面にも「トップニュース」として表示され、多くのクリックの獲得が期待できる

### Schema.orgの設定

プラグインをインストールしたら、［Schema.org Config設定］図表55-10 と、［Schema.org List］図表55-11 の2カ所だけ設定をしてください。

### ▶ Schema.orgのConfig設定 図表55-10

［Schema.org設定］-［Schema.org Config］では、Compress output dataにチェックマークを付けておく。構造化データはそれなりにデータサイズを食うため、スマートフォンでの表示速度を高速化するためには圧縮しておいた方がベター

## [Schema.org List]設定

図表55-11 では、どのような構造化データを出力するかを設定できます。GoogleはWordPressで扱うような記事に対して、Article、NewsArticle、BlogPostingの3タイプを許容しています。通常のブログならBlogPosting、ニュースサイトならNewsArticle、どちらにも当てはまらないまたは迷う場合にはArticleを指定しましょう。使うタイプには［Enabled］にチェックマークを付け、使わない2つのタイプについては［Enabled］のチェックマークを外してください 図表55-12 。この［Schema.org 登録］画面の一番下のほうに［publisher］と［publisher.logo］の項目がありますが、こちらは設定しておくことをおすすめします。

このプラグインは、パンくずリスト（BreadcrumbList）にも対応しているので、前述したYoast SEOとあわせて使うといいでしょう。検索結果にパンくずリストを表示させることもできます 図表55-13 。



### ▶ [Schema.org List]の設定一覧画面 図表55-11

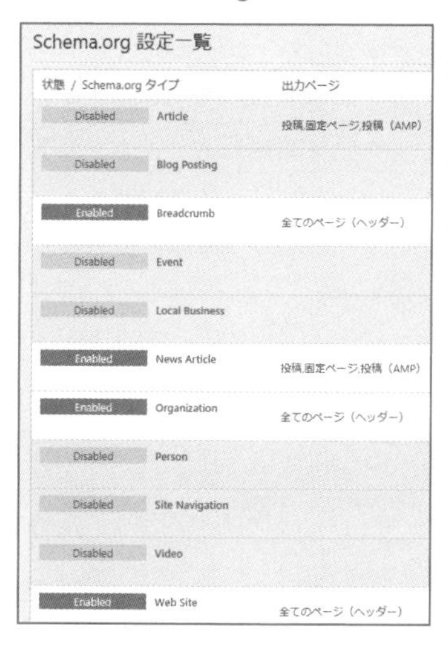


ダッシュボードで［Schema.org設定］-［Schema.org List］を選択すると［Schema.org List］（日本語では［Schema.org 設定一覧］）が表示される。例えば[News Article]をクリックすると、図表55-12 のような詳細設定画面が表示されるので、用途に合わせて自身のサイトに該当するものを設定しよう

### ▶ [Schema.org 登録]画面 図表55-12

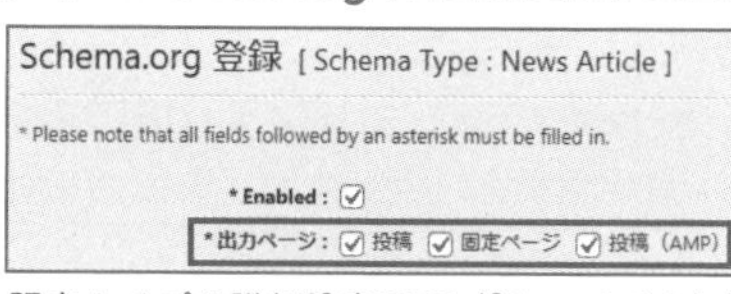


記事タイプの詳細設定画面（［News Article］を選択した場合）。［出力ページ］は3つともチェックマークを付けておく

### ▶ 検索結果のパンくずリスト 図表55-13

フォルクスワーゲンが電気自動車用バッテリーにさらなる投資 ...

5 時間前 - **フォルクスワーゲン**グループは5月8日、2019年にスウェーデンの**バッテリー**会社「ノースボルトAB」と50対50の対等出資で設立した「ノースボルト・ツヴァイ」の**工場**のために、ザルツギッターの**バッテリー**生産拠点「Center of Excellence for ...

トップニュース

フォルクスワーゲンが電気自動車用バッテリーにさらなる投資〜『MEB』も着々と進展

EVsmartブログ 5時間前

パンくずリストの検索結果画面での扱いは小さいものだが、検索エンジンにコンテンツの構造を伝達する大事な手段の1つなので、きちんと設定しておく

Lesson ［パーマリンクの設定］

# 56 WordPressのURLを知って SEO効果を高めよう

このレッスンのポイント

WordPressで作成した記事は、URLを正しく設定することでSEO効果を高められます。URLはスマートフォンSEOにとっても非常に重要です。URLについての理解と、WordPressでの設定方法について知りましょう。



## WordPressでのURL生成の法則

WordPressで記事を作成すると 図表56-1 のようなパーマリンクが作成されていきます。パーマリンクとは記事ごとの固有のURLという意味で、記事（ページ）の住所のようなものです。このパーマリンクは世界に1つしかなく、全世界のWebページの中から、あなたのWordPressの記事を特定するものとなります。

しかし、WordPressで簡単に設定できるパーマリンクには問題があります。以下、4つのポイントに絞り、SEOを施策する上で推奨されるパーマリンク設定の方法について解説します。

▶ WordPressのパーマリンク（URL）の設定例 図表56-1

| ヨーロッパで電気自動車の売上とシェアが拡大中【最 |
|---|
| パーマリンク: https://blog.evsmart.net/ev-news/electric-vehicle-sales-in-europe/ 編集 |

記事のタイトルとパーマリンクの設定例

## 推奨されるパーマリンク設定

### ①「基本」設定のパーマリンクは使わない

WordPressのパーマリンク設定に用意されているオプションから「基本」を選ぶと、?p=xxxx のようなURLが使われます。しかし、？や&は動的URLと呼ばれる文字で、何らかの理由でパラメータが増えたり順序が変わるとURLが変化してしまう可能性があります。例えば、SNSは独自のパラメータをURLに付与するので、そのときにパラメータ順序が変わりやすいです。URLが変化してSEO効果が失われるのを防ぐため、一般的にSEOでは、?や&の付くURLは推奨されません。

### ② URLに意味を持たせる

「基本」や「数字ベース」で設定できるパーマリンクには、投稿を識別するために数字(ID)が使われます。しかしGoogleはURLにページの内容を表すような英字(例:ev-news)を使うことを推奨しています。昔ほど効果はないので既存ページのURLを更新するほどではないですが、これから新しく作るサイトでは意識するといいでしょう。

### ③ カテゴリー配下にURLを作る

WordPressのデフォルト設定で提供されるオプションは、記事がどこかのカテゴリーに属していても、URLにはカテゴリー名を含まないURLになります。記事数がある程度あるなら、WordPressのカテゴリー分類を作成して、URLにもそのディレクトリを含めると、検索エンジンが構造を理解しやすくなり、分析をする際にも便利です。カテゴリー作成についてはLesson 57で説明します。

▶ URLへカテゴリーを反映する 図表56-2

| | URL | |
|---|---|---|
| △ | https://example.com/new-car.html | デフォルトでは記事の属するカテゴリーが不明に |
| ○ | https://example.com/ev-news/new-car.html | 属するカテゴリー名が入ると検索エンジンに構造が伝わる |

### ④ 日本語URLを避ける

「投稿名」をURLに使うと、英語圏では問題ないのですが、日本語の場合、タイトルの内容をそのまま文字コード化して使用することになり、問題が生じます。元のタイトル1文字あたり9文字もパーマリンクに使用してしまうため、SNSによっては正しく貼り付けられなかったり、メールなどで送信された場合途中でURLが切れてしまってページにアクセスできないなどの問題があります。

▶ パーマリンクの設定変更 図表56-3

## 1 カスタム構造を選択する

WordPressのダッシュボードで[設定]-[パーマリンク設定]を開いておきます。

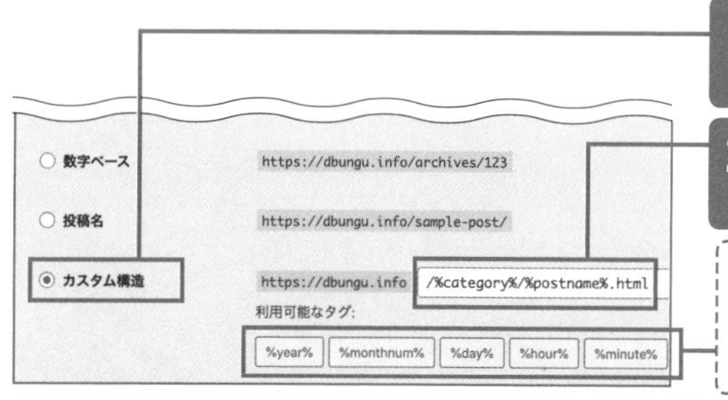


1 [共通設定]で[カスタム構造]のラジオボタンを選択します。

2 「/%category%/%postname%.html」と入力し、設定を保存します。

パーマリンクの内容を指定するタグは、[利用可能なタグ]からクリックしても入力できます。

これでURL構造が、/カテゴリー名/記事名.htmlとなる構造が設定できます。

## 2 記事タイトルを入力する

テスト投稿

1 ［投稿］の［新規追加］を選び、記事の作成画面でまず、タイトルを入力します。

この対策で解決できるのは、前ページまでの解説のうち①～③です。④を解決するためには続く手順の［スラッグ］という別の機能を使う必要があります。

## 3 下書き保存する

1 ［下書き保存］をクリックします。

これで、タイトルの入力欄の下に［パーマリンク］が表示されます。

## 4 スラッグを変更する

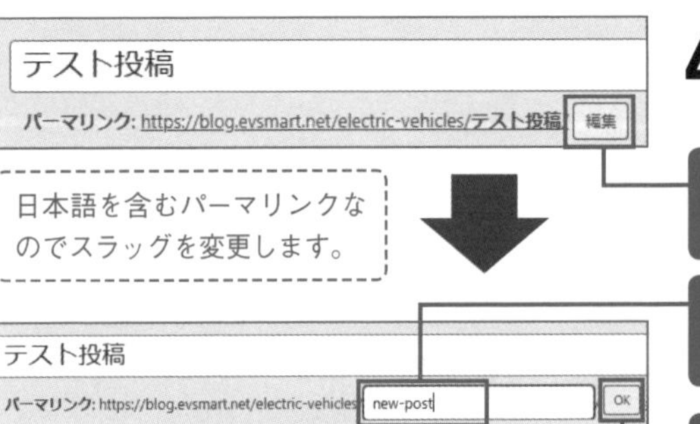


1 右端にある［編集］ボタンをクリックします。

日本語を含むパーマリンクなのでスラッグを変更します。

2 半角の英小文字と、ハイフンだけを使い入力します。

3 ［OK］をクリックします。

## 5 変更を保存する

1 ［下書き保存］をクリックし、変更を保存します。

**スラッグには英大文字や全角文字、スペース、アンダースコア（＿）や記号は使用してはいけません。また可能な限り英語を用いましょう。**

Lesson 57 ［カテゴリーの設定］

# WordPressのカテゴリーを使ってSEO効果をさらに高めよう

このレッスンのポイント

**記事ではknowやdoなどのユーザーニーズを対策します。カテゴリーは記事を束ねるページですが、時には階層になるキーワードを対策することもできます。規模の大きいサイトはWordPressのカテゴリー機能を活用しましょう。**

## 階層になるキーワード=カテゴリーとは？

このレッスンでは、階層になっているキーワードをカテゴリーと呼びます。例えば 図表57-1 のような構造のWebサイトを例に用いて説明してみましょう。

この図で色付きの背景色になっているページはカテゴリーページ、白背景のページは記事ページとなります。この例では2階層のカテゴリーになっていますが、規模の小さいサイトでは1階層のケースもあるでしょう。3階層・4階層以上のカテゴリーも技術的には作成可能ですが、WordPressの標準テンプレートの構造上、上位階層に対して十分なコンテンツを与えることができないので多くとも2階層に留めましょう。推奨はしませんが、もちろんエンジニアの方に依頼してテンプレートをカスタマイズしてもらうことで、多階層カテゴリーのWordPressサイトを成功させることは可能です。

▶ 階層になるキーワード 図表57-1

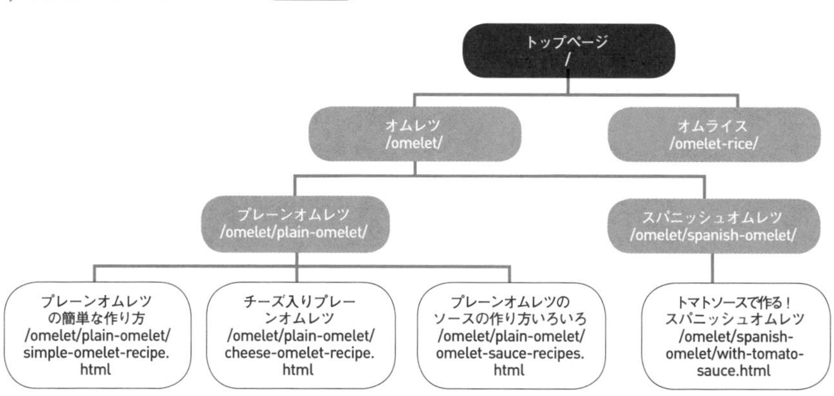

## カテゴリーページにもキーワードは割り当てよう

WordPressのデフォルトテンプレートのカテゴリーページはシンプルで、記事を単に寄せ集めただけのページになっています 図表57-2 。

このページのカテゴリーは［メルセデス・ベンツ（車メーカー名）］-［EQC（車種名）］となっています。このカテゴリーにはメルセデスEQCに関する複数のコンテンツが所属するため、「メルセデスEQC」という検索ワードでページがヒットすると、ユーザーの検索ニーズも満たせますし関連コンテンツにワンクリックですぐアクセスでき便利ですね。

実際に、カテゴリーページをカスタマイズしてキーワードを割り当てましょう。WordPressのダッシュボードで、［投稿］-［カテゴリー］をクリックして、カテゴリーを1つ追加します 図表57-3 。追加したら一覧画面から、再度カテゴリーの名前をクリックして編集画面に移動してください。新規追加時には追加できなかった情報を編集できます。

この図では、第1階層を「メルセデス・ベンツ」とし、第2階層を「EQC」としています。ここにもスラッグがあることに注意してください。第1階層のスラッグが「mercedes-benz」、第2階層のスラッグが「eqc」であれば、カテゴリーページのURLは/mercedes-benz/eqc/となります。図表57-4 に、それぞれのページがどのようなキーワードでヒットすべきかをまとめています。

カテゴリーのキーワードについてはLesson 22も参考にしてください。

### ▶カテゴリーページの例 図表57-2

カテゴリーページは説明文と記事一覧だけがコンテンツになるため、検索ユーザーが満足できるような、充実した説明文を用意しよう

### ▶カテゴリーの編集 図表57-3

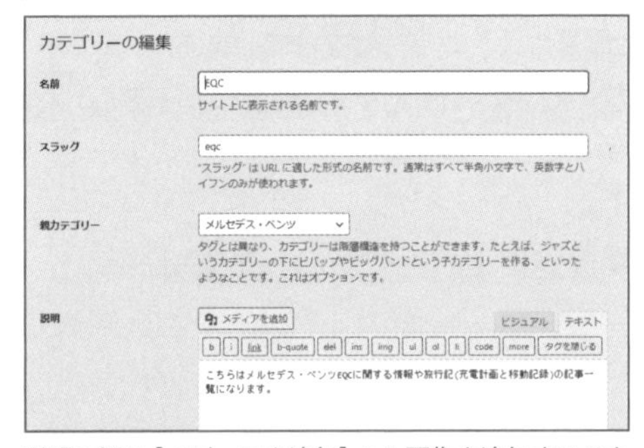


説明の欄に［メディアを追加］から画像を追加するのもいい

### ▶URLの効果 図表57-4

メルセデス 電気自動車 で検索→/mercedes-benz/がヒット

メルセデスEQC で検索→/mercedes-benz/eqc/がヒット

カテゴリーにキーワードを割り当てて、階層キーワードをまとめて対策する

### カテゴリー編集のその他の設定

親カテゴリーを［なし］にすると、そのカテゴリーは第1階層になります。トータルで100ページ以下の小規模なサイトでは、カテゴリーを2階層化する必要はほとんどなく、1階層で十分でしょう。［説明］は、画面上でそのページの上部に表示されることになるので、そのページおよびキーワードのわかりやすいまとめを書いておくといいでしょう。当然ですが、第1階層のキーワードと第2階層のキーワードを含めることが重要です。例えばEQCのカテゴリーでは、可能な限り、「メルセデスEQCという言葉で検索してきたユーザーが、3秒でメルセデスEQCとは何なのかわかるような説明文」を、カテゴリーの説明に加えるといいでしょう。

▶ カテゴリーの説明文例 図表57-5

メルセデス・ベンツ初の市販電気自動車SUVであるEQCは、GLCと共通プラットフォームを使用し、前後に別のモーターを配した四輪駆動SUVです。こちらはEQCに関する情報や旅行記（充電計画と移動記録）の記事一覧です。

## Yoast SEOを使ったカテゴリページ一括設定

Yoast SEOプラグインがインストールされていれば、カテゴリー編集画面の下にタイトルとmeta descriptionの設定画面が表示されます。図表57-6では［スニペットを編集］ボタンをクリックした状態にしてあります。

▶ Yoast SEOで設定できるスニペット変数 図表57-6

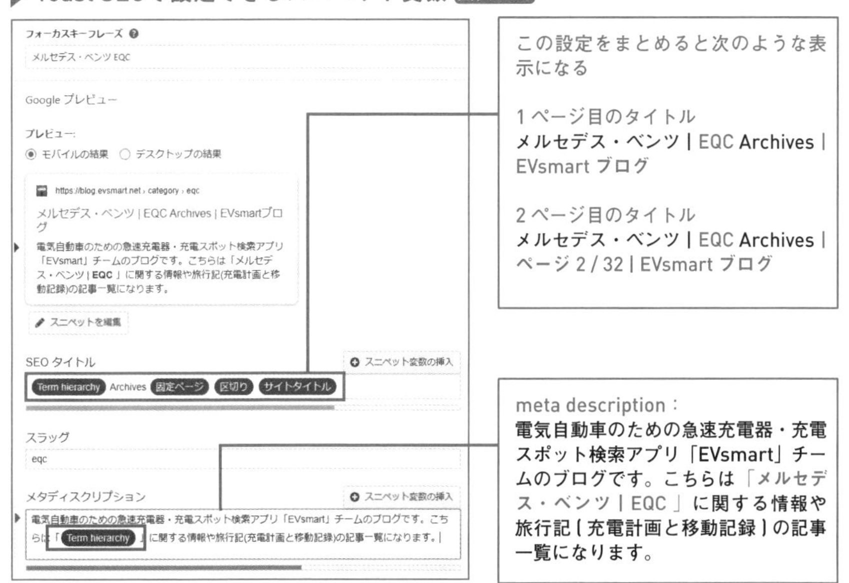

### スニペットで設定できる文字列

図表57-5 の図の中には見慣れない背景色付きの英字や単語が並んでいますね。これはスニペット変数と言って、カテゴリーごとに異なる設定にするのが面倒な場合、全カテゴリーを一律の設定にしてしまうためのものです。スニペットに具体的に何を入れるとどうなるのか解説しましょう 図表57-7 。

**▶ スニペット変数 図表57-7**

| スニペット変数 | 意味 |
|---|---|
| Term hierarchy（階層） | 第1階層から各階層の名前を順に、[\|]記号で区切ったものです。<br>例：メルセデス・ベンツ \| EQC |
| 固定ページ（ページネーション） | 現在のページ番号を表示するものです。カテゴリーページでは、1ページに記事数が収まりきらなくなった場合、2ページ目以降が自動的に作られますが、それらのタイトルを1ページ目と違うものにするために使います。<br>例：ページ2 / 32 |
| 区切り | 区切り文字です。Yoast SEOの[SEO]-[検索での見え方]-[一般]-[タイトル区切り]メニューで、区切り文字はカスタマイズできます。 |
| サイトタイトル | 文字通り、サイトのタイトルです。<br>例：EVsmartブログ |

## ○ 1つの記事は1つのカテゴリーに割り当てよう

1つの記事は、複数のカテゴリーに割り当てることができ、WordPressの記事編集画面の右側にある、[カテゴリー] で設定できます。原則として、ここにはチェックマークを1つだけ付けるようにしてください。複数にチェックマークを付けると、1つの記事が複数のカテゴリーページに表示されます。その結果、どのカテゴリーページも同じような記事が並ぶ、似通った重複カテゴリーページができてしまい、ユニーク性という観点からSEO的に良くありません。

**▶ 記事のカテゴリー設定 図表57-8**

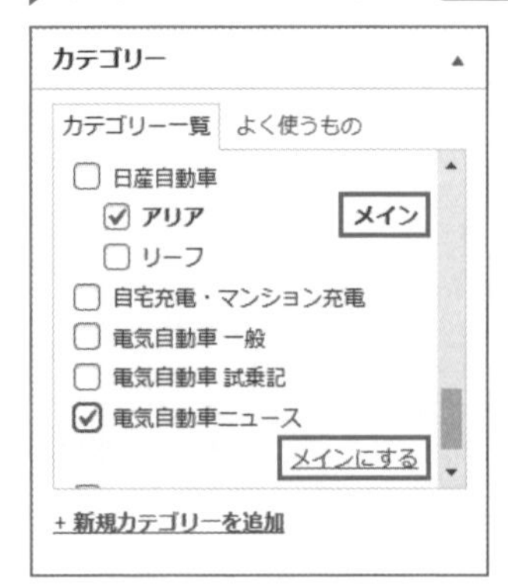


[メイン] が表示されている方がメインカテゴリー。他の選択中カテゴリーの [メインにする] をクリックしてメインを切り替えられる

どうしても1つの記事を複数のカテゴリーに割り当てたい場合は、最大2つまでにしましょう。

## 記事ページのカテゴリー割り当ての考え方

図表57-8 の例では、記事が［日産自動車/アリア］と［電気自動車ニュース］の2カテゴリーに割り当てられており、［日産自動車/アリア］がメインとなっています。WordPressで2つ以上のカテゴリーを指定する場合には、必ずメインカテゴリーを決めなければなりません。メインカテゴリーによってURLが決まります 図表57-9 。またこの［日産自動車/アリア］のカテゴリーは第2階層であることに注目してください。［アリア］に割り当てることにより、自動的に第1階層の［日産自動車］にも割り当てられます。［日産自動車］にはチェックマークを付けなくてもいいので注意しましょう。厳密にはこれでは3カテゴリーに同時に割り当てているようになってしまいますが、これを改善するにはWordPressテンプレートの改造が必要となってしまうので本書では割愛します。

カテゴリーを割り当てる際は、図表57-10 の原則を覚えておいてください。

### ▶ メインカテゴリーのディレクトリ名がURLに入る 図表57-9

https://example.com/nissan/ariya/title.html
　メインカテゴリーが［日産自動車 / アリア］の場合

https://example.com/ev-news/title.html
　メインカテゴリーが［電気自動車ニュース］の場合

### ▶ まとめ:SEOに有効なカテゴリー作成 図表57-10

- **原則として、1 記事は 1 カテゴリーにのみ割り当てる**
- **2 階層のカテゴリーに割り当てる場合には、2 階層目だけに割り当てる**
- **複数割り当てるときも最大 2 カテゴリーまで**
- **メインカテゴリーにより URL のディレクトリ構造が決定する**

### ワンポイント　WordPressのタグはSEOに効果なし

WordPressにも「タグ」機能があります。タグは簡単に作成・運用できますが、SEO効果があまり見込めないため、基本的にはカテゴリーを活用しましょう。すでにタグ機能を使用している場合は、消すことはせず、むやみに数を増やさないようにします。

［投稿］-［タグ］で表示されるタグの管理画面

Lesson [パフォーマンス改善のヒント]

# 58 WordPressのパフォーマンスをチューニングしよう

このレッスンのポイント

プラグインを追加していくとページ表示速度が遅くなっていきます。するとユーザビリティが悪化したり離脱率が増加するだけでなく、検索順位・流入にもマイナスの影響があります。WordPressのパフォーマンスチューニングを学びましょう



## 現状の速度と改善項目を確認しましょう

サイトの表示速度を確認するには、Googleの「PageSpeed Insights」(Lesson 48参照)が、誰でも簡単に利用できおすすめです。最も重要なのは「Core Web Vitals」のLCP、FID、CLSの3つの指標です(Lesson 23参照)。モバイル版だけでなくPC版のテストでもCore Web Vitalsが基準値に収まっているか確認しましょう。

改善にあたっては、WordPressで有効であり、多くの方が陥りやすいパフォーマンス課題のポイントをまとめてみます。担当者の項目が［エンジニア］になっている項目については、エンジニアにこの本を見せて相談するといいでしょう。

▶ WordPressサイトのパフォーマンス改善項目 図表58-1

| 項目 | 対象 | 担当者 | 内容 |
|---|---|---|---|
| プラグイン数 | LCP | 制作者 | プラグインを必要最低限にする。不要なプラグインは無効にするのではなく削除する |
| サーバー速度 | LCP | エンジニア | PHPはバージョン7系のレンタルサーバーを使用する。WebサーバーにApacheではなく、Nginx（エンジンエックス）を使用する。OPCache、APCuを導入してキャッシュする。あらかじめチューニングされているWordPress実行環境「kusanagi」等を検討する https://kusanagi.tokyo/ |
| JavaScript | FID | エンジニア | PageSpeed Insightsの［改善できる項目］-［使用していないJavaScriptの削除］と、［診断］-［第三者コードの影響］を上から順にチェックし、不要なJavaScriptを削除したり、処理速度の改善を行う |
| 画像のサイズ | 全体 | 制作者 | 画像はWordPressにアップロードする前の時点で、必要最小限のサイズにしておくのが望ましいが、なかなかそうも言っていられないため、プラグイン「EWWW Image Optimizer」を使用する |
| レイアウトシフト | CLS | 制作者 | ページにアクセスしたときに一度表示された要素が、ロード完了までに移動してしまうのを防ぐ。画像タグにサイズを入れる、広告のサイズを決め打ちにするなどが主要な対策となる |

## EWWW Image Optimizerでの画像パフォーマンス改善

画像のサイズを小さくする上で便利なプラグインが前述のEWWW Image Optimizerです。無料でもある程度の機能が使えますが、強力な圧縮には有料プランの購入が必要です（Lesson 55で解説）。設定は4カ所行います。

①［ベーシック］タブ-［メタデータを削除］にチェックマークを付けます。画像データに含まれる、画像でない部分を削除します。これにより、撮影場所等のプライバシーに関するデータも自動的に削除されますので安心です。

②［ベーシック］タブにある［最適化レベル］で設定します。選択できる範囲で、できる限り下のオプションを選択することで、圧縮率を高められます。例えば、JPGなら無圧縮が最も低く、プレミアムプラスが最も高い圧縮率です。JPGでは、ピクセルパーフェクトプラスより上のオプションにはアスタリスクが付いていて、有料ユーザーのみのオプションとなります。

③［イージーモード］タブにある［遅延読み込み］のオプションにチェックマークを付け、［変更を保存］をクリックすると、Lesson 46で解説している遅延読み込みが可能になります。

④［変換］タブにある［コンバージョンリンクを非表示］にチェックマークを付けておくことで、誤って意図しない画像を変換してしまわないようにしておきます。メディアライブラリに登録されている画像は、1ページだけでしか使われていないとは限らないので重要な設定です。

▶ Image Optimizerでの画像設定 図表58-2

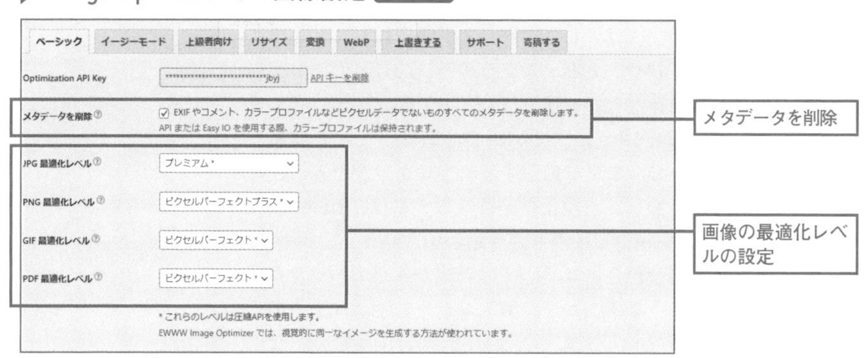


［イージーモード］タブ、［変換］タブの設定も行っておく

パフォーマンスチューニングは、エンジニアの協力が必須です。力を合わせて最速のWordPress環境にしましょう！

## 質疑応答

**Q** WordPressのパーマリンクURLをデフォルトの /?p=123のようにしています。Lesson 56のようなURLに変更したほうがいいですか？

**A** すでに /?p=123の形式でサイトが完成してリリース後数か月以上経過している場合は、URLを変更することによるデメリットも大きいため、そのまま維持することをおすすめします。
新規で作る場合には、ぜひURLの要件を意識してみてください。スマートフォンSEOにおいても引き続きURLは重要で、「永続化」「正規化」「構造化」の3つのポイントがあります。
「永続化」とは、URLを変えないということ。例えば /?p=123というURLは、WordPress以外のシステムに移行した場合、同じURLが生成できなかったり番号が変わる可能性があります。一度決めたURLは決して変更しないようにしましょう。
「正規化」とは、1つのページのURLは1つだけしか存在しない状態にしておくことです。そもそもWordPressではURLの分散はほとんど発生しないのであまり意識する必要はありません。URLが分散し、正規化が必要な場合には、Yoast SEOのcanonical機能を使うといいでしょう。
「構造化」とは、URLの構成からそのページがどのような構造かを検索エンジンに明示するものです。/?p=123 より、/category1/title1.htmlなど所属するカテゴリー配下のURLにしたほうがいいのです。こうしておくことでGoogleアナリティクスなどで簡単にcategory1配下の流入数を集計でき、分析の面からもおすすめです。

Chapter

# 8

# モバイル版サイトの分析と検証

最終章では、スマートフォンSEOの分析に使うツールの使い方について解説します。主なツールはSearch ConsoleとGoogleアナリティクスです。

Lesson 59 [モバイル版サイトの分析に使うツール]

# スマートフォンSEOの分析に必要なツールを確認しよう

このレッスンのポイント

**SEO施策の効果測定には、「分析」と「検証」が欠かせません。ここでは8章で解説していくSearch ConsoleやGoogleアナリティクスなど、SEOの分析や検証に役立つツールと、調査方法の概要を解説します。**



## SEO施策における分析と検証もスマートフォンに絞り込む

SEO施策を行う中で、きちんと成果が出ているかどうかを確認するため、効果測定やモニタリングは非常に重要です。SEOの最大の目的はサイトへの流入を増やすことなので、最も重要なのは検索流入のモニタリングです。オーガニック検索の流入、検索結果での表示回数や掲載順位を確認することで、SEO施策の効果が把握できます。また、定期的なモニタリングでクロールやインデックス状況なども確認します。これには、さまざまなツールを使います。

分析の際には一度Webサイト全体の状況を確認して全体像を把握してから、デバイスにフォーカスしてデータを確認します。そしてスマートフォンの流入が多いWebサイトでは、スマートフォンのデータに絞った分析に力を入れるべきです。またスマートフォンのパフォーマンスを評価するときにはPCとの比較も有効です。ここでは、その観点からのモニタリングと検証に役立ついくつかのツールや分析のコツを解説します。

モニタリングや分析をする際には、はじめに全体像を把握してからフォーカスしたいデータに絞り込みます。モバイル版サイトのデータを見る際でも、はじめは全デバイスの状況を確認しましょう。

## 検索結果のパフォーマンスを計測するSearch Console

Google Search Console（以下Search Console）は、Googleが提供するWebマスター向けのツールです。Googleの検索結果でのサイトのパフォーマンス（表示回数、掲載順位やクリック率）、インデックス状況、リッチリザルトの表示状況などさまざまな課題とエラーを確認できる無料ツールです。SEO施策を行う場合には、サイト開設時に必ず導入すべきです。

▶ Search Consoleのデバイス別検索結果レポート 図表59-1

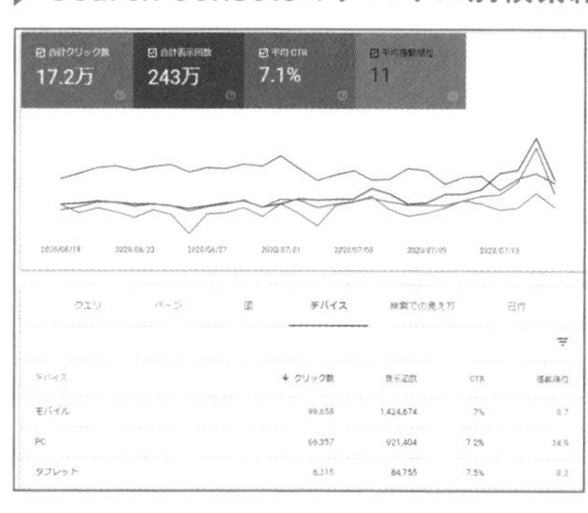


「モバイル」「PC」「タブレット」のデバイス別にクリック数や表示回数が確認できる

## 定番のアクセス解析ツールGoogleアナリティクス

アクセス解析ツールはさまざまなものがありますが、無料でよく使用されるツールはGoogleアナリティクスです。本書でも、計測にはGoogleアナリティクスを用いて説明します。検索流入をデバイス別やランディングページ別に確認できるので、例えばモバイル版サイトで流入が多いページの確認も簡単にできます。SEO施策の前後での流入比較や、定期的なモニタリングに使います。

## 目視による検索結果の確認

Search ConsoleやGoogleアナリティクスなどのツールとは別に、検索エンジンの検索結果での見え方を目視で確認することもSEO的に重要です。また、重要性は薄れていますが、順位を定点観測すべきサイトや、Googleのアルゴリズムアップデートなど順位変動をチェックすべきタイミングがあります。ユーザーが見ている検索結果を把握するには、PCではなくスマートフォンの検索結果、あるいは、ユーザーと同じ地域で見たときの検索結果を確認する必要があります。そのために知っておきたい、PCからスマートフォンの検索結果を確認する方法やブラウザの地域情報を変更する具体的な手順は次のLesson 60で解説します。

Lesson 60 ［スマートフォンSEO検証のための環境］

# スマートフォンの検索結果と順位を正確に確認しよう

このレッスンのポイント

**スマートフォンにおける順位を確認する際は、検索結果に表示されているスニペットに問題がないか目視で確認したり、スマートフォン特有の位置情報に注意します。ここでは検索結果での見え方を正確に確認する方法を解説します。**



## パーソナライズされた検索結果で見ないようにする

検索結果での見え方を確認する際に、自身で対策しているキーワードをそのままブラウザに入力して検索するだけではNGです。なぜなら、Googleはユーザーの過去の検索履歴などをもとに検索結果を個別に「パーソナライズ」しているからです。通常、サイト担当者は自社サイトに何度も訪れていることが多いため、そのまま検索するとパーソナライズされて自社のサイトが一般のユーザーに見える順位より上位に表示される可能性があります。

パーソナライズされた検索結果を防ぐのはとても簡単です。利用しているブラウザをプライベートモードで開き、そのタブでGoogleにアクセスして検索結果を確認しましょう。プライベートモードはWindows PCでは各ブラウザの右上にあるメニューから、MacのSafariでは［ファイル］メニューまたはショートカットキーからアクセスできます。スマートフォンでは、新規タブを開く際にプライベートモードを選択できます。

▶ 各ブラウザのプライベートモード名とショートカットキー 図表60-1

| ブラウザ | プライベートモード名 | ショートカットキー |
|---|---|---|
| Google Chrome (PC) | シークレットウィンドウ | Ctrl＋Shift＋Nキー |
| Microsoft Edge (PC) | InPrivateウィンドウ | Ctrl＋Shift＋Pキー |
| Firefox (PC) | プライベートウィンドウ | Ctrl＋Shift＋Pキー |
| Safari (Mac) | プライベートウィンドウ | Shift＋⌘＋Nキー |
| Safari (iPhone) | プライベート（ブラウズモード） | |
| Google Chrome (Android) | シークレットタブ | |

## ○ 必ずスマートフォンの順位と検索結果を確認する

スマートフォンでは5章で説明したような多種多様な検索結果が表示され、PCとはずいぶん違う検索結果になる検索クエリも多いものです。検索結果を確認する際には、必ずスマートフォンでの検索結果も確認しましょう。また各デバイスの検索結果を比べることで、例えば「モバイルの結果にはリッチリザルトが多く表示されるのでCTRが低い」など、大事な気づきを得ることができます。モバイルの検索結果を確認するには、Lesson 52で解説した方法で、モバイルエミュレートを行った状態で検索します。

▶ Google Chromeでデバイスを設定してGoogleを見た結果 図表60-2

検索結果を確認する際には、必ずブラウザのプライベートモードを利用しましょう！

## 地域に関連する検索結果を確認するには

スマートフォン時代の検索の特徴の1つに位置情報があります。端末を持って移動できる特性上、ユーザーの検索している位置が検索結果に大きく影響する場合があるのです。Lesson 36でもユーザーが検索する位置情報によって検索結果が大きく変わる検索クエリについて説明しました。そのようなクエリの検索結果を確認する際には、必ず位置情報に注意しましょう。例えば大阪のクリニックに関する検索は大阪を位置情報として設定して確認するべきです。また、さまざまな地域のグルメに関する情報を持つサイトの場合、複数の位置情報で対策キーワードを検索してみて、検索結果に問題がないか確認しましょう。

### Google広告で検索結果1ページ目を確認する方法

特定の位置情報を設定して検索結果を確認するには、いくつかの方法があります。Google広告のアカウントがある場合、「広告プレビューと診断」ツールより特定のデバイスと位置情報を設定して検索結果のプレビューができます。このツールでは1ページ目の検索結果のみ確認できて、リンクのクリックはできません。

**▶広告プレビューツールで地域ごとの検索結果を調べる** 図表60-3

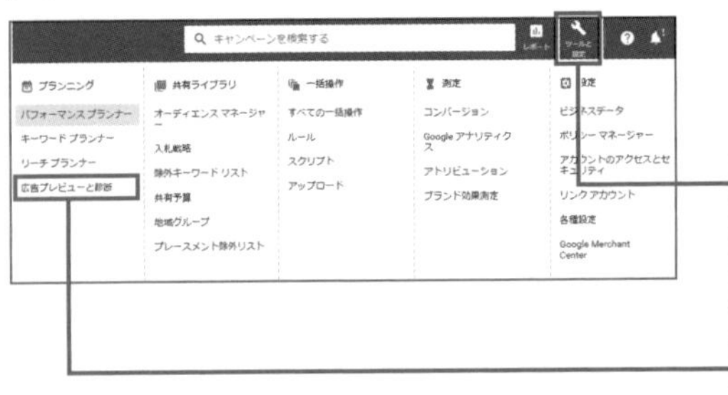


**1 広告プレビューツールを開く**

1 Google広告にログインした後、［ツールと設定］をクリックします。

2 ［広告プレビューと診断］をクリックします。

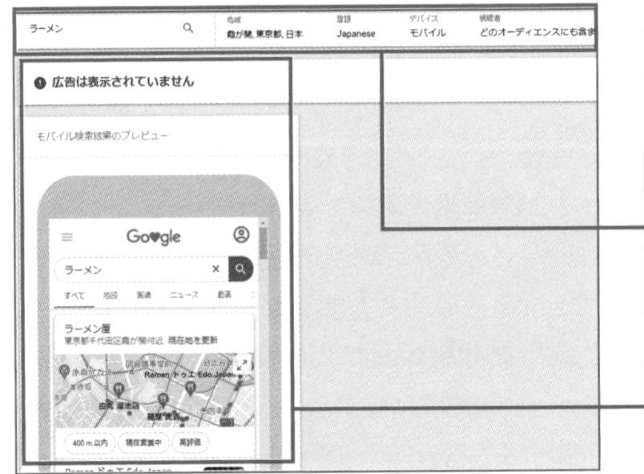


**2 地域を指定して検索してみる**

1 地域、デバイス、必要に応じて言語を調整し、確認したいキーワードを入力して Enter キーを押します。

地域ごとの検索結果が表示されます。

## Chromeデベロッパーツールで細かい位置情報をエミュレートする方法

Lesson 52で解説したChromeのデベロッパーツールからも位置情報をエミュレートできます。そのためには検索結果を確認したい位置情報の座標をデベロッパーツールに設定します。はじめにGoogleマップを使って座標を調べ、デベロッパーツールにその座標を設定します 図表60-4 。

### ▶ 位置情報をエミュレートする方法 図表60-4

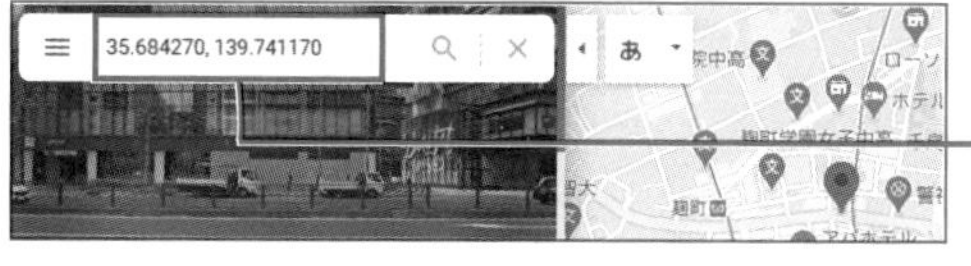


## 1 Googleマップの座標を確認する

**1** Googleマップ上で右クリックして［この場所について］をクリックします。

**2** Googleマップ上に表示された座標をメモします。

座標をクリックして表示される検索フィールドからだと、コピーしやすいです。

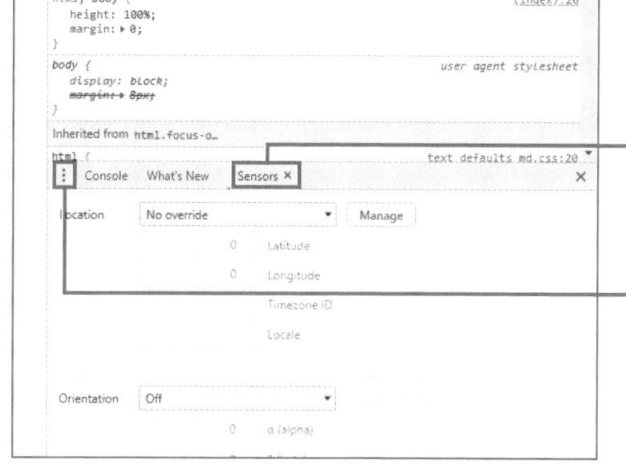


## 2 ［Sensors］タブを開く

**1** Chromeのデベロッパーツールを開き、［Console］パネルで［Sensors］をクリックします。

タブにないときは［⋮］(More Tools) から［Sensors］を選びます。

［Console］パネルが表示されていない場合、デベロッパーツール画面右上の［⋮］をクリックして［Show console drawer］を選びます。

## 3 ［Location］を設定する

**1** ［Location］の右のプルダウンをクリックし、［Other］を選択します。

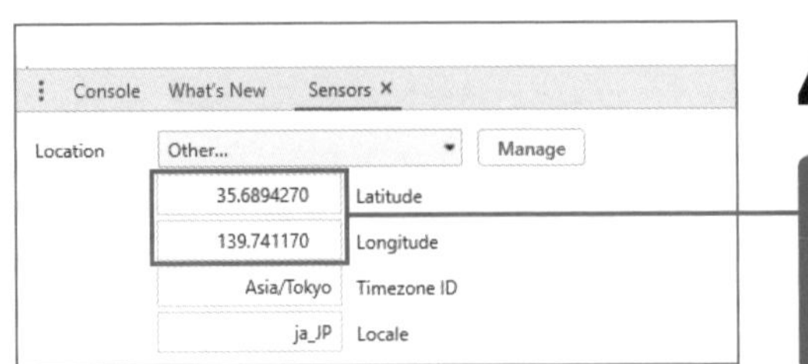


## 4 座標を入力する

1 先ほど調べておいた座標から［Latitude］に緯度（座標前半）、［Longitude］に経度（座標後半）を入力します。

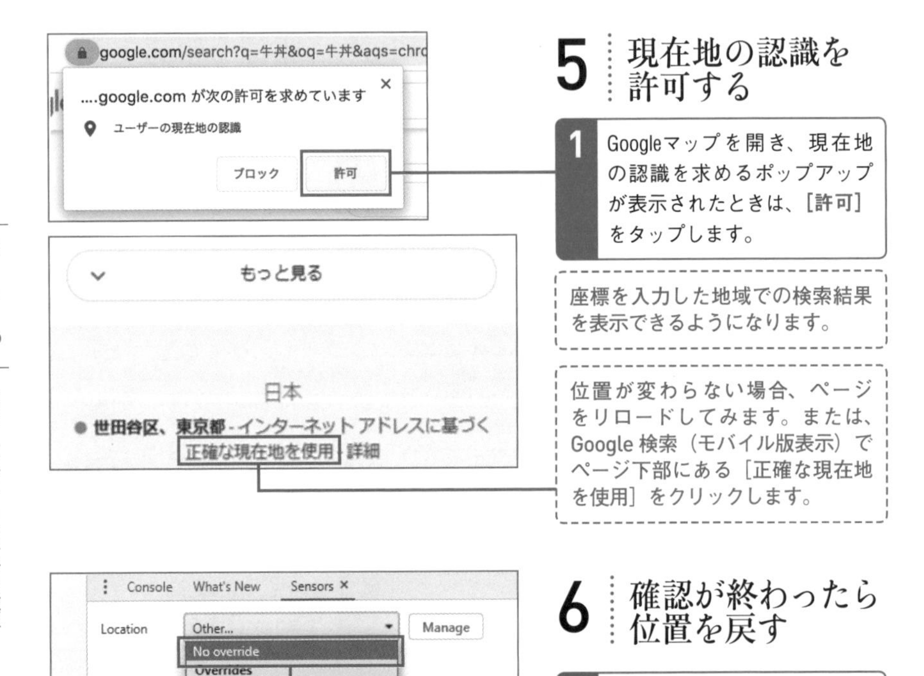


## 5 現在地の認識を許可する

1 Googleマップを開き、現在地の認識を求めるポップアップが表示されたときは、［許可］をタップします。

座標を入力した地域での検索結果を表示できるようになります。

位置が変わらない場合、ページをリロードしてみます。または、Google 検索（モバイル版表示）でページ下部にある［正確な現在地を使用］をクリックします。

## 6 確認が終わったら位置を戻す

1 確認が終わったら、［Geolocation］を［No override］に戻しておきます。

### SEO計測ツールを利用する

Search Consoleでは位置情報別の順位が確認できませんが、一部のSEO計測ツールでは位置情報を設定することで加味した順位を計測することができます。例えば、エンタープライズ向けのSEOツール「DemandMetrics」では、地域別の順位データが確認できるほか、PC、スマートフォンなどデバイス別の順位データ、リッチリザルト、画像や動画など検索結果の構成の確認も柔軟にできます。例えば、モニタリングの重要性が高い企業サイトには便利なツールです。

Lesson 61 [Search Consoleの導入]

# SEOに必須のSearch Consoleを準備しよう

このレッスンのポイント

**SEOの改善に欠かせないツール、Search Console。多くのサイトはすでに導入していると思いますが、ここでは改めてSearch Consoleのプロパティの種類とその違い、新規設定の方法を解説します。**

## Search Consoleのプロパティの種類を知ろう

Search Consoleを使う際にははじめにサイトの「プロパティ」を作成します。2019年には「ドメインプロパティ」という新しい概念も追加されました。プロパティの種類とその違いについて改めて理解し、活用しましょう。

### ドメインプロパティ

ドメインプロパティとは、特定のルートドメイン配下のすべてのページを含むプロパティです 図表61-1 。wwwの有無、httpとhttpsのページ、またm.やblog.などのサブドメイン、全URLパターンのページが含まれます。

### URLプレフィックスプロパティ

URLプレフィックスプロパティは、設定したURLの配下のすべてのページのデータのみ含むプロパティです。例えば、「https://example.com」と設定したプロパティであれば、https://example.com/page/のデータを含みますが、http://example.com/page/やhttps://www.example.com/page/のデータは含まれません。

▶ ドメインプロパティとURLプレフィックスプロパティ 図表61-1

ドメイン

https://example.com
http://example.com
https://m.example.com
https://blog.example.com

URL プレフィックス

https://example.com

http://example.com
https://www.example.com
は含まれず、別途登録が必要

## ドメインとURLプレフィックスの使い分け

ドメインプロパティは2019年2月にリリースされた新しい機能です。Search Consoleを登録済みでもドメインプロパティを持っていないサイトでは、SSL化してhttpとhttpsをまとめて分析したい、サブドメインをすべて統合して見たい、wwwの有無でデータが分散することを防ぎたいという場合には、すべてのデータを含むドメインプロパティを新しく作成することをおすすめします。

また、サービスや国別などにサイト内のデータを分けて見たい場合、サブドメインやディレクトリのURLを指定してURLプレフィックスプロパティを活用するといいでしょう。例えば「blog.」のサブドメイン用にURL プレフィックスプロパティを作っておくと、そのサブドメイン配下ページの傾向が一目でわかります。

1つのサイトに対して網羅的なドメインプロパティを作り、URLプレフィックスプロパティでデータを分けて見て、目的に応じた使い分けをするといいでしょう。



▶ ドメインプロパティとURLプレフィックスプロパティの使い分け例 図表61-2

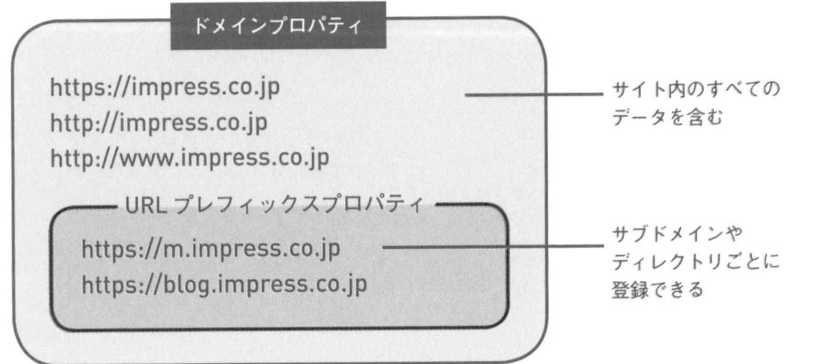


例えばEC サイトの記事ページや、グローバルサイトの国別サブドメイン、特徴的なサービスを複数持っているサイトの各サービスのディレクトリなど、他サイト部分と傾向があまりにも異なりそうなページ群がある場合、そのページ群を URL プレフィックスプロパティで分けて登録しておくといいでしょう。

## ○ プロパティの新規追加と所有権の確認

必要に応じて、開発担当者と協力してプロパティの登録を行いましょう。

### ▶ プロパティを新規追加する 図表61-3

#### 1 プロパティの種類を選ぶ

ここではドメインプロパティを追加します。

1 Search Consoleにログインして、［ドメイン］をクリックして選択し、ドメイン名を入力します。

2 ［続行］をクリックします。

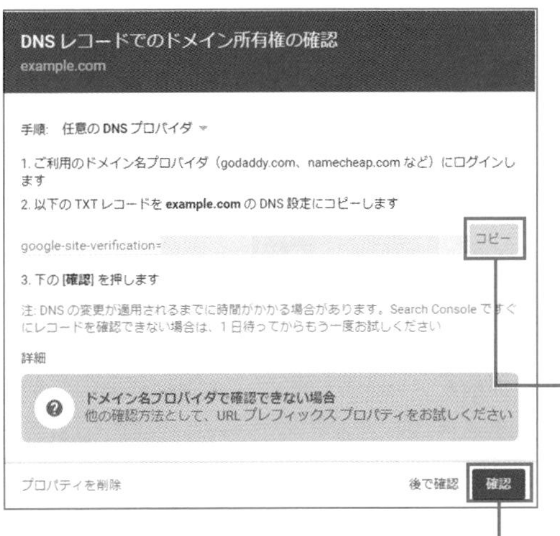


#### 2 サイトの所有権の確認を行う

次に表示される情報を持って所有権の確認を行います。ドメインプロパティの所有権の確認を行うために、「DNS レコード」での所有権確認が必要になります。

1 ［コピー］をクリックします。

2 DNSレコードの追加は、各サイトのドメイン管理先で行ってください。

3 設定後に［確認］をクリックします。

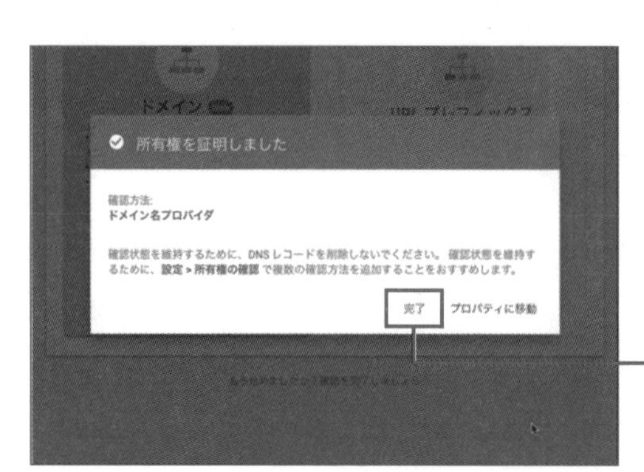


## 3 DNSレコードの確認を完了する

所有権が確認できると、左図のようなダイアログが表示されます。

1 ［完了］をクリックして登録を完了します。

### ワンポイント URLプレフィックスプロパティを追加する場合

URLプレフィックスプロパティを追加する場合は、前ページの手順1で［URLプレフィックス］を選択して登録を進めます。所有権の確認の際、DNSレコードでの確認の他に、Googleアナリティクスや Google タグマネージャーを使う方法や、HTMLファイルのアップロードやHTMLのメタタグの追加を行う方法でも確認できます。Googleヘルプでそれぞれの確認方法の詳細を参照して、必要に応じて開発担当と協力して確認を行いましょう。

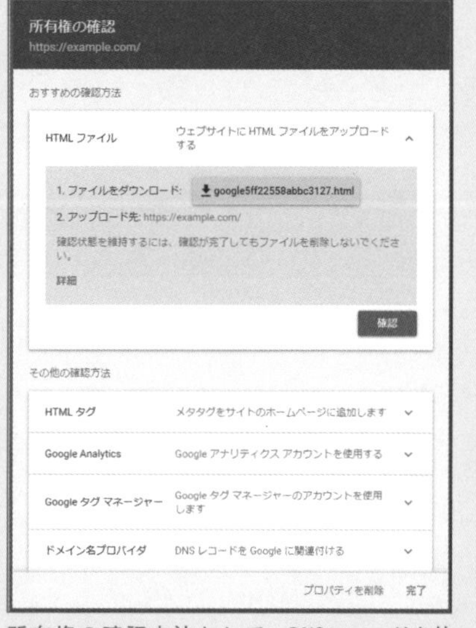


所有権の確認方法として、DNSレコードを使う「ドメイン名プロバイダ」の他に、「HTMLファイルのアップロード」「HTMLタグ」「Google Analytics」「Googleタグマネージャー」が選択できる

▶ **サイトの所有権を確認する**
https://support.google.com/webmasters/answer/9008080

## データを確認しよう

Search Consoleアカウントにプロパティが追加されるとすぐにデータ収集が開始され、所有権の確認後にデータを確認できるようになります 図表61-4 。

画面左上のプルダウンから対象プロパティを選択すると、サマリー画面が表示されます。このサマリーには、「検索パフォーマンス」から検索結果とDiscoverでのクリック数推移（流入がある場合に表示。261ページ参照）、「カバレッジ」から有効なページとエラーがあるページのインデックス状況が表示されます。また「拡張」からウェブに関する主な指標、モバイルユーザビリティ、リッチリザルトの状況が集約され、それぞれの概要データが表示されます。それぞれのレポートの内容や見方は次のLesson 62から解説します。

最初はわずかなデータしか表示されません。また、Search Consoleのデータ表示は2日間のタイムラグが発生するので今日と昨日のデータは表示されません。2週間程のデータを貯めて、分析を開始しましょう。

▶ Search Consoleのサマリー画面 図表61-4

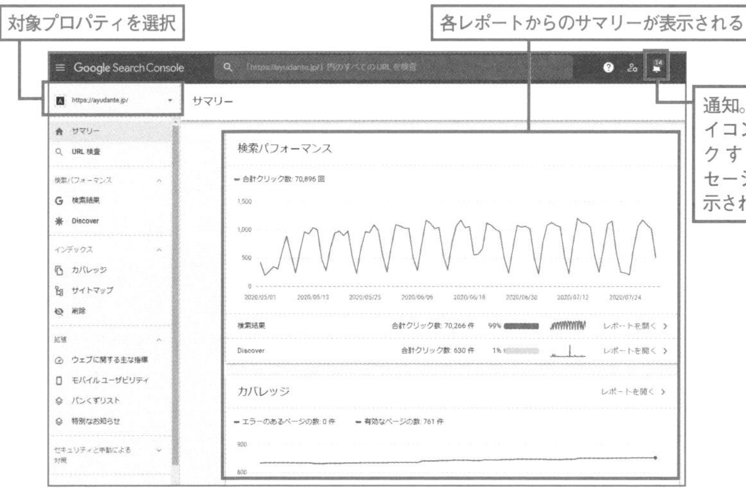

通知。ベルのアイコンをクリックするとメッセージ一覧が表示される



### ワンポイント 通知を確認しよう

サイトの課題が発見された場合、Search Consoleがウェブマスターにメッセージを送る場合があります。そのメッセージはヘッダーの「通知」から確認できます。ベルのアイコンをクリックして、新しいエラーや改善できる項目に関するメッセージがないか定期的に確認しましょう。

Lesson [Search Consoleによる検証①]

# 62 クロールとインデックスの状況を確認しよう

このレッスンのポイント

検索結果に表示されるためにはサイトがインデックスされていることが大前提です。Search Consoleを使って、サイトが問題なくクロールとインデックスされているか、ページのレンダリングに問題がないかなどを確認してみましょう。



## インデックス状況を確認しよう

Search Consoleのサイドバーで「インデックス」メニューにある「カバレッジ」を選ぶと、Googleに問題なくインデックスされたページ（「有効」）、インデックスエラーがあるページや「除外」されているページ（インデックスされていないページ）の全体数と詳細な情報を確認できます 図表62-1 。

このレポートのURLはPC版とモバイル版どちらも表示されて、デバイスでの絞り込みはできません。PC版しかないサイトはPC版ページのみが表示され、レスポンシブウェブデザインや動的な配信の場合は共通URLが表示されます。別々のURLの場合は、執筆時点では仕様が変動しやすく、適宜確認が必要です。

▶「カバレッジ」レポート 図表62-1

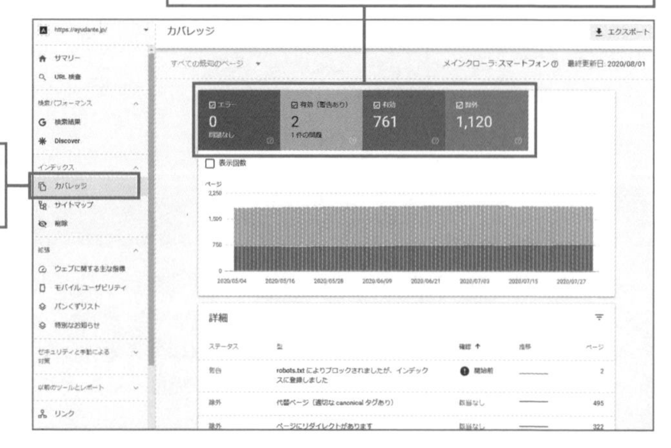

## インデックスのエラー詳細を確認する

エラーや除外の中には、SEOに影響しないエラーや意図的なインデックス除外が含まれるので、すべてが悪いわけではありません。例えば、サイトを運用する中で意図的にページを削除した際に、404エラーが出ることは問題ありません。また古いURLから新しいURLに意図的にリダイレクトを設定していれば、除外の項目で「ページにリダイレクトがあります」が表示されますが、これも問題ありません。ただし、意図しない除外、ありえない大量なエラーなど、異常値を見つけた場合は、技術担当に相談してサイト側に問題がないか確認しましょう。

▶ 除外の特定の種類をクリックした際に表示されるURL一覧 図表62-2

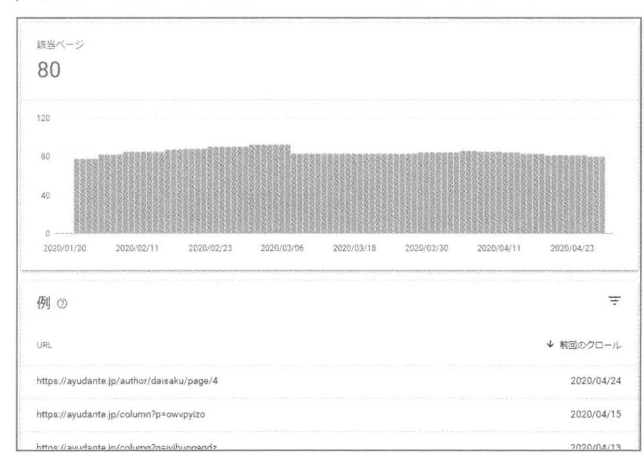


［詳細］に表示される各項目をクリックすると、該当するURLを1000件まで確認できる

### サイトマップを使っている場合

Lesson 51で説明したsitemap.xmlを利用している場合、「インデックス」メニューにある「サイトマップ」レポートで、各ファイルのクロール状況やエラーを確認できます。各サイトマップをクリックすると、その詳細が表示されます。エラーが出ているサイトマップがあれば、詳細を確認して、対策を行いましょう。

▶「サイトマップ」レポート 図表62-3

エラーが出ているサイトマップがあれば、詳細を確認して、対策を行う

## URL単位でクロールとインデックス状況を検査する

「URL検査」を使うと、URL単位でインデックス状況の確認やインデックス登録のリクエスト、クローラーがページをどう解釈しているかのレンダリングの確認などができます。

図表62-4 はURL検査を行った画面です。検査を行うと、そのURLのクロールとインデックスに関する詳細な情報が表示されます。URLがインデックス登録されているか、サイトマップに含まれているか、正規URLの認識状況、モバイルフレンドリー状況などの情報が確認できます。また、「ユーザーエージェント」が「スマートフォン用Googlebot」であれば、基本的にはMFIに移行されています。

### ▶ URL検査の結果画面 図表62-4

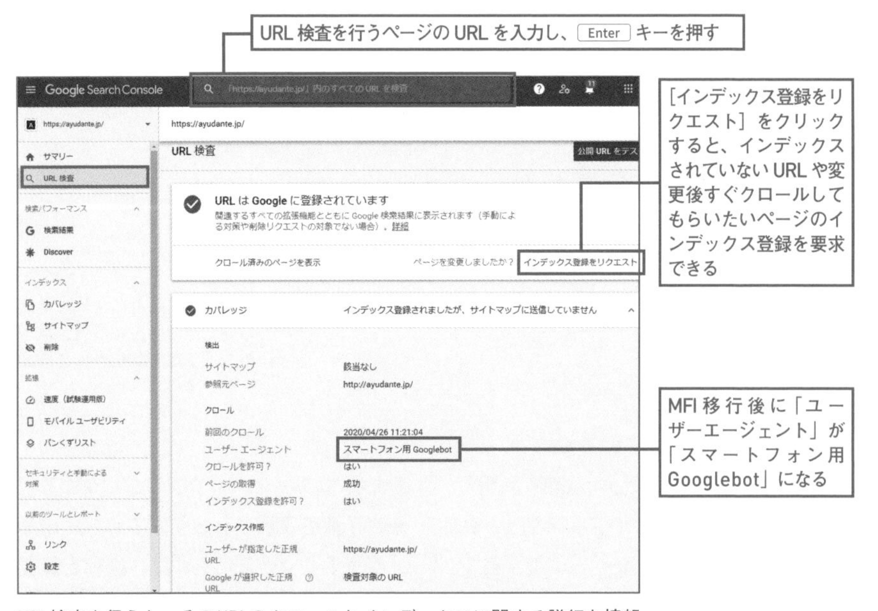


URL検査を行うと、そのURLのクロールとインデックスに関する詳細な情報が表示される

「インデックス登録をリクエスト」を行うと、Google がページをクロールしてくれますが、必ずしもインデックスされるとは限らないので注意しましょう。

## レンダリングの確認をする

Lesson 45で触れたJavaScriptのレンダリングが気になる場合、URL検査を実行した後の画面から、Googleがページをどう解析しているかのHTMLやスクリーンショット、その他の情報（HTTPレスポンスやページのリソース）を確認できます。

### ▶ スクリーンショットと最新のレンダリングHTMLの確認方法 図表62-5

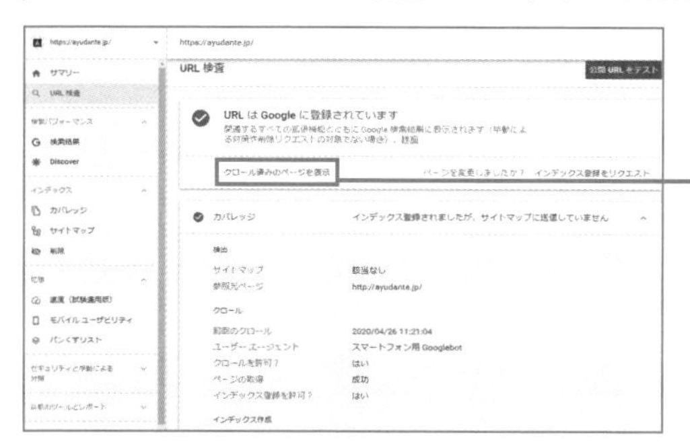

**1 クロール済みページの表示**

1 ［クロール済みのページを表示］をクリックします。

Googleがキャッシュしている「HTML」と「その他の情報」が確認できます。

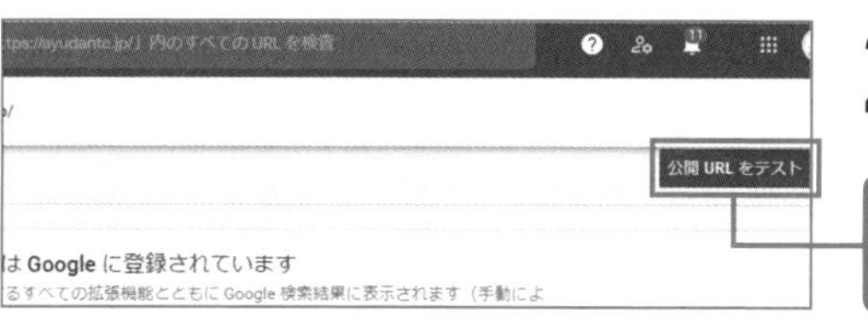


**2 ［公開URLをテスト］を実行する**

1 ［公開URLをテスト］をクリックします。

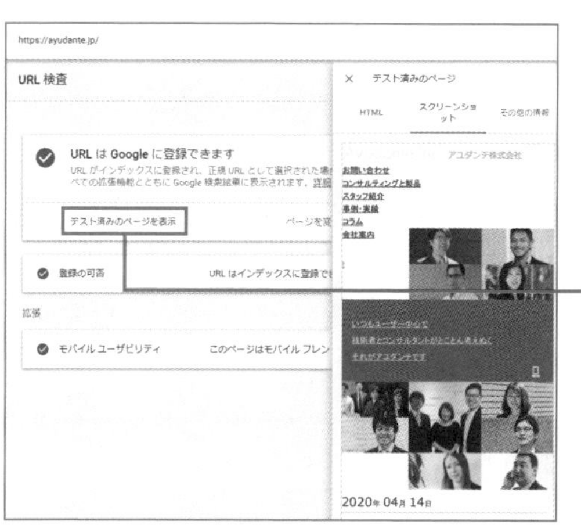


**3 ページのテスト結果を表示する**

テストが終わるまで、数秒から2分程待ちます。

1 ［テスト済みのページを表示］をクリックします。

キャッシュではない最新の「HTML」と「その他の情報」、また「スクリーンショット」が確認できるようになります。

スクリーンショットやHTMLに重要な要素がなかったり、レンダリングに問題があると判断した場合は、「その他の情報」タブでエラーが出ていないか、必要なリソースがブロックされていないか等、JavaScriptの問題を技術担当に見てもらい、対処しましょう。

Lesson [Search Consoleによる検証②]

# 63 Googleの検索結果のパフォーマンスを確認しよう

このレッスンのポイント

Search Consoleの「検索パフォーマンス」にある各レポートでは、Googleの検索結果での表示回数やクリック数をはじめ、画像、動画検索やDiscoverのパフォーマンスも確認できます。それぞれのデータの確認方法を解説します。

## 検索結果でのパフォーマンスを確認しよう

「検索パフォーマンス」メニューにある「検索結果」レポートでは、自身のサイトのクリック数、表示回数、平均クリック率（CTR）と平均掲載順位を確認できます。レポート上部の青や紫などのレポートパネルから気になる指標を選択して表示し、下部の一覧のタブをクリックして、クエリ、ページ、国、デバイス、検索での見え方、日付などさまざまな切り口で検索されている状況を確認できます 図表63-1 。

### ▶「検索結果」レポート 図表63-1

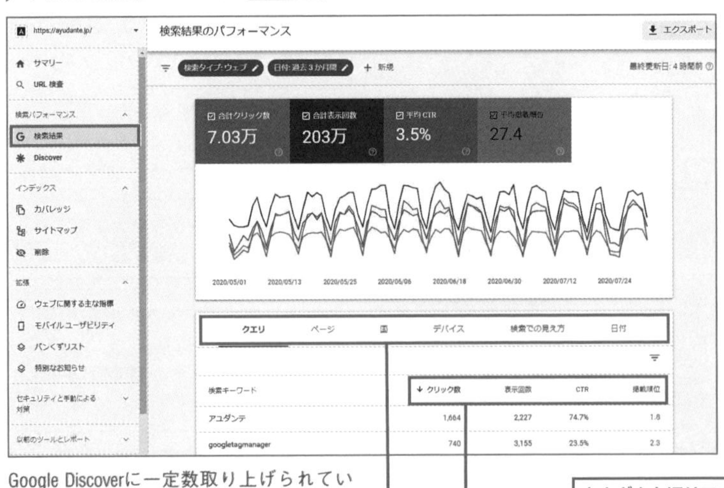


Google Discoverに一定数取り上げられていないサイトでは、このレポートは［検索パフォーマンス］の直下に表示され、［検索結果］は表示されない

## 「検索結果」レポートの各タブで確認できること

「検索結果」レポート 図表63-1 の［クエリ］タブ では、サイトがどの検索クエリで表示されるかを確認できます。どの検索クエリでのクリック率が悪いか、どのクエリの掲載順位が低いかなどが確認できます。

［ページ］タブでは、クリック数順や表示回数順で人気のあるページを確認できます。例えばクリック率の改善ができるページを特定したり、フィルタ（≡）アイコンより気になるページに絞ってデータを確認するといった使い方をします。［デバイス］タブ 図表63-2 では全体に対するモバイル検索の割合やPCと比較したパフォーマンスを確認できます。

［検索での見え方］タブ 図表63-3 では、AMPやリッチリザルトの施策を行っている場合にそのデータを確認できます。

### ▶「検索結果」レポートの［デバイス］タブの例 図表63-2

クエリ　ページ　国　デバイス　検索での見え方　日付

| デバイス | ↓クリック数 | 表示回数 | CTR | 掲載順位 |
|---|---|---|---|---|
| PC | 53,747 | 1,559,703 | 3.4% | 26.5 |
| モバイル | 5,599 | 299,128 | 1.9% | 31.5 |
| タブレット | 216 | 10,174 | 2.1% | 25.3 |

1ページあたりの行数: 10　1〜3/3

「PC」「モバイル」「タブレット」それぞれの検索パフォーマンスが確認できる

### ▶「検索結果」レポートの［検索での見え方］タブの例 図表63-3

クエリ　ページ　国　デバイス　検索での見え方　日付

| 検索での見え方 | ↓クリック数 | 表示回数 | CTR | 掲載順位 |
|---|---|---|---|---|
| リッチリザルト | 19,283 | 288,572 | 6.7% | 6.6 |
| 商品の結果 | 5,997 | 62,607 | 9.6% | 5.9 |
| AMP: 通常の検索結果 | 112 | 1,413 | 7.9% | 7.7 |
| AMP 記事 | 26 | 852 | 3.1% | 5.1 |

AMP、リッチリザルトなど、行っている施策ごとの検索パフォーマンスが確認できる

［検索での見え方］タブに表示される内容は、サイトで行っている施策によって異なります。

## 検索タイプで画像検索や動画検索の状況を確認する

次に画像検索や動画検索の流入状況を見る方法を解説します。デフォルトのデータは通常のWebの検索結果のものです。グラフ上部にある「検索タイプ：ウェブ」フィルタ 図表63-4 をクリックすると、検索タイプを［画像］か［動画］に切り替えられます。例えばここで［画像］を選ぶと画像検索の流入クエリや掲載順位などが確認できるのです。

▶ 検索タイプの切り替え 図表63-4

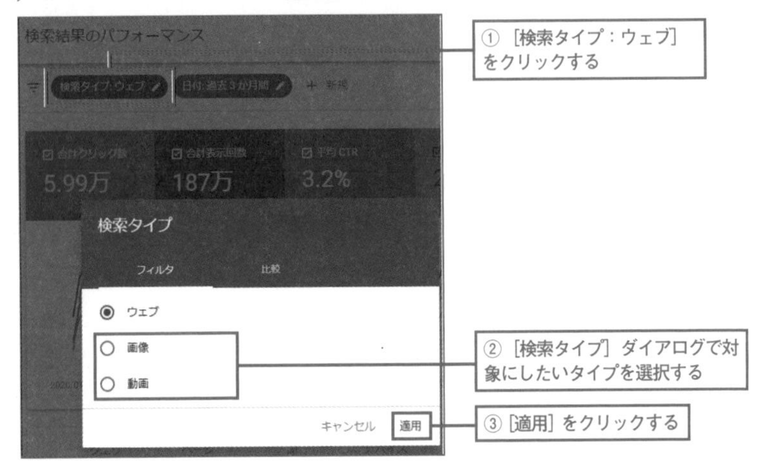


### ワンポイント　レポートの集計期間を切り替える

「検索パフォーマンス」レポートはデフォルトで過去3か月のデータが表示されます。グラフ上部にある［日付：過去3か月］のフィルタをクリックすると、最長で過去16か月まで遡った期間、最短で前日のデータなど、さまざまな期間を選択できます。施策前後のデータを比べたい場合は、［比較］タブで2つの期間を比較できます。
また、例えば特定の日に表示回数の異常値があった場合、その日に絞ってデータを確認することもできます。

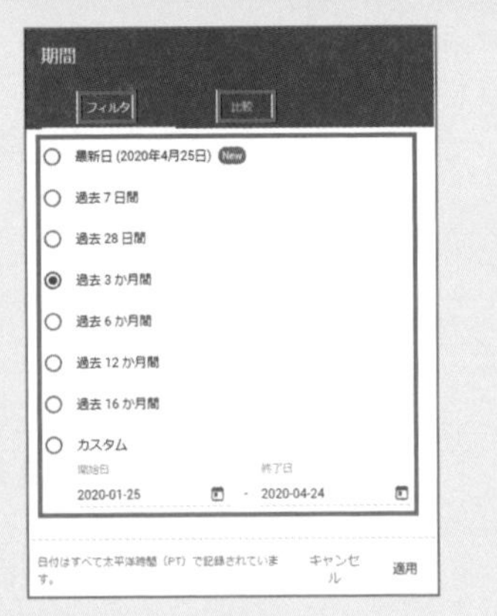


［期間］フィルタでレポートの集計期間を変更することができる

## フィルタを活用して特定のデータに絞って分析してみよう

Search Consoleが提供するフィルタ機能を活用して、クエリ種類別、ページ種類別やデバイス別にデータを確認してみましょう。グラフ上部にある［＋新規］から新しいフィルタを追加できます 図表63-5 。

▶ フィルタで指定できる項目 図表63-5

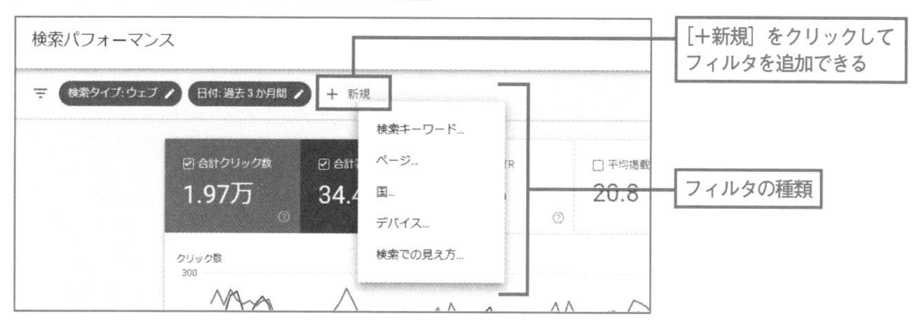


### 特定のキーワードやディレクトリで絞り込んで見る

「検索キーワード」フィルタでは、例えば検索クエリの「次を含まない」でブランド名や商品名などの文字列を除外すると、それ以外の検索クエリのパフォーマンスを確認できます。

「ページ」フィルタでは、URLを指定して、特定のページや特定のディレクトリ配下のパフォーマンスを確認するといった使い方ができます。また、サイト内でキーワードが競合していないか（87ページのワンポイント参照）を確認するためにもフィルタを使います。

「検索キーワード」フィルタで特定キーワードを設定し、［ページ］タブに切り替えると、そのキーワードでヒットしているすべてのページを確認できます。もしも複数出てきて、順位やクリック数が分散し揺れ動いているようなら食い合っているかもしれません。

同時に複数のフィルタを利用できます。例えば、「ページ」フィルタで商品詳細ページに絞り、「検索キーワード」フィルタでブランド名を除外すれば、「商品詳細ページのブランド名を含まない検索」の状況を確認できます。

### モバイルのみのパフォーマンスを見る

スマートフォンSEOに取り組み、モバイル版サイトのパフォーマンスをモニタリングする場合、デバイス別のデータを見ることが重要です。デバイスのフィルタを使い、[モバイル] に絞ってみましょう。フィルタでモバイルに絞ってから、クエリ、ページ、検索での見え方など、それぞれのタブのデータを確認して、モバイルの傾向をつかみましょう。また、PCとスマートフォンの傾向をグラフや表で比較したい場合、「比較」を使ってみましょう 図表63-6 図表63-7 。

### ▶ [デバイス]のフィルタ 図表63-6

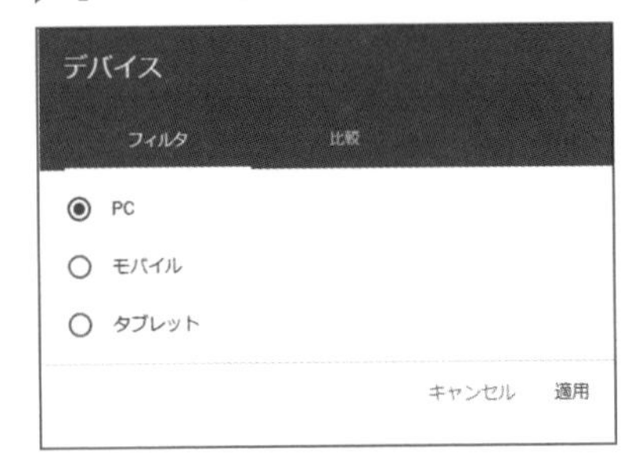


デバイスの［フィルタ］タブは対象とするデバイスを絞り込みできる

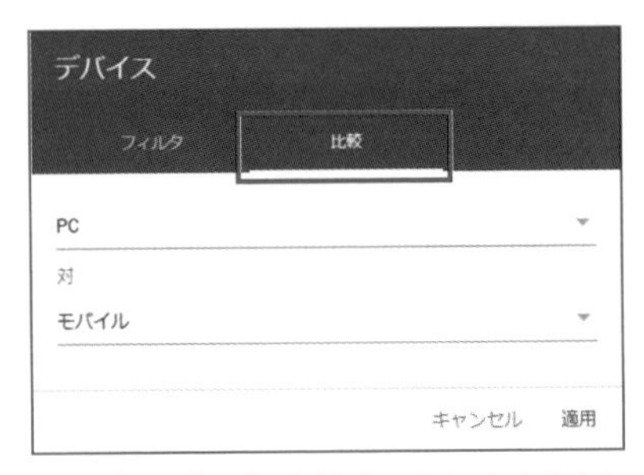


[比較] タブで「PC」対「モバイル」を指定し[適用] をクリックする

### ▶ デバイスの比較を適用した結果のレポート 図表63-7

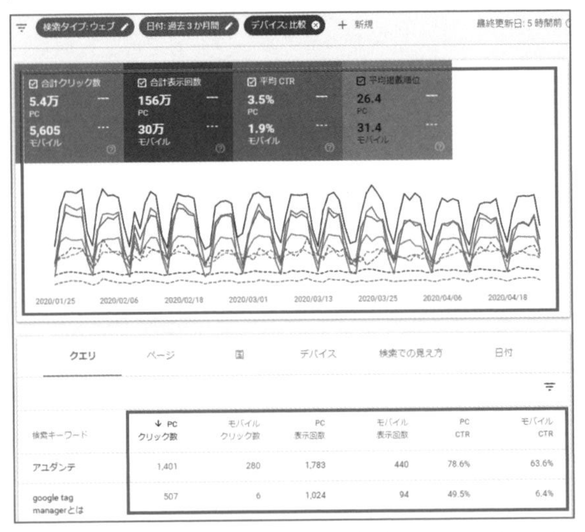


| 検索キーワード | PC クリック数 | モバイル クリック数 | PC 表示回数 | モバイル 表示回数 | PC CTR | モバイル CTR |
|---|---|---|---|---|---|---|
| アユダンテ | 1,401 | 280 | 1,783 | 440 | 78.6% | 63.6% |
| google tag managerとは | 507 | 6 | 1,024 | 94 | 49.5% | 6.4% |

PCとスマートフォンの統計が同じグラフ（上）、同じ表（下）にデバイス別の結果として表示され、デバイス別のパフォーマンスの差や異常値が見つけやすくなる

平均掲載順位が上位なのにCTRが低いなど、状況が悪いクエリはスニペットに課題があるかもしれません。Lesson 60で解説した方法で検索結果の画面を目視で確認しましょう。

## Google Discoverのパフォーマンスを確認しよう

Lesson 06で解説したGoogle Discoverに一定の回数表示されているサイトは、そのデータを「検索パフォーマンス」メニューにある「Discover」レポートから確認できます 図表63-8 。ページ、国や日付別にデータを確認でき、さらに「Discoverでの見え方」では動画や記事など、ページがDiscoverでどのフォーマットで表示されたか確認できます。

### ピンポイントの増加に注目

Google Discoverは、流入がある日突然、ピンポイントで増加していることが一般的です。Googleのアルゴリズムによりユーザーに最適なコンテンツが表示されるため対策が難しい部分もありますが、「Discover」レポートを見ることでどんなテーマでどんなコンテンツが有効か、というヒントにはなるでしょう。

▶「Discover」レポート 図表63-8

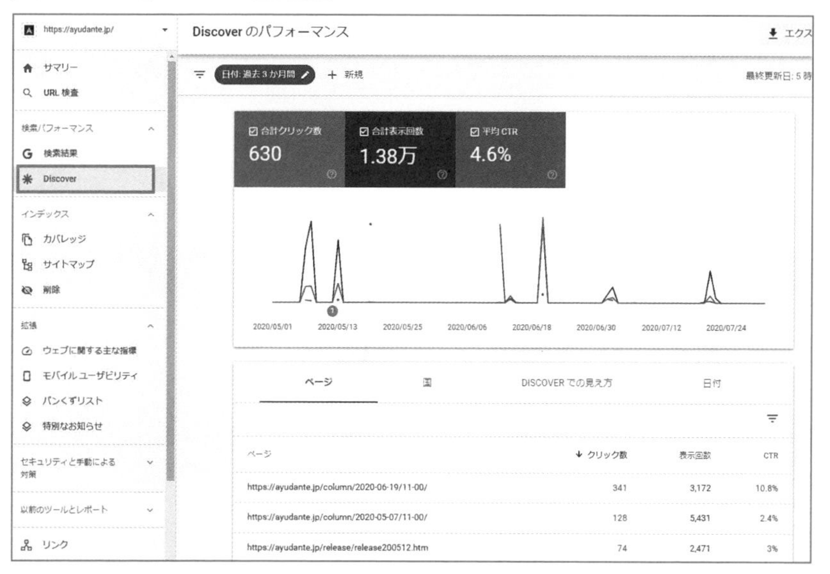


Google Discoverに一定数表示されているサイトのみ表示される「Discover」レポート。Discoverでの表示回数とクリック数、CTRなどがレポートに表示される

Lesson 64 [Search Consoleによる検証③]

# サイトの作り に問題がないかを確認しよう

このレッスンのポイント

**ページの表示速度やモバイルユーザビリティ、リッチリザルトやAMPの実装においてエラーがないかといった、サイトの作りに関する部分をチェックするための「拡張」メニューの各レポートについて解説します。**

## 「ウェブに関する主な指標」レポートを確認しよう

「拡張」メニューにある「ウェブに関する主な指標」レポートは、今まで「速度」という名前だったレポートです。2020年5月から名称が変わりました 図表64-1 。このレポートでは、Lesson 23で解説したCore Web Vitalsの表示速度やユーザビリティに関する課題を確認できます。

［モバイル］［PC］のデバイスごとに、FID、LCP、CLSの評価に基づいて「良好URL」「不良URL」「改善が必要なURL」の数を確認できます 図表64-2 。重要なページは「良好URL」を目指しましょう。表示速度については、Lesson 48で問題の検出方法や対策を解説しています。

▶「ウェブに関する主な指標」レポート 図表64-1

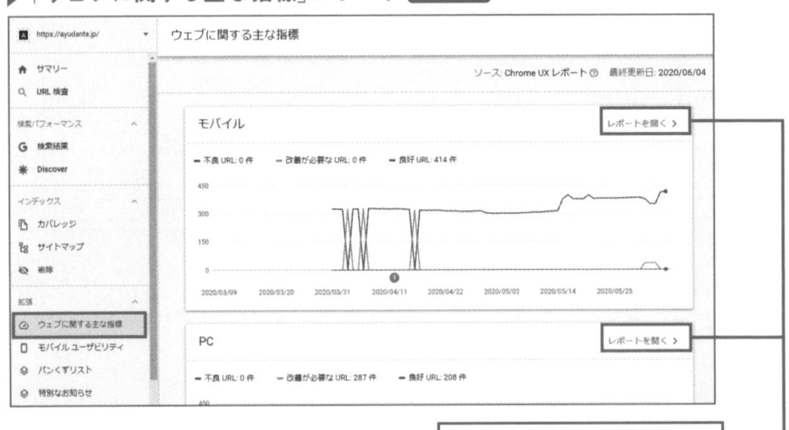

### ▶ モバイルの「ウェブに関する主な指標」レポート結果の例 図表64-2

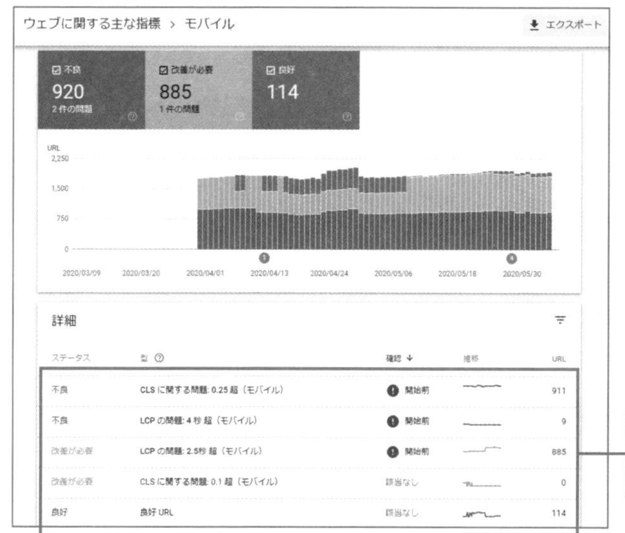


## モバイルユーザビリティの項目をチェックしよう

「拡張」メニューにある「モバイルユーザビリティ」レポートは、Lesson 26で解説したモバイルユーザビリティの項目に対してエラーが出ていないか確認できるレポートです 図表64-3 。エラーがなければ「有効」の項目しか表示されませんが、問題が検出された場合、その対象項目がレポートに表示されます。

### ▶ さまざまなエラーがある「モバイルユーザビリティ」レポートの例 図表64-3

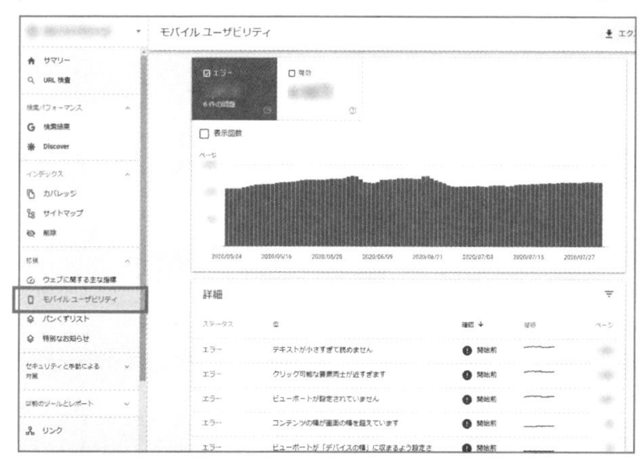

このレポートでも各エラーをクリックすると対象URLのサンプルを確認できます。

## AMPと各種リッチリザルトのレポートを確認しよう

Lesson 39で解説したリッチリザルトの実装が行われたサイトでは、「拡張」メニュー配下に各リッチリザルトのレポートが表示されます 図表64-4 。同じく、Lesson 49で解説したAMPページが生成されているサイトの場合もここに「AMP」レポートが表示されます。これらのレポートでもエラーが検出された場合はエラー項目として表示されます。各エラー項目をクリックすると対象URLのサンプルを確認でき、修正後に修正検証リクエストができます。

▶「拡張」メニューに表示されるレポートの例 図表64-4

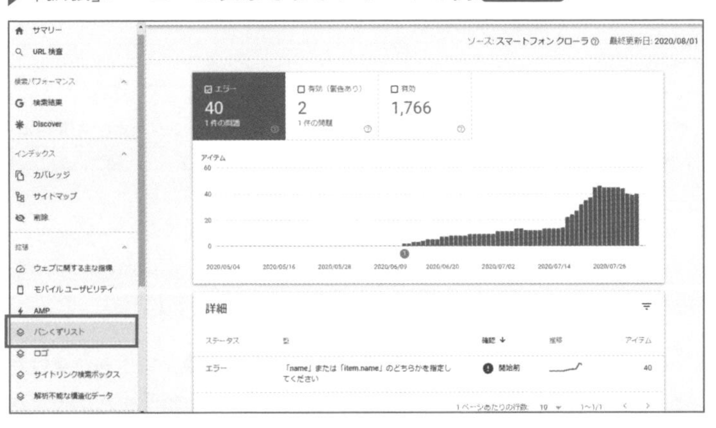


「拡張」メニューに表示されるレポートはサイトによって異なる。図はパンくずリストのリッチリザルトが表示されるサイトの「パンくずリスト」レポートの例

### ワンポイント 修正後には再検証のリクエストをしよう

「拡張」メニューの各レポートのエラーに対して改善を行った後、Googleにそれをなるべく早く認識してもらうために修正の検証を依頼できます。各レポートのエラー項目をクリックすると［修正を検証］ボタンが表示されるので、クリックしてページの再検証をリクエストしましょう。

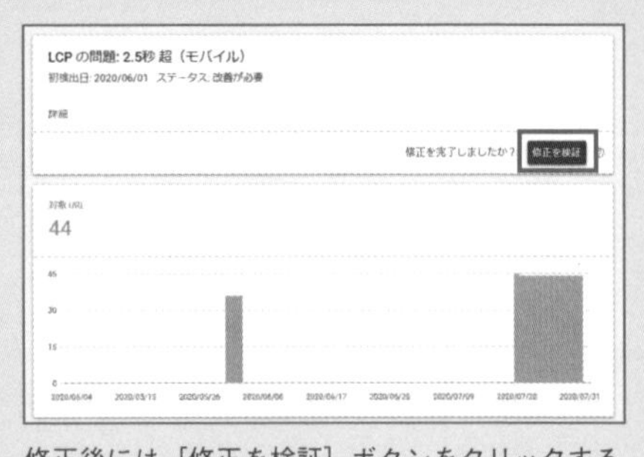


修正後には［修正を検証］ボタンをクリックする

Lesson [Googleアナリティクスの導入]

# 65 Googleアナリティクスでアクセス解析の準備をしよう

このレッスンのポイント

**SEOの最大の目的は検索からの流入を増やすことです。検索の流入とそのパフォーマンスをモニタリングするために、アクセス解析ツールを使います。このレッスンではGoogleアナリティクス分析のための事前設定について解説します。**



## Googleアナリティクスの準備

既存サイトであればGoogleアナリティクスがすでに導入されているケースが多いと思いますが、SEOの検証を正しく行うための設定がされていない場合があります。まずはオーガニック検索の流入を特定するため、広告の流入を分離する設定が必要です。また、流入の確認だけではなく、その流入がコンバージョンにつながっているかの確認もする必要があるでしょう。さらに、GoogleアナリティクスとSearch Consoleの連携を行っておくと、ツールを横断したパフォーマンス確認が楽になります。

## 広告流入を分けて計測するには

検索エンジンからの流入はGoogleアナリティクスではすべてデフォルトで「Organic Search」(オーガニック検索)に分類されます。ここには検索広告も含んでいます。そのため検索広告が「Paid Search」(有料検索)に分類されるための設定が必要です。Google広告の場合、GoogleアナリティクスとGoogle広告を連携します。Yahoo!の検索広告については広告のリンク先URLにutmパラメータというパラメータを追加する必要があります。Googleのヘルプを確認して、前もってGoogle広告とGoogleアナリティクスを連携し、またutmパラメータの設定を行いましょう。

▶ **Google 広告とアナリティクスをリンク / リンク解除する**
https://support.google.com/analytics/answer/1033961?hl=ja

▶ **カスタム URL でキャンペーン データを収集する**
https://support.google.com/analytics/answer/1033863?hl=ja

## 「目標」を設定しよう

検索流入を確認するだけではなく、その流入がコンバージョンにつながっているかの確認も大事です。Googleアナリティクスの管理画面から設定できる「目標」機能を使って、カート追加や購入、資料請求や問い合わせなどの各種コンバージョンを計測し、目標の達成につながったランディングページや流入経路、デバイス別の数値の違いなどを確認しましょう。

### ▶ 目標を設定する 図表65-1

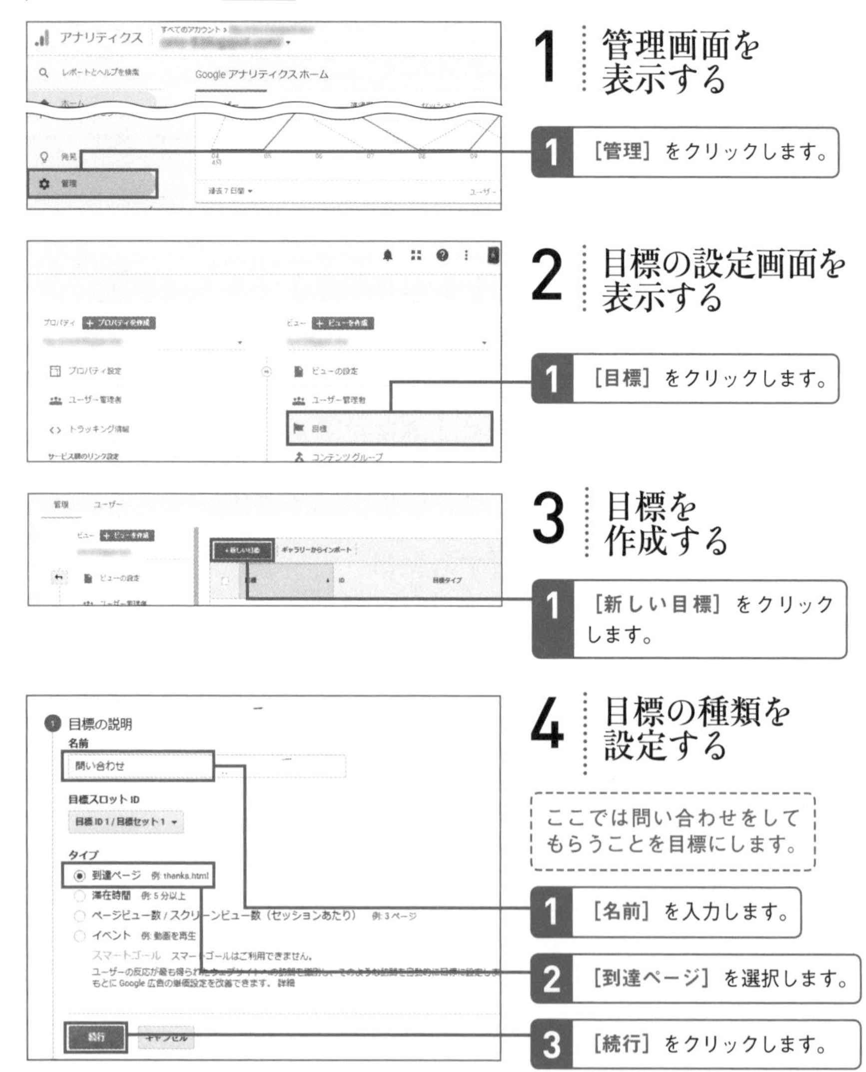

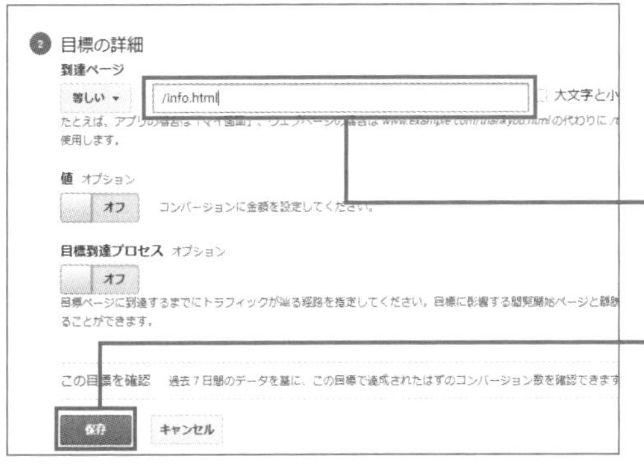

# 5 目標のURLを入力する

**1** ［到達ページ］にURLを入力します。

**2** ［保存］をクリックします。

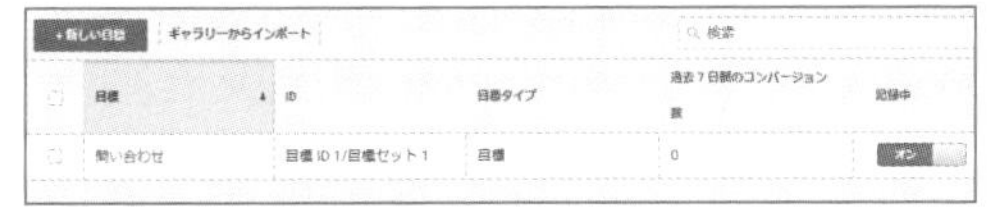

目標が作成され、レポートに表示されました。

## Search Consoleとの連携をしよう

Googleアナリティクスと Search Consoleの連携を行い、Googleアナリティクス内に「検索パフォーマンス」メニューにある「検索結果」レポートのデータを表示すると、Search Consoleの一部のデータをGoogleアナリティクスから閲覧でき、チェック作業が楽になります。

リンクするには両方のツールの管理者権限が必要です。また、1対1の連携になるので、1つのアナリティクスプロパティを複数のSearch Consoleのプロパティに関連付けたり、1つのSearch Consoleのプロパティに複数のアナリティクスプロパティを関連付けることはできません。

▶ Search Consoleとの連携 図表65-2

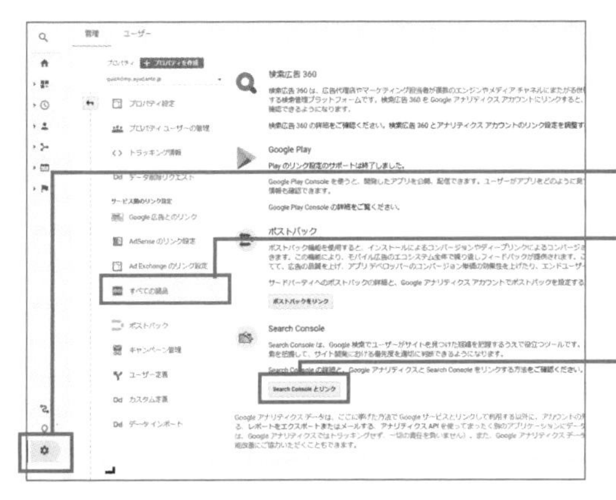

# 1 管理画面でリンクを指定する

**1** 管理画面を開きます。

**2** 対象プロパティの［すべての商品］をクリックします。

**3** ［Search Consoleとリンク］をクリックします。

その先に表示される画面で「追加」をクリックします。

## 2 プロパティを選択する

Google

Search Console

Google アナリティクスで Search Console のデータを使用する

Google アナリティクスのウェブ プロパティを Search Console サイトと関連付けると、Google アナリティクスのレポートに Search Console ツールのデータを表示できるようになります。
た Google アナリティクス レポートに Search Console から直接リンクできるようになります。

ウェブ プロパティ：quickdmp.ayudante.jp

リンクされているサイト：このサイトは Google アナリティクス アカウントのどのウェブ プロパティに

| Search Console のサイト | 関連付けられているアナリティクス ウェブ プロパティ |
| --- | --- |
| http://www.analytics-ayudante.jp/ | このサイトは Google アナリティクス アカウントのどのウェブ プロパティにもリンクされていません。 |
| http://ayudante.jp/ | このサイトは Google アナリティクス アカウントのどのウェブ プロパティにもリンクされていません。 |
| https://ayudante.jp/ | http://www.ayudante.jp |
| http://quickdmp.ayudante.jp/ | このサイトは Google アナリティクス アカウントのどのウェブ プロパティにもリンクされていません。 |
| https://quickdmp.ayudante.jp/ | このサイトは Google アナリティクス アカウントのどのウェブ プロパティにもリンクされていません。 |
| https://www.ayudante.jp/column/ | このサイトは Google アナリティクス アカウントのどのウェブ プロパティにもリンクされていません。 |
| http://evsmart.net/ | 3.web |
| https://evsmart.net/ | このサイトは Google アナリティクス アカウントのどのウェブ プロパティにもリンクされていません。 |
| https://blog.evsmart.net/ | このサイトは Google アナリティクス アカウントのどのウェブ プロパティにもリンクされていません。 |
| -forums.net/ | このサイトは Google アナリティクス アカウントのどのウェブ プロパティにもリンクされていません。 |
|  | このサイトは Google アナリティクス アカウントのどのウェブ プロパティにもリンクされていません。 |
|  | このサイトは Google アナリティクス アカウントのどのウェブ プロパティにもリンクされていません。 |
| desk.com/ | このサイトは Google アナリティクス アカウントのどのウェブ プロパティにもリンクされていません。 |

保存

Search Console のアカウントでサイトと Google アナリティクスのウェブ プロパティを関連付けると、そのウェブ プロパティに関連付けられたすべてのプロフィールに対して Search Con
効になります。その結果、Google アナリティクスのそのプロパティにアクセスできるすべてのユーザーがそのサイトに関する Search Console データを表示できることになります。詳細

キャンセル　Search Console にサイトを追加

**1** Search Console側に移動した後、プロパティ一覧から対象Search Consoleプロパティを選択します。

**2** ［保存］をクリックして連携を完了します。

連携後は、Google アナリティクスの「集客」メニューにある「Search Console」レポートから Search Console の内容が閲覧できます。

### ワンポイント AMPページの計測

Lesson 49で解説したAMPページの計測は、通常のページとは異なります。はじめに、AMPページ用のGoogleアナリティクス計測コードの設置が必要です。また、AMPと非AMPページでの行き来が発生するサイトの場合、Googleアナリティクスのユーザーとセッションが同一と判断されてセッションが統合されるように別途設定する必要があります。セッションが統合されていないと、AMPページにランディングした際の直帰率やセッション数を正確に計測できず、AMPページ経由のコンバージョンが把握しにくくなります。
AMPページを計測するための設定については、下記のGoogleのヘルプを参照してください。

▶ **AMP ページにアナリティクスを追加する**
https://developers.google.com/analytics/devguides/collection/amp-analytics?hl=ja

▶ **AMP 用に Google アナリティクス セッション統合の初期設定を行う**
https://support.google.com/analytics/answer/7486764

これで準備が整いました。次のレッスンから、Google アナリティクスを使ったデータの見方を具体的に解説します。

Lesson 66 [Googleアナリティクスによるパフォーマンス確認①]

# スマートフォンのデータを分析しよう

このレッスンのポイント

**Googleアナリティクスの各種レポートで効率的にデータを確認するため、スマートフォンのデータに絞り込む方法と、スマートフォン、PC、タブレットそれぞれのデータを比較するための3つの方法を押さえておきましょう。**

## 方法①:スマートフォンデータ用のビューを用意しておく

Googleアナリティクスのアカウント構成はアカウント、プロパティ、ビューの三段階になっています 図表66-1 。ビューとは、レポート設定の単位です。特定の条件に該当するデータを取り出して表示できます。スマートフォンにフォーカスした分析をする場合、「全デバイス」のビューと、「スマートフォン」「PC」「タブレット」それぞれのビューを作っておくと、デバイスごとの各レポートを確認できる構成になります。新規にデバイス別ビューを作成するには、既存のビューを一度コピーして新規ビューを作成し、デバイスの「フィルタ」を追加します。図表66-2 で作成手順を解説します。

▶ Googleアナリティクスのアカウント構成のイメージ 図表66-1

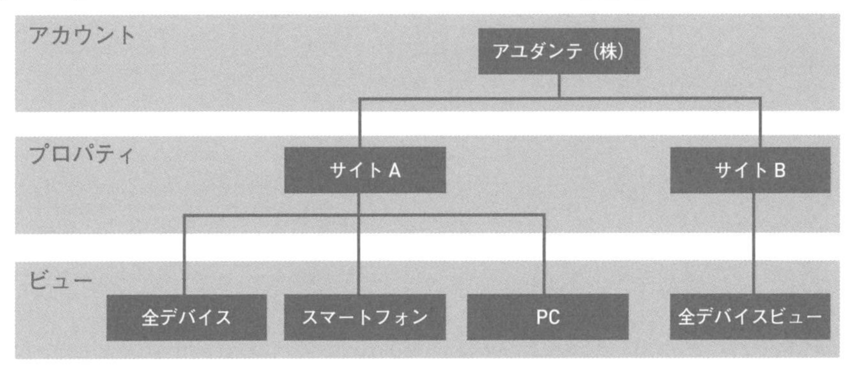


ビューの作成は、プロパティまたはアカウントの編集権限を持っているユーザーだけができる。作成したビューは、そのプロパティの権限を持つ全ユーザーに表示される

### ▶ デバイス別新規ビューの追加方法 図表66-2

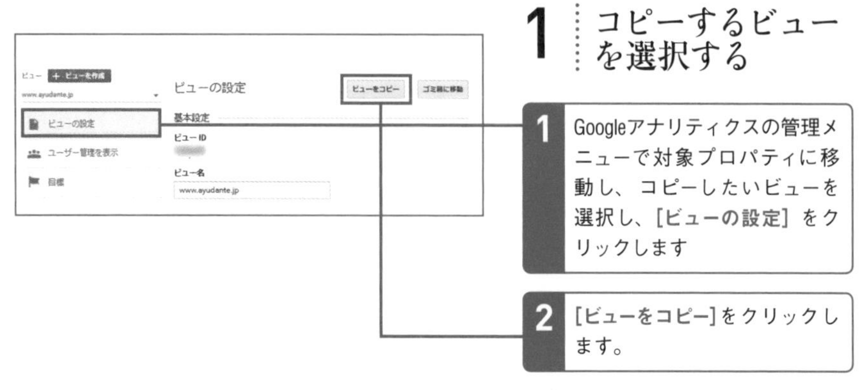


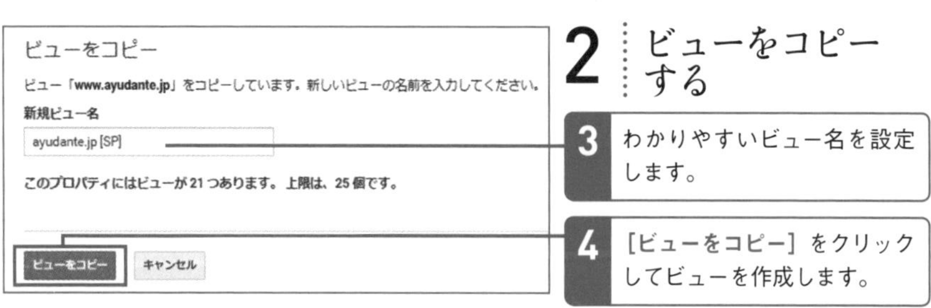


#### デバイスフィルタを作成する

フィルタを追加して、ビューに表示されるデータを制限します。フィルタはビューに反映されるデータに影響するため、必ず既存ビューではなく新規ビューに追加するようにしてください。フィルタで除外や加工を行ったデータは遡って修正できません。不安な場合は詳しい担当者に相談しながら設定しましょう。

### ▶ デバイスフィルタを追加する 図表66-3

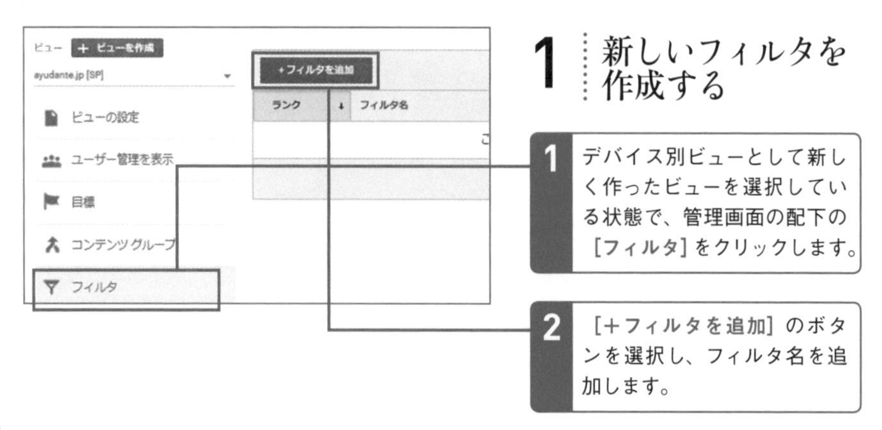

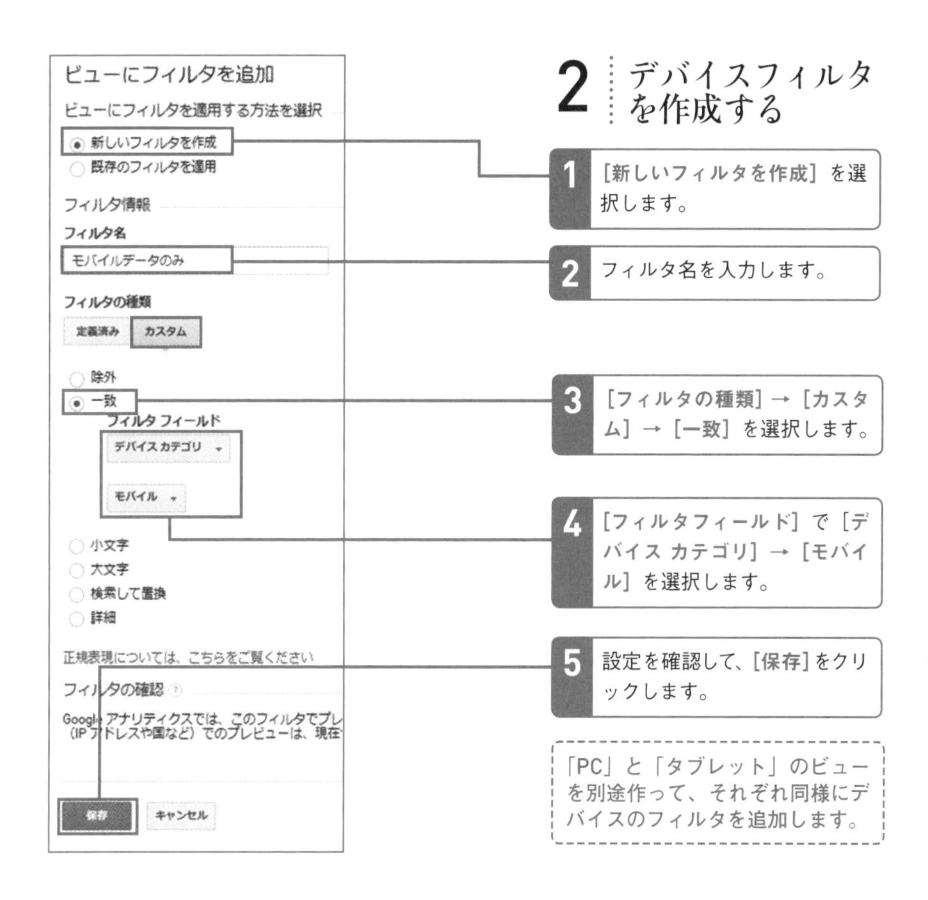


## デバイス別ビューの制限

スマートフォンデータのみにフォーカスして分析する場合、スマートフォンビューを使うと便利ですが、サイト全体のデータとデバイス別のデータを比較する場合にビューを都度切り替えなくてはいけないので少々不便です。

その場合は、すべてのデバイスが表示されているビューにおいて、次に解説する「セカンダリディメンション」または「セグメント」の機能を使うといいでしょう。

タブレットの流入が少ない場合は別途ビューを作らず、タブレットのユーザーの傾向がPCに似ているか、スマートフォンに似ているかを確認して、より似たデバイスのビューにまとめてもいいでしょう。

## 方法②:デバイスをセカンダリディメンションで絞り込む

Googleアナリティクスのレポートは通常1つのプライマリディメンションが表示されており、その隣に追加でセカンダリディメンションというサブのディメンションを表示することができます。ほとんどのレポートではセカンダリディメンションに「デバイス カテゴリ」を選ぶことができます。これにより、レポート上にmobile（スマートフォン）、desktop（PC）とtablet（タブレット）の3つのデータを表示できます。

もしスマートフォンのみのデータを見たい場合は、検索フィールドの右にある「アドバンス」からデバイスのフィルタで「mobile」だけに絞れます。

このセカンダリディメンションの設定は画面を遷移するたびにリセットされるため、各レポートで設定する必要があります。はじめに全体を見て、その後スマートフォンとPCのデータを分けて見たい場合に使うと便利です。

▶「デバイス カテゴリ」のセカンダリディメンションを追加した「チャネル」レポート 図表66-4

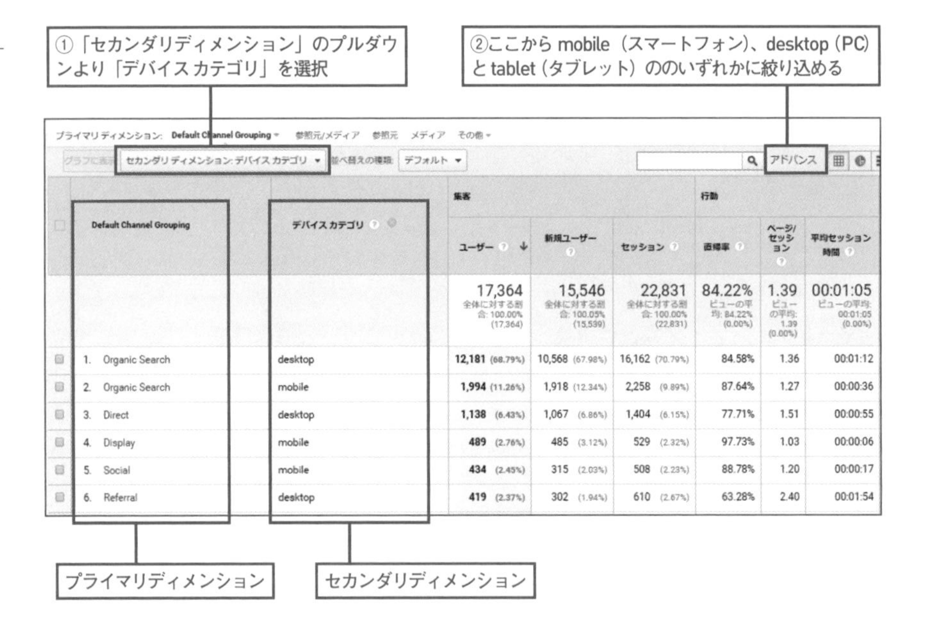


| Default Channel Grouping | デバイス カテゴリ | 集客 ユーザー | 新規ユーザー | セッション | 行動 直帰率 | ページ/セッション | 平均セッション時間 |
|---|---|---|---|---|---|---|---|
| | | 17,364 全体に対する割合: 100.00% (17,364) | 15,546 全体に対する割合: 100.05% (15,539) | 22,831 全体に対する割合: 100.00% (22,831) | 84.22% ビューの平均: 84.22% (0.00%) | 1.39 ビューの平均: 1.39 (0.00%) | 00:01:05 ビューの平均: 00:01:05 (0.00%) |
| 1. Organic Search | desktop | 12,181 (68.79%) | 10,568 (67.98%) | 16,162 (70.79%) | 84.58% | 1.36 | 00:01:12 |
| 2. Organic Search | mobile | 1,994 (11.26%) | 1,918 (12.34%) | 2,258 (9.89%) | 87.64% | 1.27 | 00:00:36 |
| 3. Direct | desktop | 1,138 (6.43%) | 1,067 (6.86%) | 1,404 (6.15%) | 77.71% | 1.51 | 00:00:55 |
| 4. Display | mobile | 489 (2.76%) | 485 (3.12%) | 529 (2.32%) | 97.73% | 1.03 | 00:00:06 |
| 5. Social | mobile | 434 (2.45%) | 315 (2.03%) | 508 (2.23%) | 88.78% | 1.20 | 00:00:17 |
| 6. Referral | desktop | 419 (2.37%) | 302 (1.94%) | 610 (2.67%) | 63.28% | 2.40 | 00:01:54 |

## 方法③:レポートにモバイル用のセグメントを追加する

レポートの上部に表示されるセグメントという機能を活用すると、特定の条件のデータに絞ることができます。方法②のセカンダリディメンションはレポート下部のデータ表のみに適用され、画面遷移するたびにリセットされますが、セグメントはデータ表上部のレポートのグラフにも適用されて、各レポート間を遷移しても設定が維持されます 図表66-5 。このため、スマートフォンのデータに集中してさまざまなデータを分析したいときに便利です。また、セグメントは同時に4つまで設定できるので、スマートフォンとPC&タブレットのセグメントを同時に適用して、そのデータを比較しつつさまざまなレポートを閲覧することもできます。

▶ セグメントの設定 図表66-5

### 1 セグメント一覧を開く

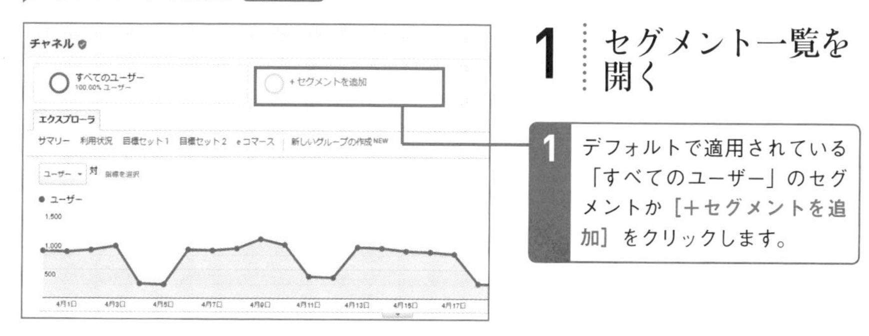


1 デフォルトで適用されている「すべてのユーザー」のセグメントか［+セグメントを追加］をクリックします。

### 2 セグメントを追加する

Google がデフォルトで提供している［システム］タブに移動します。

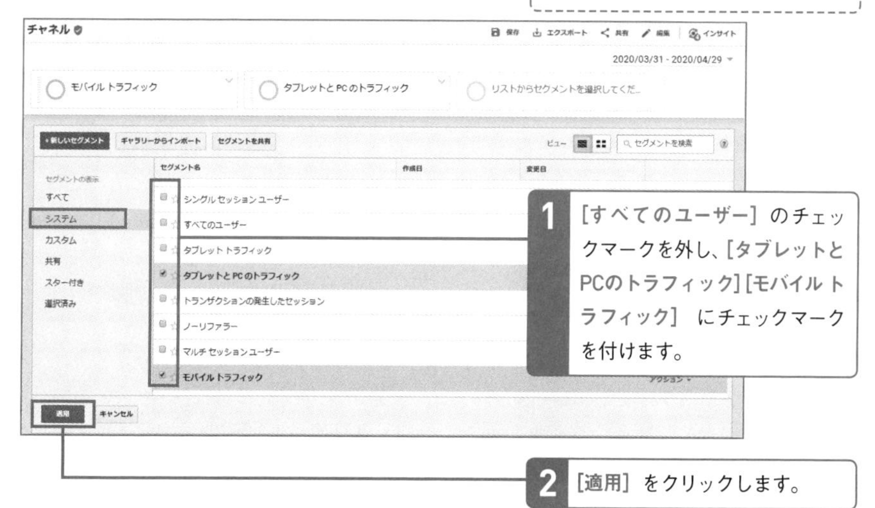


1 ［すべてのユーザー］のチェックマークを外し、［タブレットとPCのトラフィック］［モバイル トラフィック］にチェックマークを付けます。

2 ［適用］をクリックします。

NEXT PAGE →

# 3 セグメントがグラフと表に適用される

「タブレットとPCのトラフィック」と「モバイル トラフィック」のセグメントがグラフと表に適用されました。

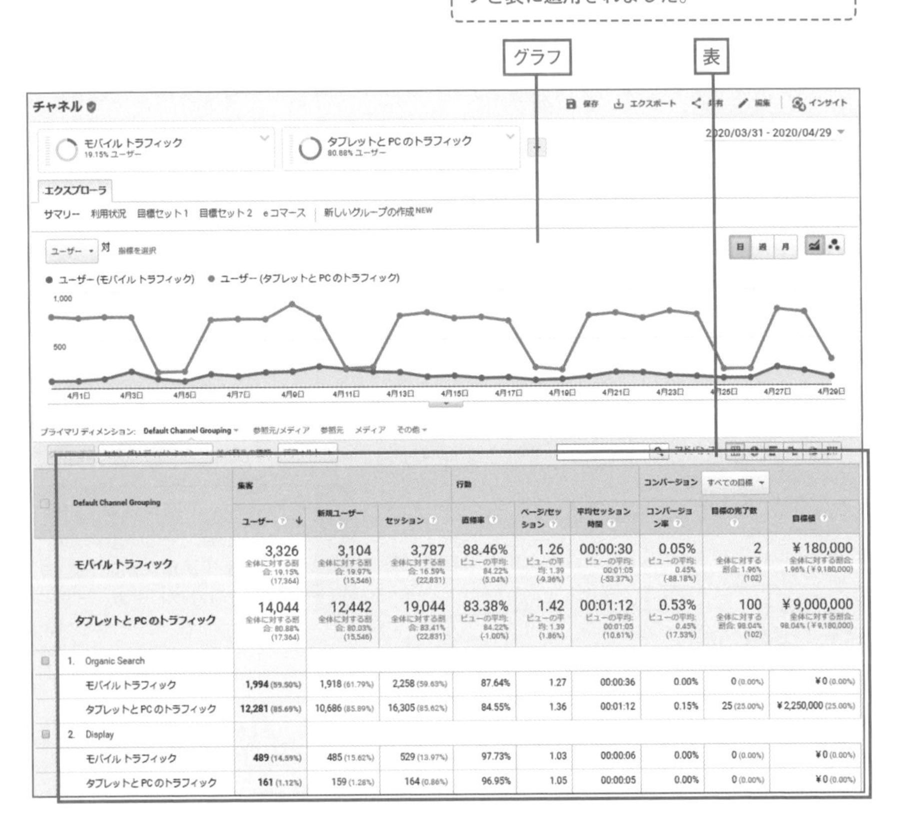


| Default Channel Grouping | 集客 ユーザー | 新規ユーザー | セッション | 行動 直帰率 | ページ/セッション | 平均セッション時間 | コンバージョン すべての目標 コンバージョン率 | 目標の完了数 | 目標値 |
|---|---|---|---|---|---|---|---|---|---|
| モバイル トラフィック | 3,326 全体に対する割合: 19.15% (17,364) | 3,104 全体に対する割合: 19.97% (15,546) | 3,787 全体に対する割合: 16.59% (22,831) | 88.46% ビューの平均: 84.22% (5.04%) | 1.26 ビューの平均: 1.39 (-9.36%) | 00:00:30 ビューの平均: 00:01:05 (-53.37%) | 0.05% ビューの平均: 0.45% (-88.18%) | 2 全体に対する割合: 1.96% (102) | ¥180,000 全体に対する割合: 1.96% (¥9,180,000) |
| タブレットと PC のトラフィック | 14,044 全体に対する割合: 80.88% (17,364) | 12,442 全体に対する割合: 80.03% (15,546) | 19,044 全体に対する割合: 83.41% (22,831) | 83.38% ビューの平均: 84.22% (-1.00%) | 1.42 ビューの平均: 1.39 (1.86%) | 00:01:12 ビューの平均: 00:01:05 (10.61%) | 0.53% ビューの平均: 0.45% (17.53%) | 100 全体に対する割合: 98.04% (102) | ¥9,000,000 全体に対する割合: 98.04% (¥9,180,000) |
| 1. Organic Search | | | | | | | | | |
| モバイル トラフィック | 1,994 (59.50%) | 1,918 (61.79%) | 2,258 (59.63%) | 87.64% | 1.27 | 00:00:36 | 0.00% | 0 (0.00%) | ¥0 (0.00%) |
| タブレットと PC のトラフィック | 12,281 (85.69%) | 10,686 (85.89%) | 16,305 (85.62%) | 84.55% | 1.36 | 00:01:12 | 0.15% | 25 (25.00%) | ¥2,250,000 (25.00%) |
| 2. Display | | | | | | | | | |
| モバイル トラフィック | 489 (14.59%) | 485 (15.62%) | 529 (13.97%) | 97.73% | 1.03 | 00:00:06 | 0.00% | 0 (0.00%) | ¥0 (0.00%) |
| タブレットと PC のトラフィック | 161 (1.12%) | 159 (1.28%) | 164 (0.86%) | 96.95% | 1.05 | 00:00:05 | 0.00% | 0 (0.00%) | ¥0 (0.00%) |

セカンダリディメンションとセグメント、スマートフォンデータの表示方法をいろいろ試してみると自身の分析スタイルに合うものがわかってくるでしょう。

**ワンポイント PCのみのセグメントは別途作成する必要がある**

Googleアナリティクスが提供しているデフォルトのセグメントにはPCのみのものがないため、別途作成する必要があります。「タブレットとPCのトラフィック」のセグメントをコピーし、「デバイス カテゴリ」でtabletの条件を削除して保存するとPCのみのセグメントが作成できます。

Lesson [Googleアナリティクスによるパフォーマンス確認②]

# 67 SEOのパフォーマンスを確認しよう

このレッスンのポイント

スマートフォン向けの分析環境が準備できたら、全体の流入状況やオーガニック検索からの流入を確認して、ランディングページのパフォーマンスを分析しましょう。また、Search Consoleのデータもあわせて確認しましょう。



## ○「チャネル」レポートで流入状況を確認する

Googleアナリティクスで、全体の流入状況を大まかな流入経路別に確認できるのは、「集客」メニューの「すべてのトラフィック」にある「チャネル」レポートです 図表67-1 。オーガニック検索の流入の傾向や増減を確認したり、オーガニック検索の新規率を確認したり、スマートフォンとPCのコンバージョン率の比較したりといったことができます。期間の設定を変えて施策前後の推移を確認したり、スマートフォンのみのセグメントをかけてスマートフォンの状況を見ることもできます。

▶「チャネル」レポート 図表67-1

## ランディングページのパフォーマンスを確認する

「チャネル」レポートの気になるチャネルをクリックすると、そのデータに絞り込むことができます。[Organic Search]（オーガニック検索流入）をクリックすると、デフォルトでは「キーワード」のレポートが表示されますが、現在はユーザーのプライバシーを守るためにGoogleや他検索エンジンの多くが検索を暗号化していて、キーワードが取得できず、「not provided」（「提供されていない」の意味）が大半を占める状況です 図表67-2 。

そこで、オーガニック検索に絞り込んだ後は、「プライマリディメンション」を「ランディングページ」に切り替えて、ランディングページ別のデータを確認するといいでしょう 図表67-3 。流入数を確認するだけではなく、直帰率やコンバージョン状況も確認できるので、パフォーマンスが良いものの流入が少ないページのSEO強化、逆に流入が多いのに直帰率が高いページのユーザビリティ改善など、今後のアクションのアイデアを得ることができます。

### ▶ [Organic Search]をクリックしてドリルダウンした結果 図表67-2

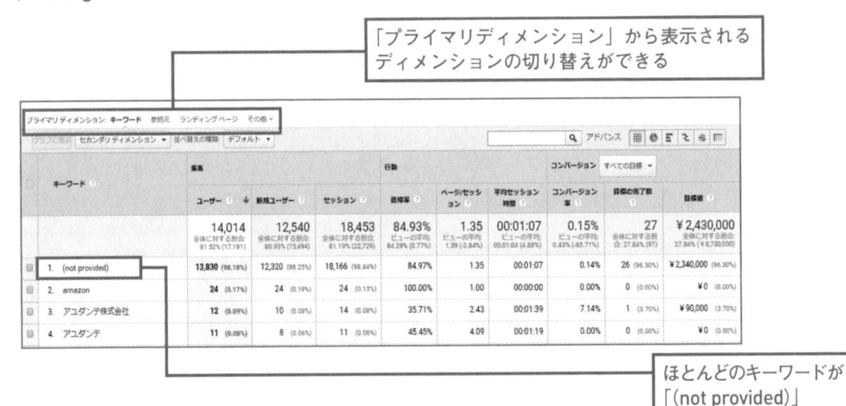


| キーワード | 集客 ユーザー | 新規ユーザー | セッション | 行動 直帰率 | ページ/セッション | 平均セッション時間 | コンバージョン コンバージョン率 | 目標の完了数 | 目標値 |
|---|---|---|---|---|---|---|---|---|---|
| | 14,014 全体に対する割合: 81.52% (17,191) | 12,540 全体に対する割合: 80.93% (15,494) | 18,453 全体に対する割合: 81.19% (22,729) | 84.93% ビューの平均: 84.29% (0.77%) | 1.35 ビューの平均: 1.39 (-2.84%) | 00:01:07 ビューの平均: 00:01:04 (4.88%) | 0.15% ビューの平均: 0.43% (-65.71%) | 27 全体に対する割合: 27.84% (97) | ¥2,430,000 全体に対する割合: 27.84% (¥8,730,000) |
| 1. (not provided) | 13,830 (98.18%) | 12,320 (98.25%) | 18,166 (98.44%) | 84.97% | 1.35 | 00:01:07 | 0.14% | 26 (96.30%) | ¥2,340,000 (96.30%) |
| 2. amazon | 24 (0.17%) | 24 (0.19%) | 24 (0.13%) | 100.00% | 1.00 | 00:00:00 | 0.00% | 0 (0.00%) | ¥0 (0.00%) |
| 3. アユダンテ株式会社 | 12 (0.09%) | 10 (0.08%) | 14 (0.08%) | 35.71% | 2.43 | 00:01:39 | 7.14% | 1 (3.70%) | ¥90,000 (3.70%) |
| 4. アユダンテ | 11 (0.08%) | 8 (0.06%) | 11 (0.06%) | 45.45% | 4.09 | 00:01:19 | 0.00% | 0 (0.00%) | ¥0 (0.00%) |

### ▶ ランディングページ別のデータ 図表67-3

プライマリディメンション: キーワード 参照元 ランディングページ

グラフに表示 セカンダリディメンション 並べ替えの種類: デフォルト

[ランディング ページ] に切り替える

| ランディングページ | 集客 ユーザー | 新規ユーザー | セッション | 行動 直帰率 | ページ/セッション | 平均セッション時間 |
|---|---|---|---|---|---|---|
| | 14,014 全体に対する割合: 81.52% (17,191) | 12,540 全体に対する割合: 80.93% (15,494) | 18,453 全体に対する割合: 81.19% (22,729) | 84.93% ビューの平均: 84.29% (0.77%) | 1.35 ビューの平均: 1.39 (-2.84%) | 00:01:07 ビューの平均: 00:01:04 (4.88%) |
| 1. /column/2013-12-10/12-17/ | 700 (4.24%) | 673 (5.37%) | 725 (3.93%) | 96.41% | 1.04 | 00:00:17 |
| 2. /column/2014-01-29/13-04/ | 631 (3.82%) | 491 (3.92%) | 679 (3.68%) | 86.89% | 1.18 | 00:01:04 |
| 3. /column/2012-09-24/13-02/ | 614 (3.72%) | 603 (4.81%) | 647 (3.51%) | 94.13% | 1.09 | 00:00:30 |
| 4. /column/2012-10-02/11-19/ | 601 (3.64%) | 526 (4.19%) | 635 (3.44%) | 92.91% | 1.14 | 00:00:33 |
| 5. /column/2017-02-07/11-19/ | 584 (3.54%) | 393 (3.13%) | 736 (3.99%) | 88.99% | 1.16 | 00:01:11 |

## 「Search Console」レポートを確認しよう

「集客」メニューの「Search Console」配下で、Search ConsoleとGoogleアナリティクスのデータを組み合わせたレポートを確認することができます。「ランディングページ」「国」「デバイス」の各レポートでは、Search Consoleの表示回数などのデータとGoogleアナリティクスのセッション、直帰率やコンバージョン数などのSEO関連のデータをまとめて見ることができます。「検索クエリ」レポートでは、ユーザーのプライバシーを守るために、Googleアナリティクスのデータは紐づかず、Search Consoleのクエリ別のデータしか表示されません。GoogleアナリティクスでSearch Consoleの検索クエリデータを確認する最大のメリットは、Search Consoleのフィルタより Googleアナリティクスの「Search Console」レポートのフィルタのほうが、正規表現を使えて、柔軟に設定できることです。

▶「Search Console」の「ランディング」ページレポート 図表67-4

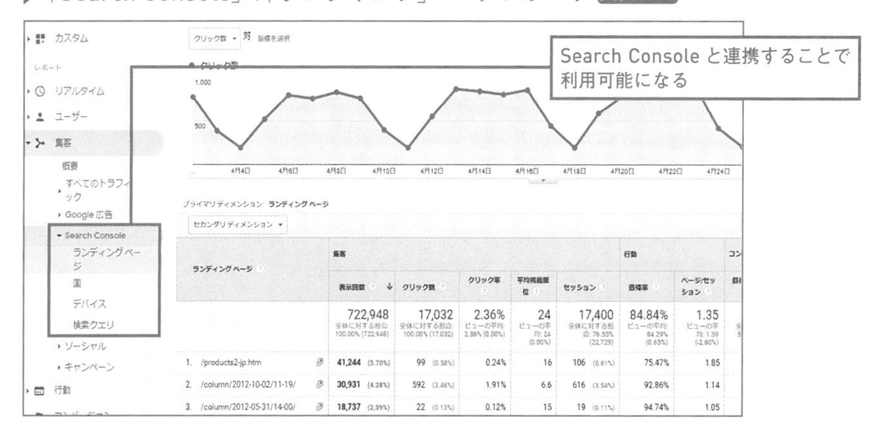


### ワンポイント　正規表現を覚えてフィルタを活用しよう

正規表現は柔軟なフィルタ条件を作成するのに役立つ表現方法です。各レポートの検索フィールドで正規表現を入力すると、特定のデータに絞り込めます。まずは「または（|）」と「先頭一致（^）」の正規表現を覚えておくだけでも便利です。例えば「検索クエリ」レポートで「アユダンテ|ayudante」と入力して検索すると、「アユダンテ」または「ayudante」を含むクエリのみ表示されます。また「ランディングページ」レポートで「^/column/」と入力して検索すると、「/column/」に先頭一致するランディングページに絞ることができます。正規表現を活用すると、他にもさまざまな条件が指定でき、複雑なフィルタリングができるようになります。

# 質疑応答

## Q モニタリングの効率を上げるコツはありますか？

**A** GoogleアナリティクスやSearch Console、その他SEO計測ツールのデータをそれぞれのツールの管理画面で見ると効率が悪いですよね。BIツール（ビジネスインテリジェンスツール）を使うと、各ツールの見たいデータをあらかじめダッシュボードという1つの画面にまとめておけます。無料で使えるツールの1つはGoogleが提供する「データポータル」です（英語名称：Data Studio）。Googleアナリティクス、Search ConsoleなどGoogle製品のデータだけでなく、他社ツールやサイトのデータベースのデータを連携して、それらのデータを統合したり、柔軟にフィルタリングや加工を行って、表やグラフ、地図などさまざまな見せ方ができます。元のツールのアクセス権限がない関係者にも共有できるので、定期的なモニタリングやレポート作成を行う方はぜひ活用してみましょう。

▶ データポータルで作ったSearch Consoleのダッシュボード例

Appendix

# SEOチェックシート

Lesson 09で解説した、サイトの内側の課題をチェックできるシートです。アユダンテで使っているシートを簡易的にまとめました。「チェック」の列に○△×など書き込んで、どこに課題がありそうか確認しましょう。

| No | 分野 | 項目 | チェック内容 | チェック方法 | チェック |
|---|---|---|---|---|---|
| 1 | インデックス・URL | インデックス状況 | Googleインデックス数が適切か、不要なURLが検出されていないか？ | Search Consoleの「インデックスカバレッジ」レポートで、有効数と自分のサイトの有効なページ数がほぼ一致するかを確認。除外が大量に検出されている場合は、精査できそうなものは精査する<br>**例：**<br>重複ページの発生（canonicalタグで制御）<br>インデックス未登録（robots.txtで制御） | |
| 2 | インデックス・URL | URLのタイプ | URLが動的か静的か？ | インデックスさせたい主要なURLが動的か静的か確認。動的URLの場合、目安としてパラメータが3つ以上付く長いものでインデックス状況が悪ければ、疑似静的化を検討する | |
| 3 | インデックス・URL | URLの階層化 | URLの構成が階層化されているか？ | URLが以下の例のように階層化されているかを確認。ただし、されていなくても歴史が長いURLはそのままでOK<br><br>**例：**https://example.com/lady/skirt/long/ | |
| 4 | インデックス・URL | URLの正規化 | URLが分散していないか？<br>canonicalタグが入っているか？ | 同じページで複数のURLが存在していないか、複数存在し分散している場合はcanonicalタグで正規化されているかを確認 | |
| 5 | インデックス・URL | URLの永続化 | URLが季節、バージョンなどによって頻繁に変わらないか? | 季節特集や同一の商品で頻繁にURLが変わらないか、永続化されているか。URLが、変わる場合にはリダイレクト対応できているかを確認 | |
| 6 | 検索結果 | 検索結果画面 | 検索結果画面が最適な状態か? | 主要な検索クエリで検索結果が適切に出ているか（タイトル、スニペットなど）を確認 | |

| No | 分野 | 項目 | チェック内容 | チェック方法 | チェック |
|---|---|---|---|---|---|
| 7 | 検索結果 | リッチリザルト | 該当するリッチリザルトがある場合に実装されているか？(レビュー、イベントなど) | 主要な検索クエリでのリッチリザルトの表示を確認し、自社で実装できているか、実装するか検討。表示されている場合はエラーがないかSearch Consoleの「拡張」レポートをチェックする | |
| 8 | 検索結果 | 順位とランディングページ | 順位チェックとヒットしているURLが期待通りか、キーワードの食い合いが発生していないか？ | 主要な検索クエリでの順位状況とヒットしているランディングページをチェックする。同一クエリで複数のページが食い合っていないかを確認 | |
| 9 | 検索結果 | ローカル検索対策 | 施設がある場合にローカルパックが適切に表示されているか？ | 自社のマイビジネスの登録状況や運用状況の確認。主要なエリアクエリでのローカルパックの表示状況の確認 | |
| 10 | 検索ニーズ・コンテンツ | 検索ニーズの網羅 | 自社サイトに関する検索ニーズがサイトにて対策できているか？ | 検索ニーズ調査を行い、その検索クエリで上位を獲得できているかを確認 | |
| 11 | 検索ニーズ・コンテンツ | コンテンツ | 検索ニーズに一致する適切なコンテンツ構成になっているか？ | know、do、buy、goなどニーズに応じたコンテンツ構成になっているか、派生語から推測されるニーズが網羅されているかを確認 | |
| 12 | 検索ニーズ・コンテンツ | 人気ワードの選定 | 人気のキーワードが選定されているか？ | 複数の言い回しがある場合に人気ワードが使用されているかを確認<br>※最近はGoogle側でかなり同一視はされているが、明らかに人気の言葉があるようならそちらを使ったほうがいい | |
| 13 | 検索ニーズ・コンテンツ | カテゴリー | カテゴリーが最適化されているか？ | 商材やサービス、記事に応じた豊富なカテゴリーがあるか、必要に応じて適切な階層構造になっているか。名称に人気のワードが使用されているかを確認<br>**例**：ECサイトの場合はアイテム、素材、ブランド等、必要なカテゴリーが存在しているか | |

| No | 分野 | 項目 | チェック内容 | チェック方法 | チェック |
|---|---|---|---|---|---|
| 14 | 検索ニーズ・コンテンツ | 低品質コンテンツ | **質の低いページがドメイン内にどの程度存在するか？** | 以下のような質の低いページがないか確認。大量にある場合クローラーに認識させない処理（リンク非表示、ページ非生成）ができているか確認<br>**例：** カテゴリーの0件ページ、数行しかないページ、他との重複ページなど役に立たないページ | |
| 15 | | コンテンツの信頼性 | **コンテンツやサイトの信頼性が担保されているか？** | 専門的なテーマであればその道の専門家による執筆や監修がされているか。画像や原稿がオリジナルであり著作権等に問題がないか。サイトに「運営元情報」や「お問い合わせ先」が掲載されているかを確認 | |
| 16 | 画面 | titleタグ | **titleタグが最適な状態か？** | ページの内容を端的に表す適切な文字数の文言になっているか、サイト名が入っているかを確認 | |
| 17 | | meta descriptionタグ | **meta descriptionタグが最適な状態か？** | ページの内容を説明する適切な文字数のユニークな一文になっているか、検索結果に表示された際にそのページの特徴やメリットがわかるかを確認 | |
| 18 | | 強調タグ | **h1、h2など強調タグが適切に使用されているか？** | 見出し、中見出しなどが適切にh1、h2等でマークアップされているかを確認 | |
| 19 | | ページレイアウト | **ページレイアウトが適切か？** | ページ最上部に何のページかわかる見出しや、必要に応じた説明文、下層へのナビゲーション等が設置されているか。ファーストビューが広告などで覆われていないかを確認 | |
| 20 | | 非表示コンテンツ | **重要なコンテンツが初期非表示になっていないか？（主にPC）** | 重要な説明文等のコンテンツ、ナビゲーションが初期表示になっていないか確認。特に「動的な配信」と「別々のURL」で、MFI移行前であればPCページをチェックする<br>※スマートフォンではUX向上のためであれば非表示でもいいが、ユーザーにとって本当に重要なコンテンツやナビゲーションは表示を推奨 | |

| No | 分野 | 項目 | チェック内容 | チェック方法 | チェック |
|---|---|---|---|---|---|
| 21 | 画面 | **画像の最適化** | **画像検索対策ができているか？** | 主要な画像にユニークで適切なaltタグと文言が入っているか、画像周辺に画像の内容がわかるキャプションが入っているか、画像遅延読み込みの処理が適切かなどを確認 | |
| 22 | 画面 | **構造化マークアップ** | **構造化データマークアップが適切か？** | 該当する構造化データがある場合に、適切にエラーなくマークアップできているか確認<br>※マークアップ後はリッチリザルトテストツールにてチェックする | |
| 23 | 画面 | **UX、操作性** | **ページが使いやすいか、探しやすいか、目的を達成できるか？** | 自身のサイトの主要ページにおけるUXを確認。もし可能であればGoogleアナリティクスでの遷移状況等の数値も分析する<br>**例：**一覧ページで商品を探しやすいか、目的の商品へ遷移できるか<br>記事ページで関連した他の記事へ遷移できるか、されているか | |
| 24 | 画面 | **レンダリング** | **クローラーが重要なコンテンツをレンダリングできているか？** | JavaScriptを使ったコンテンツがある場合に、クローラーにレンダリングされているかをSearch Consoleの「URL検査」にて確認する | |
| 25 | 画面 | **モバイルフレンドリー** | **全ページがモバイルフレンドリーになっているか？** | Search Consoleの「モバイルユーザビリティ」レポートをチェックする。もしくはモバイルフレンドリーテストツールで個別URLを入れて確認する | |
| 26 | 画面 | **インタースティシャル／広告等** | **インタースティシャルや広告が操作を阻害していないか？** | ユーザーの操作性を損ねる、画面を覆い、簡単に閉じられないようなインタースティシャルが表示されていないか確認。また外部へ遷移するアフィリエイトや広告リンクの比率が多くないか確認 | |
| 27 | リンク | **リンクのアンカーテキスト** | **キーワード完全一致のリンクが大量にないか？** | アンカーテキストが自然な文言になっているか、明らかに不自然なキーワードの完全一致リンクがサイト内、サイト外に大量に存在していないか確認 | |
| 28 | リンク | **リンクの張り方** | **重要なリンクは静的か？** | 重要なリンクがaタグにて設置されているか、JavaScriptでのリンクやリダイレクトになっていないか確認 | |

| No | 分野 | 項目 | チェック内容 | チェック方法 | チェック |
|---|---|---|---|---|---|
| 29 | リンク | グローバルナビゲーション | ハンバーガーメニューなど必要なグローバルナビゲーションがあるか？ | ハンバーガーメニューやヘッダラインなどにユーザーに役立つサイトの主要ページへ遷移できるナビゲーションが設置されているか確認 | |
| 30 | リンク | 内部リンク構造 | サイト内部のリンク構造が最適か？ | 上層から重要な下層ページへのナビゲーションが設置されているか。下層から上層ページへのバックリンクが設置されているか。役立つ同列横階層の関連リンクが設置されているか確認 | |
| 31 | リンク | パンくずリスト | 全ページにパンくずリストが適切に設置されているか？ | 全ページに適切な経路のパンくずリストがあるか、構造化データでマークアップされているかを確認 | |
| 32 | リンク | 外部からの被リンク | 被リンク数や被リンク元が自然で最適か？ | 自社サイトに対して被リンク数がどのくらいあるか、どのようなサイトからリンクされているか、不自然な被リンクがないか等を、Search Consoleの「リンク」レポートで確認する | |
| 33 | 技術要件 | MFIとモバイル版サイトの形態 | MFIに移行しているか、モバイル版サイトの形態に応じた処理ができているか？ | MFIに移行しているかSearch Consoleで確認。特に動的な配信と別々のURLはVary HTTP ヘッダーやアノテーションなど必要な処理が実装できているかを確認する | |
| 34 | 技術要件 | robots.txt | robots.txtが置いてあるか？<br>適切に使用されているか？ | 大規模サイトでクロールコントロールやクロール制御が必要な場合に、クロールさせたくないページ群が記載されていないか、誤ってインデックス対象のページがブロックされていないか確認 | |
| 35 | 技術要件 | noindex | noindexの使用が適切か？ | 検索結果に表示させたくないページにnoindexが入っているか、逆に重要なページに誤ったnoindexが入っていないかを確認 | |
| 36 | 技術要件 | ページの移転・終了 | ページの終了や移転の際の処理が適切か？ | ページが終了して代替ページがない際に、404等のステータスコードが適切に返っているか。ページが移転する際に、代替ページに301リダイレクト等にて1対1で転送されているかを確認 | |

付録

| No | 分野 | 項目 | チェック内容 | チェック方法 | チェック |
|---|---|---|---|---|---|
| 37 | 技術要件 | サイトマップ | **クローラー向けのサイトマップがあるか、ある場合、適切か？** | 大規模サイトにおいてクローラ向けのサイトマップが適切な状態（仕様、ファイル構成、動的生成など）でSearch Consoleから送信できているか確認。エラーが出ていないかをSearch Consoleの「サイトマップ」レポートでチェックする | |
| 38 | 技術要件 | Core Web Vitals | **Core Web Vitalsにて課題が出ていないか？** | Search Consoleの「ウェブに関する主な指標」レポートで不良や改善が必要なURLが多数出ていないか確認。不良ページはPage Speed Insightsで課題を詳細にチェックする | |
| 39 | 技術要件 | サイトの信頼性 | **サイトがSSL化されているか、安全に閲覧できるか？** | SSL化されているか、httpからhttpsへリダイレクトがかかっているか等チェック。Search Consoleで「セキュリティの問題」が検出されていないかも定期的に確認する | |
| 40 | 技術要件 | AMP | **記事ページなど必要に応じてAMP化されているか、その場合に適切か？** | 高速化したほうがいいページがAMP化されているか、AMPの要件が満たされていてエラーが出ていないかを、Search Consoleの「AMP」にて確認する | |
| 41 | 技術要件 | JavaScriptでページ内容を書き換える実装 | **JavaScriptでページの内容を書き換える技術に対してクローラーが認識できているか？** | 例えば一覧ページが無限スクロールになっており固有のURLがなかったり、クローラーが認識できない作りになっていないか確認 | |
| 42 | 技術要件 | スパム | **クローラーに対して誤解されるような施策を行っていないか？** | リンクファームへの参加、クローキング、キーワードの埋め込みなどをしていないか確認。Search Consoleの「手動による対策」も定期的にチェックする | |

# 索引

## スタッフリスト

| | |
|---|---|
| 執筆協力 | アユダンテ株式会社 |
| | |
| カバー・本文デザイン | 米倉英弘（細山田デザイン事務所） |
| カバー・本文イラスト | 東海林巨樹 |
| 写真撮影 | 蔭山一広（panorama house） |
| 編集・DTP | 宮崎綾子（アマルゴン）、STUDIO d$^3$ |
| | |
| デザイン制作室 | 今津幸弘 |
| | 鈴木　薫 |
| | |
| 編集 | 瀧坂　亮 |
| | |
| 編集長 | 柳沼俊宏 |

■商品に関する問い合わせ先
インプレスブックスのお問い合わせフォームより入力してください。
https://book.impress.co.jp/info/
上記フォームがご利用頂けない場合のメールでの問い合わせ先
info@impress.co.jp
●本書の内容に関するご質問は、お問い合わせフォーム、メールまたは封書にて書名・ISBN・お名前・電話番号と該当するページや具体的な質問内容、お使いの動作環境などを明記のうえ、お問い合わせください。
●電話やFAX等でのご質問には対応しておりません。なお、本書の範囲を超える質問に関しましてはお答えできませんのでご了承ください。
●インプレスブックス（https://book.impress.co.jp/）では、本書を含めインプレスの出版物に関するサポート情報などを提供しておりますのでそちらもご覧ください。
●該当書籍の奥付に記載されている初版発行日から３年が経過した場合、もしくは該当書籍で紹介している製品やサービスについて提供会社によるサポートが終了した場合は、ご質問にお答えしかねる場合があります。

■落丁・乱丁本などの問い合わせ先
TEL 03-6837-5016
FAX 03-6837-5023
service@impress.co.jp
（受付時間／ 10:00-12:00、13:00-17:30 土日、祝祭日を除く）
●古書店で購入されたものについてはお取り替えできません。

■書店／販売店の窓口
株式会社インプレス 受注センター
TEL 048-449-8040
FAX 048-449-8041
株式会社インプレス 出版営業部
TEL 03-6837-4635

# いちばんやさしいスマートフォンSEO（エスイーオー）の教本（きょうほん）

人気講師（にんきこうし）が教（おし）える検索（けんさく）に強（つよ）いスマホサイトの作（つく）り方（かた）

2020年9月21日　初版発行

著　者　江沢真紀（えざわまき）、コガン・ポリーナ、井上達也（いのうえたつや）

発行人　小川 亨

編集人　高橋隆志

発行所　株式会社インプレス
〒101-0051　東京都千代田区神田神保町一丁目105番地
ホームページ　https://book.impress.co.jp/

印刷所　音羽印刷株式会社



ISBN 978-4-295-01006-7 C3055

Printed in Japan